KB018383

수학자들의 비밀집단 부르바키

BOURBAKI
by Maurice Mashaal

수학자들의 비밀집단 부르바키

모리스 마샬 지음 | 황용섭 옮김

궁리
KungRee

머리말

분명히 말하자면, 니콜라 부르바키는 개인이 아니라 대부분 프랑스 사람들로 이루어진 수학자 모임의 이름이다. 1935년 열두 명의 회원으로 시작된 활동적이고 개성이 뚜렷한 이 모임은 지금도 계속 유지되고 있다. 비록 사람들에게 널리 알려지지는 않았지만, 1950년에서 1970년 사이에 수학교육의 근본을 크게 바꾸어 놓았다.

부르바키가 혁명적인 기술을 개발하거나, 대단한 정리를 증명했던 것은 아니며, 그것은 그들의 목표도 아니었다. 그들은 권위 있는 교재인 『수학원론(Élements de mathématique)』을 통해서 수학을 재조명하고, 그 내용을 깊이 있게 재구성하고 분류했으며, 용어와 표기법을 잘 선별하였고, 독특한 문체 등을 만들어냈다. 이러한 부르바키의 특징들에 매료된 수학자들이 많았으며, 국제적으로도 수학계에 부르바키 정신이 한때를 풍미했다. 그리하여 프랑스 수학은 전세계에 영향을 미쳤다.

니콜라 부르바키는 『수학원론』으로 명성이 자자했을 뿐만 아니라 회원들의 수준이 높았던 것으로도 유명했다. 초창기부터 부르바키의 핵심인물이었던 앙드레 베유는 20세기 최고의 수학자였다. 앙드레 베유와 처음부터 함께했던 앙리 카르탕과 클로드 슈발레도 국제적으로 중요한 인물이었다. 또 거기에 로랑 슈바르츠,

알렉산더 그로텐디크, 장 피에르 세르 같은 최고의 이름들이 더해진다. 이 수학자들이 개인적으로 했던 연구들은 국제적으로 높이 평가되고 인정받는다. 슈발레, 슈바르츠, 그로텐디크, 고드망처럼 철학적 · 정치적인 신조를 실현하는 데 인생의 일부를 바친 인물도 있다. 마침내 이들은 자신들의 철학을 통해 70년대 새로운 수학혁명의 길을 닦아나갔다. 그러나 많은 부르바키 회원들은 이처럼 일이 늘어나는 것에 불만을 가졌으며, 마치 그리스 비극의 주인공 안티고네처럼, 그들의 견해가 그들 자신과 분리되어 독자적으로 커가는 것을 불안해했다.

한편 부르바키는, 모임을 둘러싼 비밀, 모임의 이름, 유머와 익살 등 그들만의 조직과 연구방식을 선택하고 만들어내면서 어느 정도 자발적으로 자신들에 대한 전설을 쌓아나갔다. 이런 환경은 부르바키의 성공에 적잖은 기여를 했다. 여기서 성공이라는 말의 의미를 잘 파악해야 한다. 부르바키의 임무는 아직 완성되지 않았고, 그것은 여전히 부르바키의 몫으로 남겨질 것이다. 수학의 진보는 그 임무를 현실 너머의 것으로 만들어버렸다. 게다가 그들을 헐뜯는 사람들은 부르바키가 갖고 있는 몇 가지 문제점을 끊임없이 외부에 알리려 하고 있다. 이 수학자 모임이 계속 존재할지에 대해서는 아직 의문이다.

여기에는 부르바키의 그늘과 눈부신 빛이 있다. 나는 이 책을 통해 그 빛과 그늘이 모두 알려지기를 바란다.

모리스 마샬

차례

1
부르바키의 탄생

1934년 12월 10일, 몇 명의 젊은 수학자가 파리의 라탱 지구에 있는 카페에 모였다. 그들의 목표는 해석학 책을 쓰는 것. 이것은 기존의 수학을 뒤집고 전설이 된 프로젝트를 향한 첫 발걸음이었다.

"1934년 앙드레 베유와 나는 스트라스부르 대학에서 강의하고 있었습니다. 나는 그와 함께, 내가 가르치던 미적분학 수업에 대해 자주 토론했지요. 그 시절 수학과 과목에는 일반물리, 미적분학, 역학이론 세 과목이 있었으니 진정한 의미의 수학 과목은 단 하나뿐이었던 셈입니다. (…) 그러니 더 많은 내용을 가르쳐야만 했지요. 나는 수업의 진행방법에 대해서 스스로에게 질문을 자주 던지곤 했는데, 그때 사용하던 교재들은, 예를 들면 중적분이론과 스톡스 정리에 대한 부분이 만족스럽지 못했기 때문입니다. 나는 이에 대해 앙드레 베유와 여러 번 토론을 했습니다. 어느 날, 그는 나에게 말했지요. '이제 정말 지쳤습니다. 언제 시간을 내어 그 모든 걸 한 곳에 모아서 정리하도록 하죠. 좋은 해석학 교재가 나오면 더 이상 그 문제에 대해서는 이야기하지 않겠지요.'"

스트라스부르 대학교. 앙드레 베유와 앙리 카르탕이 처음 강의하던 곳.

1982년 앙리 카르탕은 마리앙 슈미트에게 부르바키의 시작에

대해서 그렇게 이야기했다. 앙드레 베유 역시 1991년 출판된 『배움의 기억(Souvenirs d' apprentissage)』에서 다음과 같이 쓰고 있다. "1934년 어느 겨울날, 동료(앙리 카르탕)의 끈질긴 질문을 잠재울 눈부신 아이디어가 떠올랐다. '우리 친구들 대여섯 명은 모두 여러 대학에서 학생들을 가르치고 있습니다. 한 번 다같이 모여서 모든 것을 결정합시다. 그럼 전 당신의 질문에서 해방되겠지요.' 그것이 부르바키의 시작이 될 줄은 나도 몰랐다."

사람이 50년 전의 일을 정확히 기억한다고 말할 수는 없지만, 위의 두 가지 예는 부르바키 모임의 탄생을 잘 정리해준다. 설령 1934년의 이 대화가, 부르바키의 설립과 깊은 관련이 없어보일지라도 말이다.

독특한 수학자들의 모험인 부르바키의 초창기 이야기는 1920년 파리 울름 거리에 있는 고등사범학교(ENS, Ecole normale supérieure)에서 시작된다. 이곳은 바로 오늘날까지, 그리고 앞으로도 부르바키에게 일어날 거의 모든 일이 거쳐갈 장소이다. 흔히 ENS로 불리는 고등사범학교는 대학교 역할을 했고, 그 인재 육성 체계는 프랑스 안에서도 매우 특별해서 다른 대학과 학생들의 기를 죽이기도 했다. 1794년 처음 만들어질 때의 목표는 중고등학교 또는 대학 준비반 교사를 길러내는 것이었다. 그러나 사실상 이런 경향은 19세기 말에 바뀌어 사범학교 학생들은 대학교육이나 연구 쪽으로 방향을 바꾸었다. 고등사범학교는 문학부(1920년대에 해마다 서른 명의 입학생)와 과학부(입학생 스무 명)로 구성되어 있었다. 2~3년의 대학 준비반을 거친 후의 입학과정은 매우 힘들었다. 기쁨에 넘쳤을 당시의 합격자들은 기본적으로 대학 필수과목으로 이루어진 처음 2년과 중등교사 자격시험 준비를 위한 1년으로 이루어진 3년의 교육과정을 이수해야 했다.

부르바키의 요람, 고등사범학교

고등사범학교는 레이몽 아롱, 장 폴 사르트르, 조르주 퐁피두 같은 작가, 지성인, 프랑스 정치가를 배출한 학교다. 과학 쪽으로는 에콜 폴리테크니크와 경쟁하면서 세계 최고 수준의 연구인력을 길러내기도 했다. 19세기 초, 프랑스 수학자 대부분은 에콜 폴리테크니크 출신이었는데, 19세기 말에는 사범대학교 출신에게 유리하게 흐름이 바뀌었다(사범학교 출신 가운데 몇 명을 언급하자면 가스통 다르부, 에밀 피카르, 폴 팽르베, 자크 아다마르, 엘리 카르탕, 르네 베르, 에밀 보렐, 앙리 르베그 등이 있었고, 반대로 에콜 폴리테크니크 출신은 앙리 푸앵카레가 있었다.)

그러니까 앞으로 부르바키의 '창립 회원'이 될 다섯 사람이—앙리 카르탕, 클로드 슈발레, 장 델사르트, 장 디외도네, 앙드레 베유—서로를 알게 되고 우정으로 엮이게 된 것은, 학문에 대해 폭넓은 자유가 주어지던 시절, 학생들이 학문을 즐기던 그 울름 거리의 이름 높은 고등사범학교에서였다. 델사르트와 베유는 1922년, 카르탕은 1923년, 디외도네는 1924년에 부르바키에 들어왔고, 슈발레는 1926년에 회원이 되었다. 1934년 이 '창립 회원'들은 처음부터 부르바키의 모험에 함께했고, 나이가 들어 은퇴할 때까지 이 모임을 떠나지 않았다. 물론 그들만의 힘으로 모임이 만들어진 것은 아니다. 같은 세대의 다른 여러 수학자가 자리를 같이하면서 부르바키는 첫걸음을 힘차게 내디뎠다.

단체의 가명을 부르바키로 정한 1935년 7월의 '창립 총회' 이후, 위의 다섯 명 외에 장 쿨롱, 샤를 에레스망, 숄렘 망델브로와 르네 드 포셀까지 해서 '공식회원'은 아홉 명으로 늘어났다. 그중 망델브로는 고등사범학교의 학생이 아니었다. 폴란드 출신인 그는 박사과정을 공부하기 위해서 파리에 왔고, 1929년부터 클레르몽 페랑 대학에서 가르치고 있었다. 장 쿨롱의 경우는 수학자라기보다는 지구과학자였는데, 1937년에 일찍이 이 모임을 떠난다.

30년에 가까운 기간을 함께했던 이 젊은이들이 처음 만난 것은 1934년 12월 10일 월요일이었다. 첫 번째 계획은 대학에서 사용되는 함량 미달의 교재—특히 에두아르 구르사의 것—를 대체할 만한 해석학 교재를 만드는 일이었다. 모임은 점심시간을 이용하여 팡테옹에 가까운 파리 라탱 지구에서 가졌다. 좀더 자세히 말하자면, 수플로 가 한켠, 생 미셸 거리 63번에 자리잡고 있던, 지

1924년 고등사범학교 정문 모습.

고등사범학교 학생들(1924).
1. 앙리 카르탕
2. 조르주 캉기앙
3. 장 폴 사르트르
4. 장 디외도네
5. 레이몽 아롱
6. 르네 드 포셀
7. 샤를 에레스망
8. 폴 니장
9. 루이 네엘

금은 미국의 패스트푸드점에 밀려 없어진 카풀라드 카페가 첫 모임장소였다. 지하의 방에 앙리 카르탕, 클로드 슈발레, 장 델사르트, 장 디외도네, 르네 드 포셀, 앙드레 베유가 탁자 앞에 앉았다. 대부분 주립대학에서—카르탕과 베유는 스트라스부르, 델사르트는 낭시, 디외도네는 렌, 드 포셀은 클레르몽 페랑—강의를 하고 있던 그들이 그날 파리에 모인 것은, 그곳에서 멀지 않은 곳에 바로 얼마 전에 세워진 앙리 푸앵카레 연구소에서, 학기 중 둘째와 넷째 월요일 낮 네 시 반에 열리는 〈줄리아 강연회〉 때문이었다.

카페 A. 카풀라드. 1934년에 미래의 부르바키 회원들이 모였다.

그들은 그날 무엇을 이야기했을까? 우리는 캐나다 퀘벡 출신의 수학역사학자인 릴리안 벨리외 덕분에 그에 대해 알 수 있다. 그는 첫 만남, 그리고 이어지는 두 번째 만남을 기록하기 위해 참석했었기 때문이다. 그 모임의 목표인 공동사업에 대해 분명한 생각을 가지고 있었던 베유는, "대중적인 해석학 교재를 쓰려면 미적분학의 내용을 최근 25년 이내의 것으로 한정해야 합니다. 그것은 가장 현대적인 교재가 될 것입니다"라고 말했다. 출판사는 베유와 친분이 깊은 앙리크 프레망이 책임자로 있는 에르망 출판사로 바로 결정되었다. 다룰 주제에 대한 합의를 했고, 교재는 일관성 있게 씌어져야 한다는 델사르트의 생각에 모두 동의하였다. 뒤이어 계획 전반에 대해 활기차게 논의를 했고(카르탕은 1천~1천 2백 쪽을 넘기지 말자고 했다), 첫째 권은 여섯 달 뒤에 출판하기로 정해졌다. 일을 진행하는 방식에 대해 베유는, 미리 모임을 몇 번 가진 다음, 몇 개 조로 나눠서 각각 책의 한 부분씩을 맡아서 쓰

1935년 부르바키 첫 번째 회의가 베스 앙 샹데스에서 열렸다.
서 있는 사람, 왼쪽부터 오른쪽으로 앙리 카르탕, 르네 드 포셀, 장 디외도네, 앙드레 베유, 관리인.
앉아 있는 사람, 왼쪽부터 오른쪽으로 미를레(실험용 쥐), 클로드 슈발레, 숄렘 망델브로.

고, 다음 여름휴가에 모두 모여서 마지막으로 구체적인 방안을 정하자고 제안했다. 그리고 그들은 집필하는 교재의 성격과 내용에 대한 토론을 시작했는데 질문은 끝없이 이어졌다.

이를 시작으로 '해석학 교재 편찬위원회'는 1934년 12월과 1935년 5월 사이에 격주로 월요일마다 카풀라드에서 모였다. 두 번째 만남부터 위원회는 최대 아홉 명의 회원까지 받아들이기로 뜻을 모았다. 만약 이 규칙이 부르바키의 초창기 때만 엄격하게 지켜지고 시간이 지남에 따라 흐지부지되었다면, 이 모임의 영향력은 항상 처음에 모였던 열두 명 수준에 머물렀을 것이다. 폴 뒤브레이, 장 르레이, 숄렘 망델브로가 들어온 것도 1935년 여름의 '창립 총회'가 있기도 전인 그해 1월이었다. 그러나 뒤브레유와 르레이는 여름이 되기 전 부르바키를 떠난다. 그해 4월에 장 쿨롱이 뒤브레유를 대신해 들어오게 되고, 르레이의 자리에는 샤를 에레스망이 들어온다. 가입과 탈퇴는 어떤 환송회나 환영회도 없이 계속되었다. 부르바키의 구성도 그 이야기의 흐름 안에서 계속 바뀌어갔다.

작은 시작, 끝없이 커지는 규모

수학과 학생들에게 미적분학을 가르칠 교재에 대한 관심은 더욱 열정적으로 모아졌다. 두 번째 모임에서 베유는 "모두에게 쓸모 있는 교재를 만들어야 합니다. 연구원, 발명가, 교사가 될 사람, 물리학자, 그리고 공학자 모두에게 말입니다"라고 설명했다. 그러므로 강의를 할 사람들에게 수학적으로 유용하고 '또 될 수 있는 한 체계적이고 기초적인' 것을 잘 모아야 했다. '유용한 내용'을 골라내기 위해서는, 먼저 자세한 계획을 세워야 했다. 그러나 유용한 것을 단순화하기, 또는 좀더 정확히 말해서 핵심을 추려내는 작업, 일반적이고도 종합적인 책을 내는 작업 또한 중요했다. 지금은 기초적인 정리들을 "그 모든 자세한 부분까지 감동적으로 설명하는" 실수를 했던 고전적인 교재를 만들 때가 아니었다. "설명에 필요한 가정은 언제나 너무 많았기 때문"이다.

자세한 계획에 따라 교재를 만드는 일은 호흡이 긴 작업이었고, 부르바키 참가자들이 생각했던 것보다 훨씬 어려운 일이었다. 그 작업은 몇 년에 걸쳐 굉장히 체계적으로 진행되었다. 여러 명이 제기한 질문과 살아 있는 토의는 수학에 대한 새로운 눈을 조금씩 트이게 만들면서, 현대적인 설명방법, 연습에 대한 이해를 이끌어냈고, 수학에 새로운 비전을 심어주었다. 이는 프랑스와 국제 수학계에 큰 영향을 주었다.

전체적인 계획은 클레르몽 페랑에서 40킬로미터 정도 떨어진

부르바키 첫 번째 회의가 열렸던 작은 마을 베스 앙 샹데스.

곳에 있는 베스 앙 샹데스의 오베르뉴라는 작은 마을에서, 1935년 7월 10일에서 17일까지 있었던 '창립 모임'에서 확정되었다. 결정된 주제는, 크게 보면 해석학의 고전적인 교재에서 다루어졌던 것과 같은 내용이었다(실변수 함수론, 복소변수 함수론, 적분, 미분방정식, 편미분방정식, 특수함수 등). 나머지 부분과 연관지어서 반드시 소개해야 된다고 모임에서 판단한 대수와 집합론 혹은 위상수학에 대한 기본 개념을 주는 몇 개의 단원이 추가되었다. 전체 양은 무려 3,200쪽이나 되었는데, 이는 몇 달 전 첫만남에서 예상했던 것보다 세 배나 많은 양이었다.

부르바키—베스 앙 샹데스에서 모인 사람들은 스스로를 그렇게 불렀다(니콜라라는 이름에 대해서는 나중에 설명할 것이다)—는 1년 안에 첫 번째 판을 완성하는 것을 목표로 정했다. 아득한 목표처럼 보였지만 책 만드는 일은 그때부터 맞물려 돌아갔다. 교재에 대한 세밀한 청사진을 가지고 시작했지만, 보완할 부분이 계속 생

1935년 회의에서. 왼쪽에서 오른쪽으로 망델브로, 슈발레, 드 포셀, 베유.

겨나서 수정과 토론이 끊임없이 반복되었다. 이처럼 햇수가 거듭됨에 따라 '추상 꾸러미(고전해석학을 기술하는 데 쓰이는 대수, 위상 등에 대한 일반적인 개념을 모은 것을 가리킨다.)' 부분은, 다른 단원들은 마무리되는데도, 자꾸 내용이 추가되어 출판이 또 뒤로 미뤄졌다. 처음엔 도움말 같은 개념으로 가장 적게 만들려 했던 추상 꾸러미는 교재의 가장 크고 핵심적인 부분으로 그 모습이 바뀌었다. 부르바키의 계획은 이처럼 크고 야심차게 되어, 더 이상 '해석학 교재'라는 말은 어울리지 않게 되었다. 그리고 1939~40년, 드디어 『수학원론(Éléments de mathématique)』(수학〔mathématique〕을 단수로 쓴 것과 그 유명한 『유클리드의 기하학 원론(Éléments)』과 비슷한 것은 우연이 아니다.)이라는 이름으로 부르바키의 작품이 모습을 드러내기 시작했다. 첫 출판물은 집합론의 결과를 묶은 책으로, 의도적으로 증명을 빼고 집합론을 요약한 것이다.

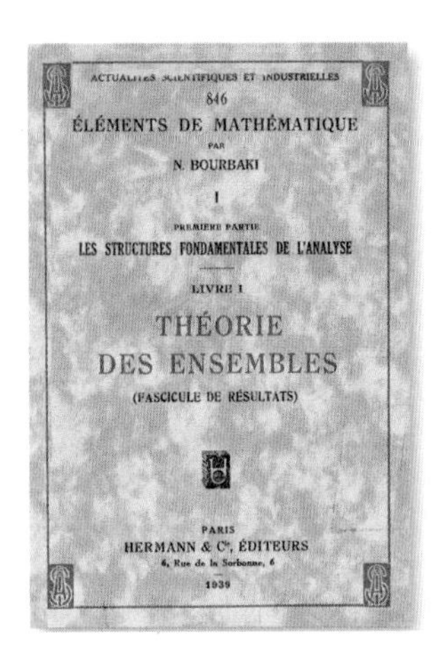
ACTUALITÉS SCIENTIFIQUES ET INDUSTRIELLES
846
ÉLÉMENTS DE MATHÉMATIQUE
PAR
N. BOURBAKI
I
PREMIÈRE PARTIE
LES STRUCTURES FONDAMENTALES DE L'ANALYSE
LIVRE I
THÉORIE
DES ENSEMBLES
(FASCICULE DE RÉSULTATS)
PARIS
HERMANN & Cie, ÉDITEURS
6, Rue de la Sorbonne, 6
1939

부르바키의 첫 번째 책으로 집합론의 결과들을 모았다.

구성원들이 뿔뿔이 흩어져 있던 2차 세계대전 중에도 부르바키는 『수학원론』의 세 번째 권을 출간하였다. 1940~70년 동안 그 다음 권들이 이어져 나왔고, 그 이후에는 속도가 눈에 띄게 느려졌다. 마지막 권이 1998년에 나왔고, 그 앞권은 1983년에 출판되었으니, 15년이나 걸린 셈이다.

『수학원론』(정의, 공리, 도움정리, 따름정리 그리고 여러 다른 정리로 가득해서 7천 쪽 가량이나 되던)은—몇몇 단원은 좀 덜했지만—세계적으로 성공했고, 부르바키를 유명하게 만들었다. 그 모임의 성공과 명성은 구성원의 독특한 삶의 방식과 일을 처리하는 태도에서 비롯된 것이었다. 영향력 있는 한 권의 두툼한 교재를 만드는 일은, 만든 이들의 뛰어난 수학 실력만으로는 불가능하다. 열정, 일에 대한 믿음, 우정, 모임을 만들었던 학생 때의 생각 등이 큰 역할을 했는데, 이들이 선택했던 방식은 잘 들어맞았다.

부르바키에는 위계에 따른 질서가 없었다. 모든 결정은 만장일치제를 따랐다. 투표는 하지 않았지만, 누구든 반대의견을 낼 수 있었다. 특히 교재의 각 부분을 편집할 때는 만장일치제를 철저히 따랐다. 최종판이 나오기 위해서는 모든 사람의 동의를 얻어야 했고, 그것을 위해 몇 년에 걸쳐 작업을 하곤 했다. 책을 펴내는 과정은 그 자체로 특별했다. 한두 명의 구성원에게 첫 번째 판의 한 부분을 맡긴다. 일이 끝나면, 다른 구성원들은 회의에서 그 첫 번째 판을 엄격한 기준을 가지고 읽고 가차 없이 비판한 다음, 또 다른 누군가가 두 번째 판을 만들고, 그렇게 이 과정은 모든 이가 동의하여 출판해도 될 때까지 수렴해갔다. 시간이 많이 걸리는 과정이었다.

위계질서가 없다는 말이 모든 구성원이 같은 비중을 갖는다는 뜻은 아니다. 핵심적인 역할을 맡고 있는 이가 몇몇 있어 이들은 그 영향력도 컸다. 모임 초기에 대표였다고 할 수 있는 앙드레 베유는 이중에서도 첫째였다. 게다가 그는 다른 동료들보다 평판이 아주 좋았다. 매우 비판적이지만 부르바키를 위해 열심히 뛰었던 장 디외도네조차도 베유의 역할만큼은 높이 인정하고 있었다. "하루는 디외도네가 (은유적으로) '저는 베유 앞에서는 커피도 못 마실 겁니다' 라고 말했지요" 라고 앙리 카르탕은 말한다. 좀더 최근의 경우에는, 장 피에르 세르, 미셸 드마쥐르, 피에르 카르티에, 장 루이 베르디에 등이 모임을 이끌어가는 사람으로 알려져 있다.

장 디외도네
(파란 선으로 둘러싸인 인물 사진들은 앞으로 부르바키가 될 사람들이 고등사범학교에 들어갈 때의 모습이다.)

1951년 7월 오트 알프스에 있는 펠부르 포에트의 호텔 테라스에서 베유, 보렐, 세르.

장 피에르 세르

시골에서의 회의

부르바키는 진행상황을 파악하고 앞으로 할 일을 결정하기 위해 매년 회의를 세 번 했다. 보통 이 모임은 조용하고 쾌적한 곳에서 자유롭게 이루어졌다. 회의기간은 평소에는 한 주, 휴가철에는 두 주 정도였다. 열두 명 정도가 모여서 매일 일고여덟 시간 회의를 했는데, 겉으로 보기에는 매우 즐거워 보였다. 이들은 큰 목소리로, 한 번에 여러 주제에 관해 토론했고, 가끔 빈정거림과 허풍, 욕설들이 대화 사이에 끼여들기도 했다. 이러한 활기찬 분위기는 회의장 밖에서도 마찬가지였다. 그들의 회의 모습을 한 번이라도 본 사람이라면 누구든 부르바키를 '미친 녀석들'이라고 말할 것이다!

하지만 그 '미친 녀석들'은 평소에는 말수가 적은 편이었다(지금도 그렇다). 왜냐하면 부르바키의 가장 두드러지는 특징은 바로 비밀이었기 때문이다. 부르바키가 아닌 사람은 그 누구도 모임의 구성, 주된 활동, 언제, 어디서 회의를 하는지 알지 못했다. 부르바키들과의 대담—1988년 라디오 기자인 미셸 슈샹이 진행하고 프랑스 퀼튀르 방송사를 통해 방송된—에서 부르바키의 주요 인물 가운데 하나인 로랑 슈바르츠는 이렇게 말했다. "누군가 나에게 부르바키의 회원이냐고 물어본다면, 나는 아니라고 대답해야 했습니다. 만약 내가 참가하지 않고 있다면, 그건 참말이 됩니다. 그러나 내가 참가하고 있다면, 무슨 일이 있더라도 나는 그렇지 않다고 대답해야만 했습니다." 고등사범학교에 자리한 부르바키 사무실은, 부르바키는 신문에 기고도 하지 않고, 인터뷰도 하지

로랑 슈바르츠

않으며, "부르바키에 대한 어떤 정보에 대해서 시인도 부인도 하지 않습니다"라고 정중히 말한다. 요컨대, 직접 정보를 얻기는 어려웠다. 은퇴한 회원의 입을 열게 하는 것이 유일한 방법이었다.

마치 강박관념 같은 비밀 지키기의 전통에는 여러 가지 이유가 있다. 부르바키는 그들의 활동을 종합적으로 고려했기 때문이라고 주장한다. 교재를 공동으로 편집하는 동안, 어떤 구성원도 앞서나가서는 안 됐는데, 그것은 과학적 업적 또는 책을 판매해 생기는 수입에 대한 글쓴이로서의 권리를 위한 것이었다. 그 비밀이 그들이 조용히 일할 수 있도록 지켜준 것은 의심할 바 없다. 부르바키가 그들의 황금기였던 1950년대부터 1970년대까지 가장 조용했다는 사실이 이것을 뒷받침한다. 또 하나 생각해볼 만한 이유는 그들의 활동에 대해 회의적이고 적대적인 사람들—이런 경우는 처음부터 있었다—로부터 회원을 보호해주는 것이다. 게다가 부르바키 팀의 구성을 외부에 알리지 않은 것은 그 교재의 권위를 더욱 세워주었다. 교재는 처음부터 끝까지 일관된 체제를 유지했다. 마지막으로 비밀은 사회적 기능을 담당하기도 했다. 정체성과 하나됨을 키워주었고, 신화를 만들어내는 데 기여했다. 비밀스러움은 부르바키의 무시할 수 없는 매력이었다.

르네 드 포셀

부르바키 초기에는 비밀에 대해 그다지 유별스럽지는 않았던 것 같다. 이는 1936년 11월 17일 날짜로 망델브로, 델사르트, 카르탕, 베유, 디외도네, 드 포셀, 쿨롱, 슈발레 그리고 에레스망이 물리학자 장 페랭(당시 과학연구부 차관)에게 보낸 편지에서 드러난다. 예산 지원을 부탁하는 이 편지는 그 당시 부르바키의 사정이 어땠는지 말해주며 사업의 재정적 어려움을 증언하는데, 그 책의 저작권에 대해서는 아직 제대로 인식하지 못하고 있었음을 보여준다.

차관님께,

앞으로 10여 년 동안 통용될—적어도 저희는 그렇게 되길 바랍니다—해석학 교재를 준비하고 펴내는 데 혼신의 힘을 다하고 있는, 앞에 열거한 수학자들을 그냥 무시해버리지 않으시기를 바랍니다.

저희가 채택한 저술방식은 새로운 것입니다. 저희는 주제를 조각으로 나누어 각각 편집을 맡는 것에 만족하지 않습니다. 그와 반대로, 각 단원에 대해 오랫동안 함께 토론한 뒤에 저희 가운데 한 사람이 그 단원을 맡습니다. 그렇게 나온 것을 모든 이들이 다함께 읽고, 구석구석까지 새로 토론을 거치며, 적어도 한 번, 보통은 여러 번 그것을 반복합니다. 이렇게 저희는 진정한 공동작업을 통하여 깊이 있는 통일성을 보여주는 책을 만들어가고 있습니다.

차관님, 저희가 선택한 길은 더디게 갈 수 없기 때문에, 자연스럽게 모임을 많이 가져야 하고 자주 이동을 해야 한다는 것을 알게 되실 것입니다. 게다가 원고를 복사하여 분배하기 위해 필요하다고 판단되는 실무상의 과정에 저희는 많은 에너지를 쏟고 있습니다. 저희는 벌써 두 해째 이런 여러 사소한 일들에 들어가는 재정적 부담을 감수해왔습니다. 오늘날 국가가 공식적으로 과학연구 비용을 지원해주는 시대가 된 이상, 저희를 돕는 것도 가능할 것으로 보입니다. 차관님, 저희는 매우 정중하게 도움을 요청합니다.

다음은 저희에게 필요한 것들입니다. 저희 가운데 일곱 명은 시골에 살고 있습니다. 저희는 1년에 적어도 네 번 모입니다. 모이는 기간 동안 들어가는 비용, 사람들이 여행하는 데 7천 프랑이 필요합니다. 게다가, 3천 프랑의 추가비용이 들어갑니다. 연락, 종이, 타자, 인쇄 그리고 무엇보다 인쇄물에 있는 수식을 고치는 걸 도와주는 이의 비용입니다. 이 역시 빼놓을 수 없는 중요한 일입니다. 해마다 1만 프랑씩 4, 5년 동안 지원해준다면 저희는 이 사업을 잘 해낼 수 있을 것입니다. 허락해주시리라 믿으며, 차관님께 깊은 경의와 정중한 존경의 인사를 전합니다."

그리고 대표로 망델브로(그는 모임의 최연장자였다)의 서명이 있었다. 눈여겨볼 것은, 이 문서에는 부르바키라는 이름을 쓰지 않았다는 점이다. 1년 동안, 그리고 그 다음해에도 지원은 계속되었다.

앙드레 베유와 아르망 보렐(1955). 앙드레 베유는 무서우리만치 신랄했다. 한 수학자가 그에게 물었다. "제가 멍청한 질문 하나 해도 되겠습니까?" 앙드레 베유는 대답했다. "당신은 방금 그런 질문을 했습니다."

‘실험용 쥐’는 스스로 그 가치를 알려야만 한다

그들은 매우 독특한 방식으로 신입 회원을 모았다. 회의가 있을 때, 부르바키는 한두 명의 참가자를 초청하곤 했다. 흔히 ‘실험용 쥐’라고 불리는 이 방식은, 말하자면 앞으로 회원이 될 가능성이 있는 사람에게 자신을 증명할 기회를 주는 것이다. 1968년 루마니아의 학회에서 디외도네가 설명하기를, 젊고 유망한 수학자가 눈에 띄면 “그를 ‘실험용 쥐’의 자격으로 학회에 참석하도록 초청합니다. 이것은 전통적인 방법이지요. 여러분은 실험을 할 때 병균을 실험용 쥐에 투여한다는 것을 잘 알고 계시겠지요. 그 과정은 다음과 같습니다. 이 가엾은 사람은 부르바키 토론의 불덩이 속에 던져져서, 그것을 이해해야 함은 물론이고 참여도 해야 합니다. 만약 얌전히, 조용히 있는다면, 답은 아주 간단하지요, 그는 다시 초청받지 못합니다.”

하지만 누군가를 데려온다는 것은, 어떤 회원은 거기서 나간다는 것을 의미한다. 왜냐하면 실제 부르바키의 회원 수는 열두 명을 넘는 경우가 거의 없었기 때문이다. 부르바키에서 탈퇴하는 것은 보통의 경우 모임의 방향과 일하는 방법에 대해 크든 작든 어긋나는 경우였다. 예를 들어, 1935년 창립모임도 있기 전에 떨어져 나간 폴 뒤브레유의 경우, 한편으로는 참석하기 어렵기도 했지만(그의 아내는 렌에서 일했고 그는 낭시에 있었다), 그가 벨리외에게 말했던 바에 따르면, 산만한 토론방식보다는 한두 명과 특정한 문제에 대해 집중적으로 토론하기를 좋아했기 때문이다.

프랑스의 위대한 수학자 가운데 하나인 장 르레이도 단체에서 매우 일찍 떠났는데, 그것은 그의 제안이 무례한 방법으로 거부당했으며, 또 볼리외에 따르면, 기존의 수학을 뒤집어엎는다는 원칙에 반대했기 때문이다. 다른 모임처럼, 개인적인 이유로 결별하는 경우도 있었다. 르네 드 포셀이 그런 경우인데, 그는 1941년 알제리에 자리를 잡았다. 그의 아내 에블린은 1937년 앙드레 베유의 아내가 되었다.

1939년 앙드레 베유와 에블린 베유. 철학자 시몬 베유의 동생인 앙드레 베유(1906~98)는 20세기 위대한 수학자 가운데 하나이다. 부르바키의 중심적인 역할을 했고, 심지어 1941년 프랑스를 떠난 뒤에도 변함이 없었다.

은퇴는 쉰 살에

다른 탈퇴 이유는 나이 때문이다. 부르바키 회원들은 반드시 쉰 살에 은퇴해야 했다. 이 규칙은 창립 회원들의 나이가 쉰 살이 되었을 즈음, 베유가 제안했다. 드롬에 있는 살리에르 레 뱅의 1956년 여름 회의에서, 디외도네의 생일 점심식사가 끝날 무렵, 앙리 카르탕은 베유(1947년부터 미국에 살았기 때문에 회의에는 세 번 중 한 번만 왔었다)가 보내온 편지를 읽었는데, 그 편지에는 '창립 회원의 점진적 은퇴'를 제안하는 내용을 담고 있었다.

베유의 제안에는 두 가지 이유가 있었다. 하나는 "회의 참가자가 너무 많아지면 토론을 효과적으로 할 수 없기 때문"이고 다른 하나는 "창립 회원은 '다른 이에 비해서 비중이 크다'. 그래서 보통 토론을 할 때 다른 구성원들이 소외감을 느낀다"는 이유 때문이다. 여기에는 수학자는 젊었을 때 가장 똑똑하고 왕성하다는 수학자들 사이의 인식도 작용했다. 디외도네는 1968년 이렇게 말했다. "(…) 쉰 살이 넘은 수학자도 여전히 훌륭하고, 왕성하게 활동할 수 있지요. 하지만 새로운 발상이나, 자기보다 스물다섯에서 서른 살이 어린 사람의 생각을 받아들이기는 쉽지 않습니다. 부르바키는 그런 부작용을 막고 싶었던 것입니다."

그렇게 대부분의 창립 회원은 1956년에서 1958년 사이에 부르바키를 떠났다. 그리고 몇 년 동안 쉰 살이면 은퇴한다는 전통은 지켜졌다. 달리 말하자면, 부르바키는 항상 젊었다! 하지만 은퇴가 곧 활동하는 회원과 은퇴한 회원 사이의 연결고리가 끊어지는 것을 뜻하지는 않았다. 오랫동안 지속된 우정은 끈끈히 이어졌으며 은퇴한 부르바키 회원들은 최근 소식을 담은 《라 트리뷔(La

니콜라 부르바키 후원회

여러 실제적인 문제, 특히 재정 문제를 해결한 끝에, 부르바키는 비영리단체로서의 공식적인 틀을 갖추었다. 이 '니콜라 부르바키 후원회'는 1952년 8월 30일 낭시 도청에서 발족수속을 밟았다. 또한 그 본거지는 낭시의 오라토아르 4번 거리에 있는 장 델사르트의 집이었다. 1966년에는 파리의 장 피에르 세르의 집으로 옮겼다가, 1972년 울름 45번 거리에 있는 고등사범학교에 자리잡는다.

부르바키 모임과 '니콜라 부르바키 후원회'를 혼돈해서는 안 된다. 구성원이 같다 할지라도, 후원회는 단지 바깥 세상에 알려진 면일 뿐이다. 그렇게, 후원회의 어떤 법규도, 부르바키가 만들어낸 비밀, 만장일치, 쉰 살에 은퇴하기, 신입회원을 뽑는 방식 따위의 특별한 규칙을 따르지 않았다. 후원회의 첫 이사회는 장 델사르트(회장), 앙리 카르탕(부회장), 장 디외도네(서기), 장 피에르 세르(회계), 로제 고드망, 로랑 슈바르츠, 자크 딕스미에, 피에르 사뮈엘로 구성되었다. 1995년 10월 20일 규정에 따른 정기모임이 베르나르 테시에의 주재로 아르노 보빌, 제라르 벵 아루, 다니엘 벤캥, 파트리크 제라르, 기 에니아르, 피에르 쥘르그, 올리비에 마티외, 조제프 외스테를레, 마르크 로소, 조르주 스캉달리, 장 크리스토프 요코가 자리한 가운데 개최되었다.

DECLARATION d' EXISTENCE
-:-:-:-:-

Le soussigné ; déclare , conformément à la loi du I Juillet I90I , qu'une association ayant pour titre " ASSOCIATION des COLLABORATEURS de Nicolas BOURBAKI "

Pour objet : Toutes études , recherches et travaux en vue de l'avancement des sciences mathématiques -

La publication et la communication des travaux des membres de l'association dans toutes revues et à toutes Académies ou Sociétés Savantes , publiés sous le pseudonyme de N.BOURBAKI , notamment de l'ouvrage intitulé " Eléments de Mathématiques par N.BOURBAKI .

L'organisation de conférences et congrès ; la participation des délégués de l' Association à des manifestations similaires .

La prise de contatt avec toutes personnalités , Ecoles , Universités Françaises ou étrangè res poursuivan des recherches mathématiques .

A été fondée le 2 Juillet I952.
Son siège social est à Nancy , rue de l'Oratoire N°4

Elle est administrée par un conseil composé de :

I°) Monsieur le Doyen DELSARTE (Jean Frédéric Auguste), Professeur à la Faculté des Sciences de l'Université de Nancy demeurant à Nancy rue de L'Oratoire N°4 PRESIDENT

2°) Monsieur CARTAN (Henri Paul)Professeur à la Sorbonne demeurant à Paris (I4°) Boulevard Dourdan N°95 VICE PRESIDENT

3°) M. DIEUDONNE (Jean Alexandre Eugène)Professeur à la Faculté des Sciences de Nancy , demeurant à Nancy rue Saint Miche N°26 SECRETAIRE

4°) Monsieur SERRE (Jean Pierre) chargé de recherches au Centre National de Recherches Scientifiques , demeurant à Paris (I0°) Boulevard de la Chapelle N°39 TRESORIER

5°) Monsieur GODEMENT (Roger Jean Henri) Professeur à la Faculté des Sciences de l'Université de Nancy , demeurant à Nancy MEMBRE

6°) Monsieur SCHWARTZ (Laurent) Professeur à la Sorbonne demeurant à Nancy Cours Léopold N°30 MEMBRE

7°) Monsieur DIXMIER (Jacques) Professeur à la Faculté des Sciences de Dijon , demeurant à Paris (I3°) rue Le Brun N°I5 MEMBRE

8°) Et Monsieur SAMUEL (Pierre)Professeur à la Faculté des Sciences de Clermont , demeurant à Royat avenue Antoine Phelut MemBRE

Fait à Nancy le 30 Août 1952

Le Président du Conseil d' Administration .

Tribu)》를 꾸준히 받았다.

65년이나 모임이 지속되는 동안 마흔 명 가량의 수학자가 부르바키에 참여했다. 그들 중 대부분은 고등사범학교 출신이고 프랑스 사람이었다. 몇 명의 예외도 있었지만 모두 프랑스어를 모국어로 하는 사람들이었다. 폴란드계 미국인인 새뮤얼 에일렌버그(손더스 맥레인과 함께 1942년쯤 '범주〔category〕 이론'을 만듦)는 1966년까지 약 15년 정도 부르바키에서 함께 일했고, 미국에 정착한 스위스인인 아르망 보렐(1973년까지 20년 동안 회원으로 있음), 프랑스계 미국인 세르주 랭 등이 그런 예이다.

지금까지 언급된 수학자들에, 아르노 보빌(1947년생), 클로드 샤보티(1910~90), 알랭 콘(1947년생), 자크 딕스미에(1924년생), 아드리앵 두아디(1935년생), 로제 고드망(1921년생), 알렉산더 그로텐디크(1928년생), 장 루이 코스쥘(1921년생), 샤를 피조(1909~84), 피에르 사뮈엘, 베르나르 테시에 등이 부르바키의 회원이었다. 부르바키 회원에 대한 완전하고 정확한 명부를 만든다는 것은—게다가 그들이 언제 함께 일했는지까지 알기란—무척 어려운 일이다. 우리는 단지 그들이 약 스물다섯 살쯤 부르바키에 가입해 활동하기 시작해서 쉰 살이 되어 모임을 떠났을 것이라 대략 짐작할 뿐이다.

범주이론의 아버지인 새뮤얼 에일렌버그(1913-1998). 부르바키 회의 때의 모습. 에일렌버그는 드물게 프랑스 사람이 아니면서도 부르바키 회원이었다.

훌륭한 재능과 우수한 머리

부르바키의 높은 명성과 영향력은 그 구성원의 학문 수준과 어느 정도 관계가 있다. 부르바키의 수학자들은 예나 지금이나 훌륭하고 뛰어난 수학자이며, 부르바키에서의 활동 외에도 한두 가지 업적을 이룬 사람들이다. 로랑 슈바르츠(1950), 장 피에르 세르(1954), 알렉산더 그로텐디크(1966), 알랭 콘(1982), 장 크리스토프 요코(1994)가 필즈메달—수학 분야에는 노벨상이 없고, 필즈메달이 국제적으로 노벨상과 같은 수준으로 여겨진다—을 수상했다. 물론 르네 톰(『재난 이론(théorie des catastrophes)』을 썼으며, 1958년에 필즈메달을 받았다), 마르셀 베르제, 앙드레 리슈네로비츠, 장 르레이(부르바키 초기에만 한 번 참여했다)처럼 부르바키에 관여하지 않았던 뛰어난 프랑스 수학자들도 있다.

부르바키 회원들 대부분은 개성이 뚜렷하고 대단한 인물이었다. 로랑 슈바르츠와 알렉산더 그로텐디크를 예로 들어 생각해보자. 수학자가 아닌 일반 사람들이 알고 있는 슈바르츠는, 1944년에 만든 분산이론(distribution, 일반화된 함수의 하나, 편미분을 공부하는 데 중요한 역할을 한다)을 만든 사람이기보다는, 정치적 · 대중적으로 훌륭한 활동(알제리, 베트남, 러시아의 반정치적 수학자들과 프랑스 전반적인 사회구조에 대한 평가)을 한 사람으로, 또한 『기념할 만한 세기의 수학자(Un mathématicien aux prises avec le siècle)』라는 자서전으로 알려져 있다. 알렉산더 그로텐디크의 경우, 대수기하학(이 넓은 분야는 다항방정식 체계를 푸는 공부에서 출발한다. 이것은 수론의 중요한 부분을 포함하고 수학의 다른 분야와 많은 관계를 맺는다)에 깊이 관여했고 그것을 재구성했다. 해를 거듭할수록 그가 더욱 신랄하게 비판했던 수학계로서는 안타까운 일이지만, 이 뛰어난 연구자는 1970년 생태학에 열정을 다하기 위해 의도적으로 수학을 멀리했고, 프랑스 남부의 어떤 곳으로 떠나 고립된 삶을 살았다.

베일에 싸여 있고, 이상한 이름을 가진, 개성이 강하면서 동시에 명석한 수학자들로 구성된 '미친 녀석들', 독특한 일처리 방식, 은퇴와 신입 회원 영입으로 유지되는 젊은 분위기, 그들에게 명성과 영향력을 보장해주었던 7천 쪽에 달하는 권위 있는 교재, 이러한 것이 바로 니콜라 부르바키다. 하지만 왜 그 이름을 사용했을까? 왜 그들은 처음으로 일반 수학 전공자를 위한 미적분학 교재를 집필했는가? 『수학원론』에는 어떤 특별한 점이 있는가? 무엇보다도, 왜 이렇게 세상이 그들을 주목했는가?

장 델사르트 (1903~1968)

1903년 10월 19일 프랑스 북부의 작은 마을인 푸르미의 한 천주교 가정에서 아버지가 직조공장의 감독직에서 물러날 때쯤 태어났다. "델사르트가 신실하게 지켜왔던 종교적 믿음이 그의 열린 생각과 조화를 이루어, 사고체계와 행동방식에 큰 영향을 주었음이 틀림없다. 우리는 그것이 그의 사고체계와 행동의 중요한 부분을 차지한다고 말할 수 있다"라고 앙드레 베유는 자신의 자서전에 쓰고 있다. 1915년 장 델사르트는 푸르미, 트레포르, 파리에서 공부를 한 다음 장학금을 받고 루앵에 있는 코르네유 중고등학교에 들어가 기숙사 생활을 하게 되는데, 그곳에서 학업에 두각을 나타낸다. 1921년 대학 입학 자격시험을 통과하고 1922년 고등사범학교에 입학했다. 1925년 교수 자격시험에 합격하고, 군대에 다녀온 뒤 1926년 티에 재단(16세기 파리의 구〔區〕)의 장학금을 받게 되는데, 이는 1893년 설립된, 개인적인 연구를 하려는 젊은이들을 3년 동안 돕는 기관이다. 그는 그곳에 1년밖에 머무르지 않는다(그 뒤는 박사논문을 쓰는 기간이었다). 델사르트는 낭시 대학 과학부에서 강사 자리를 제안받았고, 1927년 그의 모든 업적이 펼쳐질 낭시로 떠난다. 그는 1929년 소꿉친구인 테레스 쉬테와 결혼했다. 델사르트는 낭시를 수학 연구가 활발한 도시로 만들기 위해 최선을 다했다. 그의 친구인 앙리 카르탕과 앙드레 베유가 각각 1931년, 1933년부터 가르치며 활동한 지역인 스트라스부르와 좋은 관계를 맺기 위해 노력했다. 프랑스 수학사회의 '동쪽 가지'는 이렇게 조금씩 모습을 갖추어 나갔다. 델사르트는 특히 폴 뒤브레유, 장 르레이, 장 디외도네로 대표되는 낭시의 수학자들을 격려하는 데 영향력을 발휘했다. "1934년부터, 델사르트는 니콜라 부르바키를 조직하는 밑그림을 그리는 역할을 맡았다"고 앙드레 베유는 쓰고 있다. 그리고 그는 1937년 '메달 전쟁(guere des médailles)'의 장본인이 되고, 국립과학연구소(CNRS)의 설립자이며 과학 연구부의 첫 차관인 물리학자 장 페랭이 지원한 상금과 명예체계에

1951년 7월 회의에서.
서 있는 사람들 : 세르, 디외도네
앉아 있는 사람들 : 딕스미에, 슈바르츠, 델사르트

대한 사업을 비판한다.

1939년 9월 장 델사르트는 군에 징집되어, 음파로 위치를 탐지하는 포병 중대에 지원한다. 그는 그의 부대를 퇴각시켜 아무 피해 없이 님까지 데려오는 데 성공한 후 그곳에서 퇴역한다. 그는 1940~41년 감옥에 갇힌 파바르 교수를 대신해서 그르노블에서 강의하고 그 뒤 은밀히 낭시에 돌아와 가르침과 연구를 재개한다(델사르트는 무엇보다 급수 형성에 대한 함수의 개발 이론에 힘을 기울였는데—그는 계산의 명수였다—정수론과 수리물리의 몇몇 문제에도 관심을 가졌다). 1942년 말부터 프랑스 과학 연구의 개혁에 대해 논의하는 모임을 조직한다. 또한 전쟁 이후 델사르트는 교육개혁을 위해서 랑주뱅-왈롱 위원회에도 참여하는데, 얼마 뒤 그 위원회가 정말 중요한 문제를 다루는 것 같지 않아 보이자 흥미를 잃고 탈퇴한다. 1947년부터, 델사르트는 프린스턴 고등연구원, 상파울로 대학교, 멕시코, 뭄바이 등 외국 대학의 짧은 기간 동안의 초청을 받아들인다. 이것은 모두 그가 디외도네, 로랑 슈바르츠 또는 로제 고드망 같은 뛰어난 수학자들과 함께 낭시를 수학의 이름 높은 중심지로 만드는 동안 있었던 일로, 그것도 일시적일 수밖에 없었다. 왜냐하면 그가 언제까지나 파리의 매력을 거부할 수는 없었기 때문이다. 그는 1962년 도쿄 주재 '프랑스 문화원'으로 떠났다가, 1965년 낭시로 돌아온다. 그때부터, 눈병과 심각한 당뇨병으로 약해진 건강이 그의 활동을 묶어버렸다. 1968년 5월, 68혁명이 시작되자, "델사르트는 참을 수 없어했다"고 베유는 쓰고 있다. 델사르트는 저명인사였고, 공손함이 몸에 밴 '신사'였다. "델사르트는 새로운 사회와 새로운 대학 시스템을 만들어가는 데 혼란이 필요한지에 대해 이해하지 못했다." 그것이 그의 건강을 악화시켰을까? 1968년 11월 28일, 장 델사르트는 심근경색으로 사망했다.

2
부르바키라는 이름의 전설

왜 부르바키인가? 이 별명은 고등사범학교의 전통에서 유래되었으며, 프랑스의 젊은 수학자 모임이 만들어낸 신화의 중심이 되었다.

1935년 7월 16일, 부르바키의 창립 회원들이 베스 앙 샹데스에서 첫 회의를 하던 날, 참가자들은 뚜렷한 결론 없이 해석함수에 대한 토의를 마치고 베스로부터 5킬로미터쯤 떨어진 파뱅 호수로 갔다. 그리고 거기에서, "몇몇 회원은 부르바키라는 끝없는

포에 있는 부르바키 협회와 부르바키 거리는 수학자 모임이 아닌 부르바키 장군을 기린다.

부르바키 장군 (1816-1897)

그리스계 가정에서 태어난 샤를 부르바키는 군사전문학교의 학생이 된다. 그는 1836년부터 1851년까지 아프리카 전투, 특별히 1851년에는 연대장으로 알제리 보병부대에 참가했다. 그리고 1854년부터 1856년까지 동방의 군대(크림전쟁)에서 일했다. 그는 1854년 여단장에 임명되었고 1857년 알제리로 몇 달간 떠났다가 돌아온 뒤에는 사단장으로 진급한다. 그는 이탈리아 전투(1859~60)에 참가하고, 1860년부터 1869년까지 사단장이자 감찰관으로 근무한다. 1869년 7월에는 황제의 보좌관이 되고, 1년 뒤 제국근위대의 수석 지휘관이 된다. 1870~71년에 있었던 프랑스-프로이센 전쟁 동안, 1870년 9월 제1군의 사령관이 되기 전까지 그는 동쪽(보르니, 르종빌, 아망빌레, 생트 바르브)에서 몇 차례 전투에 참여한다. 그는 1871년 1월의 빌레섹젤 전투를 승리로 이끌었으나, 8일 정도 뒤에 에리쿠르에서 크게 패했다. 이로 인해 그는 브상송을 거쳐 스위스를 가로질러 퇴각해야만 했고, 거기서 그의 부대는 무장해제당한다(그때 그는 자살을 시도했다). 다음에 그는 사단장 겸 리옹의 부대 통솔자로 근무하다가 1879년 직책에서 물러난다.

외침의 파도 속으로 돛도 없이 뛰어들기를 두려워하지 않았다"라고 모임 내부의 한 문서는(릴리안 벨리외의 말에서 따옴) 전하고 있다. 사람들은 이 이야기에서 종교집단의 신성한 가입의식이나 세례 장면을 연상할 수도 있을 것이다. 그러나 우리가 확신하는 것은 이것은 기쁨에 가득찬 젊은 과학자들의 도전의 외침이었을 것이라는 점이다.

니콜라 부르바키는 누구인가? 『땡땡(Tintin)』(프랑스의 유명한 만화책 제목이자 그 주인공의 이름) 이야기에서 가져온 이름일까?

1954년 8월 오베르뉴 지방 뮤롤에서 열린 부르바키 회의에서. 로랑 슈바르츠, 앙리 카르탕, 앙드레 베유.

순수한 상상으로 지은 이름일까? 아니다. 명석한 수학자 모임이 선택한 이 별명은 고등사범학교 학생들의 짓궂은 장난에서 유래되었다.

1923년에 고등사범학교 3학년이었던 라울 위송은 1학년을 상대로 장난을 쳤다. 그는 홀름그렌 교수가 강연을 하러 온다는 전단을 붙이고, 풋내기들을 강연에 초대했다. 결과는 어땠을까? 다음은 앙드레 베유의 『배움의 기억』에서 인용한 내용이다. "그는 가짜 턱수염을 붙이고 뭐라 알아들을 수 없는 억양으로 '풋내기들'에게 자신을 소개한 후, 전혀 엉뚱한 수준에 있는 고전적 함수론으로부터 눈에 띄지 않을 만큼씩 단계를 밟아 '부르바키의 정리'를 유도해내는 강연을 했으니, 강당에 모인 사람들은 모두 어리둥절해했다. 이 강의는 그렇게 전설이 되었고, 처음부터 끝까지 그 내용을 이해한 사람은 한 사람뿐이라는 전설도 덧붙여졌다."

그렇다면 라울 위송은 부르바키라는 이름을 어디에서 찾았던 것일까? 잠깐 프랑스 군대의 역사를 살펴보자. 나폴레옹 3세는 1870년 프랑스-프로이센 전쟁에서 중요한 역할을 했던 샤를 드니 소테 부르바키 장군을 휘하에 두고 있었다. 샤를 부르바키는 프로이센 군대를 피해 그의 부대를 스위스로 데려가야만 했다. 한편 2차 세계대전 동안 이와 비슷한 움직임이 있었다. 부르바키 모임의 창립 회원 중 하나인 장 델사르트는 전쟁 초기에 지휘관으로 불려갔고 음파로 위치를 탐지하는 포병 부대의 사령관이 되었다. 그는 자신이 이끌고 있는 부대를 프랑스 북동부 알사스에서 쥐라 산맥과 알프스 산맥을 넘어서 프랑스 북동부 알사스에서 프랑스 남부 랑게독으로 퇴각시켜야 했다. 델사르트와 그의 부대가 스위스의 국경을 따라 쥐라를 넘고 있을 때, 한 군사가 "우리는 부르바키의 군대다!"라고 외쳤으니 이때 델사르트가 얼마나 놀랐을지는 충분히 짐작할 수 있는 일이다.

남은 것은 어떻게 샤를 부르바키 장군의 이야기가 라울 위송에게까지 전해졌을까 하는 것이다. 당시에는 1870년부터 1871년까지 이어졌던 전쟁이 그렇게 오래전의 이야기가 아니어서, 이 장군도 여전히 기억되고 있었다. 게다가 고등사범학교 3학년 학생 중 일부는 전쟁 동안 부르바키 장군의 군대에 배속되기도 했었다. 그러니까 부르바키는 학교에서도 이미 익숙한 이름이었다. 동시에 1920~30년대에는 반전(反戰) 기운이 학교를 휩쓸고 있었다. 앙리 카르탕은 마리앙 슈미트에게 조금은 다르지만 보충이 될 만한 설명을 덧붙였다. "사람들의 주장에 따르면, 라울 위송이 고등사범학교 학생이던 때에 우리 모두가 그랬듯이 그도 한 지휘관이 강의하는 군사 기초교육을 받았는데, 라울은 연말에 하는 학교 행사에서(안타깝게도 지금은 없어진 전통이다), 꽤나 단호한 목소리로 설명하면서 수학적 정리로 가득한 강의를 진행했는데, 물론 그 강의에는 여러 장군들의 이름이 나왔다. 자, 그러니 우리의 교재에 부르바키라는 이름을 붙인 이유는 충분히 설명된 셈이다."

중고등학생의 촌극인가? 문학적 암시인가?

텍사스 대학의 수학자 스털링 버버리안은 베스 앙 샹데스에 모인 친구들이 이름을 부르바키로 지은 이유를 또 다른 시각에서 분석한다. 1980년 스털링은, 무정부주의자이자 풍자 작가인 옥타브 미르보가 1900년에 출간한 소설 『하녀의 일기(Le journal d' une femme de chambre)』에서 부르바키라는 이름을 사용했다고 《수학의 지성(The Mathematical Intelligencer, 수학의 대중화를 위한 계간지)》에서 처음으로 언급했다.

거기엔 무엇이든 닥치는 대로 먹기만 하는 흰족제비(꼬치꼬치 캐묻기 좋아하는 사람—옮긴이)를 길들이는 클레베라는 이름의 은퇴한 지휘관과, 부르바키라는 이름의 고슴도치(가까이하기 어려운 사람—옮긴이)가 나온다. 이 고슴도치는 "머리 좋고 재치 있으며 놀라운 식욕을 자랑한다! (…) 믿을 수 없다. (…) 우린 고슴도치를 배부르게 할 수 없다. (…) 그것은 마치 나와 같다. (…) 그것은 무엇이든 먹어치웠다! (…)" 이처럼 버버리안은, 부르바키라는 이름은 아마도 그 모임이 집필하기로 결정한 수학 교재에 대한 열정과 수학적 식도락을 뜻하는 의미에서 선택되었을 것이라고 추정했다.

하지만 부르바키 구성원 가운데 미르보의 잡식성 고슴도치 이

1931년 알리가르에서 비자야라가반과 두 명의 인도 학생과 함께한 앙드레 베유.

야기를 언급한 사람은 아무도 없었다. 라울 위송의 경우, 그가 미르보의 이야기를 읽었는지, 또 읽었더라도 그가 글쓴이의 생각에서 장난칠 소재를 가져왔는지는 알 수 없다.

아마도 앙드레 베유—언어와 문학에 심취했었고 부르바키 모임을 만들고 이름을 짓는 데 주도적이었던—는 그 작품을 알았을 테고, 그 이름 때문에 특별한 매력을 느꼈을지도 모른다. 하지만 그 역시 이름에 대해서는 아무런 말을 하지 않았다. 어떻든 베유는 라울 위송의 장난이 자기 입맛에 맞다는 사실을 알았을 것이고, 그래서 그가 인도에 있을 때(1930~32) 그의 친구인 젊은 수학자 코잠비에게 이야기했다. 벨리외의 말에 따르면, 코잠비는 동료 수학자 한 사람과 기싸움을 하고 있었다. 베유는 허구의 러시아 학자를 등장시켜 부르바키라는 이름을 붙이고, 가짜 업적들을 인용한 논문을 쓰라고 제안했다. 문제의 동료는, 부르바키의 업적이나 인물됨에 대해서도 틀림없이 모를 것이므로 분명 상처를 받을 것이었다.

코잠비는 「부르바키 제2정리의 일반화에 대해서」라는 논문을 아그라와 우드 알라하바드 지방 과학학회 잡지에 실었다. 1931~32년에 발표된 이 논문은, 아마도 베유가 제안했을 법한 수많은 수학적 말장난으로 가득 차 있으며, "미지(未知)의 러시아 수학자이자 혁명기간에 독살당한" D. 부르바키에 대해서 언급했다. 코잠비는 베유에게 D. 부르바키의 '중요한 업적들'을 알려준 것에 대해 고마워했다. 부르바키는 이렇게 수학 관련 출판물에 처음으로 그 이름을 드러냈다.

3년쯤 지나자 부르바키는 새로운 해석학 교재를 만들기로 결의한 몇몇 수학자의 모임을 지칭하는 별명이 되었다. 그에 따른 풍습과 그들 공동의 신화가 생겨났음은 제쳐두더라도, 이런 가명을 씀으로써 얻는 것 가운데 하나는 서명 문제를 간단히 해결한다는 점이다. 부르바키 저작에 모든 회원의 이름을 쓰는 것과, 해마다 바뀔 참가자의 머릿글자를 쓰는 것은 부르바키 창립 회원들로서는 힘든 문제였다.

THÉORIE DE LA MESURE. — *Sur un théorème de Carathéodory et la mesure dans les espaces topologiques.* Note (1) de M. **Nicolas Bourbaki**, présentée par M. Élie Cartan.

La théorie moderne de la mesure et de l'intégration (2) conduit à donner le nom de *mesure*, dans un ensemble quelconque (qui prend alors le nom d'*espace mesuré*), à toute fonction d'ensemble μE satisfaisant aux axiomes suivants :

I. *A tout ensemble* E *de points de l'espace correspond un nombre* μE *tel que* $0 \leq \mu E \leq +\infty$; *si* E *est vide*, $\mu E = 0$.

II. *Si* E *est contenu dans la réunion d'ensembles* E_ν *en nombre fini ou dénombrable, on a*

$$\mu E \leq \sum_\nu \mu E_\nu.$$

(1) Séance du 18 novembre 1935.

(2) Voir, par exemple, S. Saks, *Théorie de l'intégrale* (*Monog. Matem.*, 3, Varsovie, 1933). Cf. de Possel, *C. R. du Séminaire mathématique de M. Julia*, 2, 1934-

과학학회의 보고서에 있는 니콜라 부르바키의 기록에서 발췌(1935년).

과학학회 종신서기관인 에밀 피카르 (1935).

부르바키라는 성은 1935년 7월 베스 앙 샹데스에서 있었던 '창립 모임'에서 선택된 것인데, 그렇다면 이름은 어떤 식으로 붙여지게 되었을까? 처음엔, 부르바키로 모인 사람들이 성 앞에 붙이는 이름의 첫 글자로 'N'을 사용했다. 이 글자는 전통적으로 교과 과정을 알리는 글에서, 강의할 교수가 아직 정해지지 않았을 때 교수 이름이 들어갈 자리에 임시로 써두었던 글자였다. 1935년 가을, 부르바키의 실체를 공식화하기로 결정했을 때, 그들은 이름을 어떻게 할 것인가에 대해 진지하게 의논하였다. 이를 위해서 부르바키 회원들은「과학학회의 연구결과 보고서」에 이 가명으로 서명한 짧은 논문을 실었다.

그런데 과학학회는 모든 글쓴이에게 간략한 자기소개서를 제출하도록 요구했다. 게다가, 모든 논문과 자기소개서는 우선적으로 한 회원에게 보여지고, 회원이 통과시키면(그가 적합하지 않다고 판단하면 통과시키지 않는다) 학회로 넘어간다. 부르바키 회원들

1939년 핀란드의 코르케에서 롤프 네반린나의 방명록에 있는 N. 부르바키의 서명.

Soll ich ein langes Gedicht ersinnen? Sätze beweisen?
Zu schön, was ich erlebt. Ein Wort nur bleibt mir: Merci.
N. Bourbaki 2[illegible]/VII/39
(Traduit du poldève par A. Weil)
Une des femmes de Bourbaki
Eveline Weil

은 이 문제에 대해 토론했다. 베유의 자서전 『배움의 기억』에는 이런 대목이 나온다. "(…) 이런 이유로 부르바키에는 이름이 필요했다. 토론에 참석했던, 내 아내가 될 에블린은 대모의 자격으로 부르바키에게 니콜라라는 이름을 붙여주었다. 학회 회원 한 명이 자신의 소개글을 읽어야 했다. 우리는 학회의 영원한 서기관인 에밀 피카르가 이 소문을 듣고 흥분하는 일이 없도록 해야 했다. 난 소개글을 써서 엘리 카르탕에게 지지해달라는 내용을 편지로 써보내야 했다."

괴짜 수학자들을 지지한 엘리 카르탕

우리가 반드시 기억해야 하는 학회 회원 엘리 카르탕은 앙리 카르탕(부르바키의 일원)의 아버지다. 그는, 부르바키 회원들이 존경해 마지 않는, 프랑스 수학계의 원로 중 한 명이다. 엘리 카르탕은 비록 그들의 활동에 함께하진 않았지만, 이 젊은 수학자들과 그들의 교재 편찬사업에 대해 공감을 나타냈다.

앙드레 베유는 「카라테오도리(수학자 이름—옮긴이) 정리와 위상공간에서의 측도에 대해서」라는 제목의 논문에서 적분이론에 대해 다루고 있다. 엘리 카르탕에게 보낸 편지에서 베유는 "부르바키 씨가 당신에게 보내라고 한《과학학회 보고서》를 위한 논문을 동봉합니다. 알고 계시겠지만 부르바키 씨는 베스 앙 폴데비 왕립대학교의 교수였으며, 저는 그가 밤낮을 가리지 않고 많은 시간을 보냈던 그곳의 클리시 카페에서 그를 처음 만났습니다. 유럽 지도에서 폴데브(발칸반도에 있었던 왕국의 이름—옮긴이)란 나라가 안타깝게도 사라진 후, 그는 직업뿐 아니라 거의 모든 재산까지도 잃어버리고, 지금은 한 카페에서 특기인 트럼프 게임의 일종인 블로트(belote)를 가르치면서 생계를 꾸려가고 있습니다. 그는 이제 수학을 포기했지만, 그럼에도 몇 가지 중요한 문제로 나와 만나기를 원했고, 자신이 가지고 있는 자료의 일부를 보여주었습니다. 저는 그를 설득하여 여기에 첨부한, 적분의 현대적 이론을 위한 중요한 결과를 내용으로 담은 짧은 논문을 출판하도록 했습

엘리 카르탕(1869-1951)은 부르바키 회원들 가운데 드물게 집합론을 선호하지 않는 수학자로 회원들의 두터운 신임을 얻었다(왼쪽). 장 르레이(1906-98)는 성격이 맞지 않아 일찍 부르바키 모임을 떠났다(오른쪽).

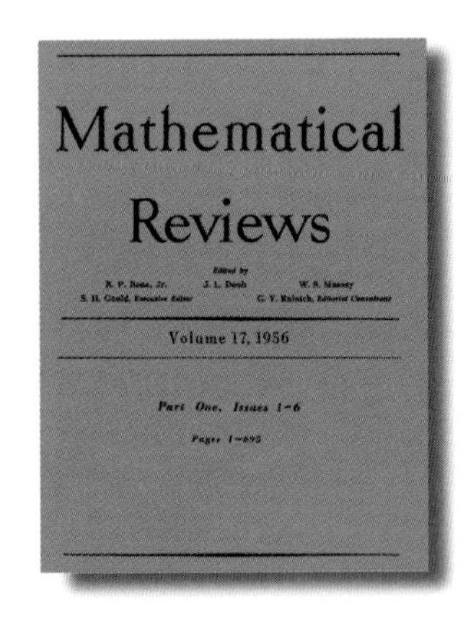

보아스가 참여했던 편집진의 이름이 씌어 있는 1956년《수학 리뷰》의 표지.

니다. (…)"

1935년 11월 18일 학회 개회를 앞두고, 점심시간이 끝나자 엘리 카르탕은 학회 동료들에게 그 짧은 논문과 필자를 소개했다. 앙리 카르탕이 벨리외에게 전한 이야기에 의하면, 사람들은 식사를 마음껏 즐겼고, 학회 회원들은 아무도 놀라지 않았다. 논문 내용은 나무랄 데 없었다……. 학회 사람들이(그 가운데 많은 사람이 고등사범학교 출신이고, 그래서 이런 장난에는 익숙했다) 속았든 속지 않았든, 니콜라 부르바키라고 서명한 짧은 글은 받아들여졌고, 그 기록은 해가 바뀌기도 전에 인쇄되어 나왔다.

1935년부터 부르바키는 그렇게 니콜라라는 이름을 사용했다(그 이후, 『수학원론』을 여러 권 펴내면서 그들은 오랫동안 'N. 부르바키' 라고만 서명했다). 이 이름은 러시아에서 온 듯한 느낌 때문에 골랐는데, 그들은 그 당시 부르바키가 러시아 성이라고 여겼다. 그러나 니콜라 부르바키는 그리스식 이름이었다!

알려지지 않았던 선조가 그 모습을 드러내다

『집 없는 소년』이나 악당이 등장하는 소설에서, 주인공은 기적적으로 헤어졌던 가족과 다시 만난다. 1948년 가을 아침, 드디어 비밀이 밝혀졌다. 앙리 카르탕이 아침을 먹고 있는데 전화가 울렸다. 전화를 받은 그의 아내 니콜이 남편에게 와서 "부르바키 씨 전화예요"라고 말했다. 이것은 그냥 우스갯소리가 아니었다. 전화를 건 이는 파리에 있는 그리스 대사관에서 통상업무를 맡고 있고 당시 독일에 있는 미국군에 대한 업무를 수행하던 니콜라이드 부르바키였던 것이다.

그날 앙리 카르탕과 니콜라이드 부르바키는 앙리 푸앵카레 연구소에서 만났다. 카르탕은 그를 만난 이야기를 슈미트에게 이렇게 이야기했다. "그는 자신이 누구인지 밝히기 위해서 나에게 서류 몇 장을 보여준 다음, 부르바키라는 성을 가져다 쓰는 어떤 모임이 있다는 것이 앙드레 리슈네로비츠가 쓴 『지적인 삶(La Vie intellectuelle)』이라는 글을 통해 그리스 지식인들 사이에 알려지게 되었다고 하더군요. 그리스에서 부르바키는 존경받는 가문이기 때문에 니콜라이드 부르바키는 그 이름을 허락 없이 쓰는 사람들이 누구인지 알아보고 있었습니다. 무엇보다 이 외교관은 부르바키 출판물의 편집자인 프레망 씨(에르망 판의 경우)에게 물어보았지요. (…) 그 외교관의 질문에 대해 프레망 씨는 이렇게 대답했다는군요. '앙리 카르탕에게 물어보시오'."

그러니까 니콜라이드 부르바키는 그 이름을 빌려간 수학자 모임을 알고 있었던 것이다. 그들을 이어주던 끈은 몇 년간 유지되었고, 니콜라이드는 수학자들이 회의를 마친 후 함께 저녁식사를 했었다. 앙리 카르탕은 니콜라이드의 아내가 죽은 다음부터 관계가 끊어졌다고 말한다. 부르바키 모임은 스스로 퍼뜨린 조금은 엉뚱한 이야기 속에 부르바키 가문의 이야기까지도 집어넣게 된다.

니콜라 부르바키에 대한 기록

부르바키 모임은, 수학 외의 다양한 분야에서는, 순수한 허구와 실제 사실이 섞여 있는 글쓰기를 즐겼다. 〈니콜라 부르바키의 삶과 업적에 대한 기록〉이 바로 그런 경우이다. 아마도 1960년쯤 발표된 이 글은, 1977년에 미국인 주디스 프리드먼이 부르바키에

니콜라 부르바키의 삶과 업적에 대한 기록

"크레타 섬 출신인 부르바키 집안의 역사는 1089년까지(원래 스코르딜리스(Scordylis)라는 이름이었다) 거슬러올라간다. 터키 사람들에게 저항한 그들의 대담한 행동에 감명을 받은 후손들이, 그들에게 '부르 바쉬(Vour bachi, '처음으로 강한 인상을 준 사람'을 일컬음)'라는 이름을 붙여주었고, 이 이름은 이후 그들을 따라다닌다. 나폴레옹의 이집트 원정에서, 소테 부르바키(Sôter Bourbaki, 1750~1820)는 겹겹이 싸여 있는 영국의 봉쇄망을 격파하였다. 나폴레옹은 부르바키의 두 아들을 높은 자리에 발탁함으로써 그에게 보답하였다. 큰아들은 나폴레옹의 위대한 군대의 연대장이 되었고, 전쟁을 이끈 유명한 장군의 아버지가 된다. 소테 부르바키의 셋째 아들은 러시아로 망명했고, 루마니아를 거쳐 그리스에 살면서 부모와 연락이 끊겼다. 니콜라 부르바키는 바로 그의 자손으로, 1886년 쿠쿠테니(몰도바)에서 태어났다. 부르바키 가족의 여러 후손들은 여전히 그리스와 세계 여러 다른 곳에서 살고 있다(그 가운데 다수가 시카고에서 산다). 위의 자세한 내용은 그들의 도움으로 알 수 있었다.

고국에서 고등학교 공부까지 훌륭하게 마친 뒤, 그는 카르코브 대학교에서 수업을 받고, 1906년 장학금을 받아서 파리에서 푸앵카레의 수업을, 괴팅겐에서 힐베르트의 수업을 듣는다. 이 두 가지 경험은 그의 생각에 매우 깊은 영향을 미친다. 1910년에 그는 카르코브 대학교에서 1941년 독일의 침략으로 없어져 거의 인용되지 않았던 논문을 내는데, 이 논문은 앞으로 그의 생각의 실마리를 보여준다. 그는 1913년에 도르파 대학교의 객원강사가 되고, 2년 뒤에 결혼한다. 이 결혼으로 태어난 그의 외동딸 베티는 1938년 페타르라는 사자사냥꾼과 결혼한다.

1차 세계대전이 일어나자 니콜라 부르바키는 과학적 연구를 제대로 하지 못했는데, 이진까지는 꽤 활발했던 것으로 보인다. 1917년 혁명의 시기, 그는 코카스에 있는 폴데비 관할의 연구소로 간다. 그는 왕립학회 회원으로 임명되고, 폴데비에 대해 특별한 관심을 보인다(오세트(Ossètes)인의 친척뻘인 수많은 민족의 하나로, 코카스의 산간지역에 산다). 하지만 내전으로 그는 떠날 수밖에 없었고, 1920년 이란으로 이주한다.

여기서부터 눈물젖은 망명자 생활이 시작되는데 니콜라 부르바키는 조용히 살 수 있는 안정된 환경을 찾느라 몇 년을 보낸다. 그는 이란에서 프랑스의 지구물리학 연구사업에 함께했고, 인도의 조른가르(Zorngahr) 왕립대학에서 잠시 교수로 재직한다. 그는 마침내 파리에 오게 되는데, 그곳의 어떤 수학자도 그의 생각의 독창성을 인정하지 않았고, 몇 년 동안 그는 임시직에 있으면서 힘겹게 생활했다.

니콜라 부르바키의 학문적 사고의 편린은 그 내용을 이해하는 사람은 아무도 없긴 하지만, 과학계를 파고들었다. 또 학생들은 이 '무명의 수학자'를 웃음거리로 여기려 했다. 1923년 그의 이름은 고등사범학교의 전통적인 '장난'에 동원되었다. 이른바 '홀름그렌 교수'가 최고의 환상적인 수학수업을 학생들에게 가르쳤던 사건으로, 놀라운(그리고 이해할 수 없는) '부르바키 정리'가 그 수업에서 다루어졌다.

그 뒤로 1930년 니콜라 부르바키의 힌두교 학생 가운데 하나인 유명한 수학자 코잠비가 그의 논문에 부르바키의 중요한 결과를 인용하기 전까지는 그에 대한 기록이 전해지지 않는다. 1935년이 되어서야 과학활동에 대한 그의 두 번째 시기가 시작된다. 그 당시에는 프랑스의 여러 젊은 수학자들이 수학의 연구들이 보여주었던 특수화와 분산화 경향에 매우 큰 영향을 받고 있었다. 그들의 학문은 서로 소통이 불가능한 학과라는 단위들로 쪼개지고 있었고, 이것은 마치 수학의 바벨탑과도 같아 보였다.

다행히도 이 젊은이들은 부르바키를 만나게 되었고, 부르바키의 견해가 자신들의 것과 일치한다는 것을 알게 되었다. 그들은 부르바키를 설득하여 금세 상상을 뛰어넘는 발상으로 함께 큰 시리즈를 펴내기로 하는데, 완전히 새로운 방법으로 수학의 진수를 보여주는 것이다. 이는 호흡이 매우 긴 작업이었다. (평균 150쪽으로 이루어진) 23권이 이미 나왔고, 나머지들도 거의 출간을 앞두고 있다. 이 작업에 참여한 사람들은 50권의 책으로 완결되는 이 대전집이 고대 유클리드의 『원론』에 필적하는 우리 시대의 성과물이 될 것이라고 생각한다. 그러나 '단순히 백과사전을 만드는 일은 아님'을 기억함이 좋겠다. 새로 들어갈 이론은 반드시 다음과 같아야 한다는 원칙을 세워 기존의 수학 이론 중에서 진지하게 선택한다. 1. 될 수 있으면 많은 사람에게 유용해야 한다. 2. 또한 가능하면 일반적이어야 하는데, 추상적 뼈대(추상화는 연구 자체를 위한 것이지만, 응용성도 항상 염두에 둔다)로 축소된 이론이란 뜻도 내포한다. 간추리면 젊은 수학자들에게 그들의 기술에 필요한 도구의 조작을 가장 빠른 방법으로 가르치는 문제로 요약된다. 그 노력의 첫 열매는 벌써 나타났고, 덕분에 젊은 수학자들은 선배들을 놀라게 할 만큼의 속도로 수학의 근본적 이론들을 소화해냈다.

왼쪽에서 오른쪽으로, 시몬 베유, 피조, 앙드레 베유, 디외도네(앉아 있음), 샤보티, 에레스망, 델사르트, 1938년 디욜피에서 열린 회의에서.

'중요도'에 대해 보도없는 토론을 하는 것을 비웃고 공동의 작업을 통해서만 깊이 있는 결과를 얻어낼 수 있다고 믿는, 니콜라 부르바키 후원회는 그들의 교재에 스승의 이름을 넣고 함께한 일에서 개인적인 부분은 의도적으로 배제하기로 결정했다.

이 작업방식의 장점은 25년의 경험으로 충분히 드러났다. 수학과 마찬가지로 어렵고 추상적인 과학 분야의 발견을 해나가는 데에도, 여러 사람들이 머리를 맞대고 오랜 협력을 통한 시너지 효과를 일으키는 것이 가능하다는 것도 역사 속에서 여러 번 증명되었다. 부르바키 후원회는 부르바키가 오래전에 예견했듯이, 이 방법이 앞으로 많은 성과를 낼 수 있으리라고 믿었다. 하지만 곧바로 그와 같은 결과가 나오리라고 믿어서는 안 된다. 개인적 욕심을 버려야 한다는 근본 원리, 헛된 학문적 영예에 대한 무관심, 종합적으로 묶은 더 뛰어난 생각 속으로 모든 참가자들의 지적 개성이 융합되어야 한다는 것 등은 절대적으로 선행되어야 할 필요조건이다. 여기엔 어려움이 따르는데, 원칙은 많은 회합과 오랜 경험을 통해 걸러진 뒤에 수립되기 때문이다. 많은 사람들이 머리를 맞대 결과 도출된 것이 '부르바키 정신'이다. 이는 그간 출판된 23권을 일관성 있게 유지시키는 역할을 했다.

니콜라 부르바키 후원회는 대략 1년에 세 번 정도 모이고, 회의는 매우 오랫동안 이어진다. 이 회의에서는 이들이 출판을 결정하기에 앞서 그 단원의 다음 편집에 대해서 자세히 논의하고 조사한다. 가능한 한 가장 좋은, 그리고 '부르바키 정신'에 가장 부합하는 발표의 연구에서, 대부분의 단원은 적어도 서너 번의 감수를 거친다(흔하게는 다른 편집인을 통해서). 이를 위해 어떤 것은 20년이 걸리기도 한다.

니콜라 부르바키 후원회의 회원 이름을 드러내는 것이 금지되어 있지만, 우린 적어도 이 모임이 변화를 겪으리라는 것을 짐작할 수 있다. 수학은 변화로 가득하다. 그것을 잊지 않고 '부르바키 정신'을 끊임없이 '젊게' 만드는 것이 필요하다. 그러한 그들의 정신적 성향 때문에 그 작업에 재미를 느끼는 훌륭한 젊은 수학자들을 많이 포용했다. 우선 '실험용 쥐'의 자격으로 회의에 초청하고, 그리고 자격이 있다고 판명되면, 그때부터 '번데기'에서 벗어났음을 인정하였다. 그런 연후에 그들은 정회원 자격을 얻었다. 실제로 활동하는 부르바키 후원회의 나이는 마흔다섯 살에서 스물네 살까지 다양했다. 처음부터 참여했던 몇몇 이들은 모임에서 빠져나갔는데, 그들이 다른 연구로 눈을 돌렸거나, 부르바키식 토론(언어의 가장 큰 자유가 그것의 엄격함에 있는)의 매우 특별한 분위기가 그들에게 맞지 않았기 때문이었다. 게다가 실제로 나이가 많은 회원들은 은퇴를 권유받았는데, 이는 그들로 인해 계획한 작업이 혹 늦어질지도 몰랐기 때문이었다. 다만 부르바키 회원들은 젊음을 유지했기에 이 규칙에서 벗어나 있다.

어려운 시기를 지내고 약간은 폐쇄적이 된 니콜라 부르바키는 그들이 선택한 동료들을 빼고는 만나지 않았다. 이것이 바로 그에 대한 신화로 연결되었으며, 그 이후에 그 이름은 단순한 가명 이상이 되어버렸다. 하지만 그와 접촉한 모든 이들은 이 독특한 성격을 가진 그가 어떤 면에서 강하고 활동적인지 알고, 그를 돕는 사람들조차도 어느 정도 신비스러움을 좋게 평가하는 경향이 있다. 그렇게 종종, 그가 참가하지 않은 토론 가운데에서, 갑작스런 환상 하나가 동시에 자리한 모든 구성원을 사로잡고 그때까지 막연하게 까다로웠던 몇 가지 문제의 답이 단숨에 환하게 드러난다.

고난의 시기였던 전쟁 동안 부르바키를 비난하는 사람들도 많았지만, 후원인들의 자유나 목숨은 아무런 피해를 입지 않고 이 비극적인 시기를 지냈다. 이것을 우연의 일치로 보아야 하는가, 아니면 '부르바키 정신'이 지닌 초월성 덕분이었다고 보아야 하는가?"

대해 쓴 논문에 다시 소개되었다. 이 논문은 니콜라 부르바키 모임의 실체와 그 활동을 보여주는 데 많은 부분을 할애하였다. 글은 매우 읽기 쉽게 씌어 있었다.(44~46쪽 참조)

〈니콜라 부르바키의 삶과 업적에 대한 기록〉은 수학자들의 모임인 니콜라 부르바키는 가명이 아니라 실제 존재하는 수학자의 이름이며, 그리고 후원자들이 그 주위로 모여들게 만드는 탁월한 능력을 가진 한 인물이라고 믿도록 하기 위한 시도였다. 예를 들어, 1950년대에 부르바키는 미국수학회에 부르바키를 한 개인의 이름으로 인정해줄 것을 요구했다. 하지만 거절당했는데, 왜냐하면 대부분의 수학자들은 니콜라 부르바키가 수학자의 모임임을 알고 있었기 때문이다. 하지만 이것이 부르바키의 고집을 꺾지는 못했다! 마찬가지로, 거의 같은 시기에, 미국의 수학자 랠프 보아스는 그해의 브리태니커 백과사전에 실을 부르바키에 대한 원고를 썼는데, 거기에서 그는 이 이름이 집단의 가명임을 명확히 했다. 보아스가 그렇게 쓴 데는 확실한 근거가 있었다. 부르바키가 아직 비밀에 싸여 있지 않았던 1939년, 그는 베유를 만난 적이 있었다. 반응은 즉시 나타났다. 니콜라 부르바키는 브리태니커 백과사전의 내용을 부인하면서 "감히 말하자면 나는 존재하지 않는다"는 내용의 편지를 보아스에게 보냈다. 또한 부르바키는 보아스가 실제로 있는 수학자가 아니라, 수학 학술지 《수학 리뷰》(Mathematical Reviews, 보아스는 실제로 이 학술지의 편집위원 가운데 하나였고 전문가들 사이에 널리 알려진, 수학 출판물 감수자였다) 편집인들의 머릿글자를 모아 만든 B.O.A.S라는 소문을 퍼뜨렸다.

그러니, 니콜라 부르바키는 단순한 성과 이름만은 아니었던 것이다. 이 이름을 만든 수학자들은 자신들의 모임에 신화적인 성격을 부여하기 위해 전설적인 장군의 이름을 차용한 것이었다. 이 이름은 외부의 사람들에게는 재미를 주기 위해서 사용되었지만,

랠프 보아스(1912-92)

수학자 에르네스트 푸아송의 이름을 딴 에르네스트 연못이 오른쪽에 있는 고등사범학교 안뜰. 부르바키 사람들은 토의하기 위해 이 연못가에 모이곤 했다.

회원들끼리도 자연스럽게 사용하기 시작했다. 니콜라 부르바키는 수많은 웃음을 만드는 기회를 포착하려 했고, 이것은 이 모임이 공들여 만든 풍습 중 하나였다.

앙드레 베유 (1906~1998)

동시대의 가장 위대한 수학자 중 하나라고 할 수 있는 앙드레 베유는 1906년 5월 6일 파리에서, 철학자인 시몬 베유(1909~43)의 동생으로, 알사스주 출신 유대인 의사 아버지와 러시아에서 태어난 유대계 오스트리아인 어머니 사이에서 태어났다. 그는 집에서 수준 높은 선생님들이 하는 특별한 수업을 받는 것으로 초등교육과 중등교육을 대신했다. 1918년 생 루이 중고등학교에 진학했고, 1922년 고등사범학교에 입학했다. 그때 그의 나이 겨우 열여섯이었다.

그는 세계를 일주한 셈이었다. 1925년에 교수 자격을 얻고 로마에 있는 비토 볼테라의 집에서 1년을 보낸다. 록펠러 재단의 장학금으로, 그는 그 다음 1년을 독일에서—특히 괴팅겐, 베를린, 프랑크푸르트—지내면서 리하르트 쿠란트, 에미 뇌터, 카를 시겔, 막스 덴 같은 뛰어난 수학자들을 만난다. 이후 그는 스톡홀롬의 괴스타 미탁 레플러(확인할 수 없는 이야기지만, 알프레드 노벨이 수학 분야에 노벨상을 두지 않은 것은 한 여자를 두고 괴스타와 연적 관계였기 때문이라는 설이 있다)의 집에 머물면서 잠시 여행을 멈추었다.

프랑스로 돌아와서, 앙드레 베유는 박사학위 논문(「대수학적 곡선의 계산」)을 스물두 살이던 1928년에 발표한다. 그리고 인도로 떠나, 1930년부터 1932년까지 알리가르 이슬람 대학교 수학과 교수로 재직한다. 그는 수학 강의를 재구성하는 책임을 맡았는데, 실제로 그 일을 완성하지는 못했다. 귀국한 뒤, 그는 마르세유 대학교에서 자리를 잡는다. 스트라스부르에서 지낸 지 두 해가 지난 1933년, 그는 친구 앙리 카르탕의 추천으로 스트라스부르 대학교에 돌아와 1939년까지 가르친다. 부르바키의 창립 회원들 가운데 하나인 르네 드 포셀의 아내였던 에블린을 배우자로 맞아들인 것은 1937년의 일이다. "나의 인생은, 적어도 그렇게 부를 만한 인생은 (…) 내가 태어난 1906년 5월 6일과 내 아내이자 동료인 에블린이 죽은 1986년 5월 24일 사이에 있다"라고 앙드레 베유는 자서전에서 쓰고 있다. 1939년 여름, 앙드레 베유는 아내와 함께 북유럽으로 여행을 떠난다. 그는 만약 전쟁이 일어나면 미국으로 떠날 계획이었다. 1923년 전에 고등사범학교에 들어간 모든 학생들처럼 예비역 장교였던 그는 탈영하기로 결심했다. 그가 내세운 이유는 평화주의와는 전혀 관련이 없었다. 인도 철학의 영향으로, 앙드레 베유는 "각자에게 그 움직임을 지시할 일반적 권리는 없다. 개인은 스스로 그의 다르마(dharma: 불교에서 말하는 법—옮긴이)를 가진다. (…) 사람들은 각각 유일한 근원인 자신의 다르마로 결정할 수밖에 없다. 고갱의 다르마는 그림이었다. 나의 다르마는, 내가 1938년에 보았듯이, 분명하다. 그것은 나의 전부를 다하여 수학을 하는 것이다. 실수는 내가 방향을 딴데로 돌린 것이다." 어찌됐든, 전쟁 동안 보인 그의 태도는, 프랑스 출신의 몇몇 사람, 특히 수학자인 장 르레이(자신의 연구결과를 독일군에 제공하기를 거부하여 투옥된 뒤, 순수 대수기하학의 연구에 투신함)에게 오해와 나쁜 감정을 불러일으켰다. 이로 인해 베유는 프랑스에서 설 자리를 잃었으며 그와 그의 가족에게 상처가 되었다. 1955년부터 1983년까지 부르바키에 참여했던 피에르 카르티에는 "르레이는 기를 쓰고 베유를 소르본과 프랑스의 대학에서 내쫓으려고 했다. 베유는 시카고에 그대로 눌러앉았다. 우리 세대의 대가를 그곳으로 추방한 셈이었다!"라고 썼다.

2차 세계대전이 터졌을 때, 베유는 핀란드에 있었다. 1939년 11월 말, 소비에트 연방은 베유를 간첩으로 몰았다. 하지만 핀란드 수학자 롤프 네반린나가 경찰과 힘겨운 대화 끝에 겨우 베유를 구출해낸다. 추방된 베유는 아브르(Havre)에서 짐을 내리고, 루앵의 군사 감옥으로 옮겨졌다. 탈영죄로 5년형을 선고받았지만, 다행히 1941년 록펠러 재단이 프랑스 과학자들을 구해주는 제도 덕분에 그는 아내와 함께 미국으로 가게 되었다. 1945년에는 상파울로 대학교의 교수직을 제의받아 브라질로 가서 1947년까지 머무른다. 이후 시카고 대학교에 자리를 얻어 미국으로 돌아오고, 11년 뒤인 1958년 프린스턴 고등연구원으로 부임한다. 1976년 은퇴한 앙드레 베유는 1998년 8월 6일, 프린스턴에서 세상을 떠났다.

앙드레 베유와 그의 아내 에블린.

정수론과 대수기하학 분야에서 베유의 업적은 탁월했으며, 그에게 극적인 명성을 가져다주었다. 1979년 그에게 상과 메달을 주기를 반대했던 프랑스에서 울프(Wolf)상을, 1994년 일본에서 교토(Kyoto)상을 수상한다.

그의 박사 논문은 이미 국제적으로 유명했다. 게다가, 베유는 '유한체 위에서 정의된 대수적 곡선을 위한 리만의 가설'을 보였다. 어떤 변수에 대한 다항방정식으로 이 결과를 일반화하는 연구를 하던 도중, 그는 대수기하학의 수많은 발전을 일으키는 가설의 급수(a series of conjecture)를 수식화하기에 이르고, 이것은 1963과 1973년 사이에 증명하였다. 다른 업적으로는, 타원 모양의 곡선의 계산과 보형함수(modular function)의 계산 사이의 관계를 입증한 것이 있다. 그는, 일본인 고로 시무라와 유타카 다니야마 함께 시무라-다니야마-베유라 불리는 한 가설을 수식화했는데, 이는 1994년 영국의 수학자 앤드루 와일스가 '페르마의 정리(n이 3보다 크거나 같은 정수일 때, $x^n+y^n=z^n$을 만족하는 정수 x, y, z는 존재하지 않는다)'를 증명하는 데 핵심적인 역할을 했다.

시카고 대학에서 강의중인 앙드레 베유.

베유는 부르바키에서 가장 핵심적인 인물이었다. 그는 바로 이 모임과 그 특이함을 시작한 장본인이고, 1956년 떠나기 전까지 프랑스로부터 멀리 떨어져 있었음에도 불구하고 모임의 중심인물이었다. 베유가 수학에만 관심을 가졌던 것은 아니다. 그는 고전문화에 대해 넓은 식견이 있던 사람이었다. 그는 문학과 어학에 열정을 보였고 열다섯 살 때 그리스어, 라틴어, 독일어, 영어, 그리고 산스크리트어를 알았다. 그를 알았던 사람들은 그가 퍽 까다로운 성격을 지녔다고 기억하는데, 그에 대해서는 더 말하지 않겠다. 그의 유머는 신랄했다. "앙드레 베유는 날카로운 유머감각을 지녀, 어떠한 어려운 상황에서도 재미있는 말솜씨로 분위를 부드럽게 만드는 데 일가견이 있다"고 아르망 보렐은 회상한다. 또 1947년부터 1971년까지 부르바키의 일원이었던 피에르 사뮤엘은 "베유는 위대한 수학자들을 위대하지 않다고 말하는 유난히 무뚝뚝한 사람이었다"고 밝히고 있다. 아버지가 베유와 가까운 친구였던 카트린 슈발레에 따르면, 그는 오만했고 특히 수다쟁이들을 싫어했다고 한다. 앙드레 베유의 성격과 그의 유머에 대한 이야기는, 그가 시카고에 머물렀던 1947년까지의 기록이 담긴 자서전, 『배움의 기억』에 자세히 나와 있다.

3 경직된 권위에 대항하는 젊은 시위대

1차 세계대전으로 프랑스 과학에는 한 세대 가까운 단절이 생겼다. 프랑스의 낡은 수학은 죽어가는 반면, 독일의 대수학은 생명력이 넘쳤다. 이 상황이 부르바키 모임을 만든 모태가 된다.

COURS DE LA FACULTÉ DES SCIENCES DE PARIS.

COURS

D'ANALYSE MATHÉMATIQUE

PAR

ÉDOUARD GOURSAT,

Professeur à la Faculté des Sciences de Paris.

TOME I.

PARIS,

GAUTHIER-VILLARS, IMPRIMEUR-LIBRAIRE

1902

초기에 부르바키가 매우 싫어했던 에두아르 구르사의 『해석학 교재』.

니콜라 부르바키 모임은 왜 1930년대에 만들어졌을까? 먼저 젊은 프랑스 수학자들의 맨 처음 목표가 수학 전공자를 가르치기 위한 해석학 교재를 쓰는 것이었다는 사실을 기억하자. 이는 그때까지 사용되던 교재의 허점과 부족함을 바로잡기 위해서였다. 특히 에두아르 구르사의 『해석학 교재(Cours d' analyse)』가 문제였는데, 이 책은 1902년에 초판이 나온 이후 프랑스에서 널리 쓰였다.

사실, 당시 프랑스에 적절한 해석학 교과서가 없다는 사실은, 빙산의 일각에 불과했다. 어떤 면에서는 이러한 상황이 단지 프랑스 수학계의 좀더 심각한 문제를 반영하는 셈이었다. 그리고 그 당시 프랑스 수학은 특히 독일의 대수학과 같은 다른 나라의 최첨단 연구 등에 의해 위축되어 있었다. 20세기 초의 프랑스 수학의 일반적인 상황을 살펴보면, 부르바키 모임의 출현뿐만 아니라, 왜 이 모임의 첫 계획이 수학을 혁신한다는 거창하고 시간이 오래 걸리는 프로젝트로 발전했는지를 이해할 수 있다.

부르바키 모임이 생길 당시, 수학의 모습을 말하기 전에, 몇 세기 동안의 수학이 어떠하였는지 잠깐 살펴보는 것이 좋겠다. 여기서 수학의 역사를 모두 되짚어가거나 요약하기보다는 시대를 뛰어넘는 중요한 몇 가지 사건을 시간 순서에 따라 대략적으로 언급하도록 하자.

흔히 생각하는 것과는 달리, 고대로부터 전승된 지식들—특히 그리스, 이집트, 메소포타미아, 인도, 중국에서—은 쉽게 무시할 수 없다. 그리스 시대에 피타고라스의 정리가 나왔다. 방정식의 개념 또한 완전히 정립되진 않았지만, 사람들은 오늘날 2차방정식($ax^2+bx+c=0$, 여기서 a, b, c는 주어진 수이고 x는 미지수다)과 몇 가지 선형방정식계(예를 들어 $ax+by=c$의 형태를 가진 두 개의 방정식으로 이루어진 계, 여기서 x와 y는 미지수다)를 기하학적으로 풀 줄 알았다. 그리스 사람들은 직각을 끼고 있는 변과 직각을 마주보고 있는 변이 서로 나눠지지 않으며, 그것은 유리수(p/q의 모양으로 나타낼 수 있으며 p와 q는 정수이다)가 아닌 것으로 $\sqrt{2}$라 부르며, 그래서 직각을 마주보는 변의 길이는 $a\sqrt{2}$라는 것을 발견했다. 기원전 300년경 유클리드의 『기하학 원론(Élements)』은, 놀라우리만치 현대적인 수식 아래서 그 시대의 수학을—간결하며 비교적 엄밀한 정의의 고리와 공리 그리고 증명이 뒤따르는 정리로—표현한 책이다. 다른 언급할 만한 사건으로 히파르코스(기원전 2세기)의 평면삼각법의 등장, 메넬라오스(서기 100년경)의 구면삼

탈레스

유클리드

피타고라스

각법(구 위에서 그려진 삼각형에 대한)의 등장, 디오판토스(서기 350년경)에 의한 방정식보다 많은 미지수를 포함한 부정방정식계의 연구(그 답은 유리수 가운데서 연구되었음)가 있다.

피사의 레오나르도라고 불리는 피보나치.

중세에 이르러, 서양의 수학은 맥이 끊기고 오히려 퇴보한다. 반대로 이슬람 세계의 수학은 9세기에 전성기를 이룬다. 아랍 언어의 수학이 고대 그리스의 유산을 활용했고, 게다가 바빌론과 인도의 지식을 흡수한다. 인도에서는 0과 함께 10진수를 사용하였는데, 적어도 7세기 전에 발명된 것으로 보인다. 산술, 대수학(algebra, 아랍으로부터 온 용어임)과 기하학에서의 많은 발전은 그들 덕분이다. 예를 들어 10진수의 분수, 이항정리(즉, $(a+b)^n$의 전개), 정수의 제곱근 또는 그 이상의 근, 다항식의 셈법, 조합의 계산, 뿔의 자름면을 이용한 3차방정식의 기하학적 풀이 등이다.

르네상스, 다시 새로워진 서양의 수학

카르다노

아랍의 수학은 11세기에 이르러서야 번역서를 통해 서양에 전해진다. 그중에서도, 피사의 레오나르도 다 빈치라고도 불린 피보나치가 로마 숫자를 대신해서 유럽에 아라비아 숫자를 소개한다. 하지만 유럽의 수학자들은 16세기가 될 때까지 진정으로 깨어나지 못한다. 이 시대에는 이탈리아 대수학자들의 발전이 두드러진다. 이 시기의 유명한 학자로 '타르탈리아(Tartaglia)' 라고 불리는 니콜로 폰태나, 지롤라모 카르다노, 루도비코 페라리, 라파엘레 봄벨리 등이 있다. 그들의 업적을 예를 들자면 3차방정식과 4차방정식의 풀이, 복소수($2+3i$ 같은 수, 여기서 i는 -1의 제곱근인 허수, 즉 $i^2=-1$을 만족하는 기호임)의 소개 등이 있다. 프랑수아 비에트가 대수에서 기호화되고 체계적으로 쓰는 법을 개발한 것도 16세기인데, 이는 현대수학 기호체계의 출발점이 되었다.

뉴턴

17세기에 수학은 새로운 시대로 접어든다. 존 네이피어(1550~1617)와 헨리 브릭스(1561~1630)가 로그(log)를 만든다. 지라르 데자르그(1591~1661)가 사영기하학, 즉 사영(projection)에 의해 얻어지는 형태의 기하학적 개념을 처음으로 소개한다. 피에르 드 페르마(1601~65)와 블레즈 파스칼(1623~62)은 확률론을 탄생시킨다. 한편 페르마와 르네 데카르트(1596~1650)는 해석기하학을 만드는데, 해석기하학에서는 공간 위의 점들을 좌표 위에 찍을 수 있고, 좌표들 사이의 관계를 나타내는 방정식을 통해 곡선을 표현할 수 있다. 기하학을 이용해서 산술적 계산을 할 수 있게 된 것이다.

1670년과 1680년 사이에 뉴턴과 라이프니츠에 의한 미적분학이 출현해 수학이 획기적으로 발전했다. 미분은 '잘게 나눈다'는 것이 그 핵심 개념이고 곡선의 접선에 대한 연구로부터 출발하는 한편, 적분은 유한한 넓이를 선을 이용하여 계산하거나 유한한 부피를 면을 이용하여 계산하는 것에서 출발한 개념이다. 미분과 적분은 서로 밀접한 관계에 있다. 적분을 한다는 것은 '원시함수'를 구하는 것, 즉 미분을 거꾸로 하는 것이다.

오일러

수학을 비롯해 과학 전반에 큰 공헌을 한 미적분학은, '해석학의 세기'라 불리는 18세기에 엄청나게 발전했다. 주요 인물은 이탈리아 출신의 수학자 조제프 루이 라그랑주(1736~1813)와 스위스 출신의 레온하르트 오일러(1707~93)이다. 그중에서도 오일러는 미분과 적분을 기하학적 기원에서 해방시켜 함수의 개념으로 설명하였고, 삼각함수를 기하학의 도움 없이 정의하고, 지수 형태

가우스

의 복소수를 도입해서, $e^{ix}=\cos x+i\sin x$ 형태임을 증명했다. 그와 다른 이들은 강력한 급수의 함수를 개발해서 계산했고(예를 들어 $\cos x=1-x^2/2!+x^4/4!-x^6/6^+\cdots$), 무한급수의 합을 계산했으며(예를 들어 $1-1/2^4+1/3^4+1/4^4+\cdots=\pi^4/90$), 미분방정식(함수 $f(x)$가 그 미분인 $f'(x)$, $f''(x)\cdots$와 다시 관계 맺는 방정식으로 f를 구해야 한다. 가장 쉬운 보기로 $f'(x)-2f(x)=0$의 경우 그 답은 $f(x)=ke^{2x}$의 형태를 가진다)과 편미분방정식(함수가 여러 개의 모르는 변수에 의존하는 미분방정식)을 연구했다.

엄밀함과 추상화(抽象化)가 모습을 나타낸 19세기

19세기에는 수학의 전 분야가 급속도로 발전했다. 이 시대의 뛰어난 인물로는 '수학의 왕자'라고 불리는 카를 프리드리히 가우스(1777~1855)를 꼽을 수 있다. 그는 거의 모든 수학 분야에 공헌했다. 예를 들어 1799년에 쓴 논문에서 그는 '대수학의 근본적 정리'를 처음으로 정확히 선보인다. 실수계수를 갖는 모든 다항식 $a_0+a_1x+a_2x^2+\cdots+a_nx^n$은 적어도 하나의 복소수 해를 갖는다. 다시 말해, 그 다항식을 0으로 만드는 한 복소수가 있다는 것이다. 1825년 무렵, 노르웨이의 수학자 닐스 헨리크 아벨(1802~29)은 5차 이상의 대수방정식에는 제곱근 연산과 사칙 연산만으로 쓸 수 있는 일반적인 근의 공식이 존재하지 않는 것을 증명했다. 이 시기에 대수학 분야에서 눈에 띄는 다른 발전으로는, 대수방정식에 대한 에바리스트 갈루아(1811~32)의 업적이 있는데, 이 방정식은 '군(group)' 론을 이끌어내고 '유한체(finite field)'를 분류했다. 또한 리하르트 데데킨트(1831~1916)에 의한 '아이디

케일리

얼(ideal)' 이라 불리는 추상적 수의 발명, 특히 아서 케일리(1821~95)와 레오폴드 크로네커(1823~1891)에 의한 선형대수학(벡터 공간, 행렬 등)의 발전 또한 두드러진다. 전반적으로 19세기 대수학의 발달은 수학을 추상화하면서, 응용과 물리적 직관으로부터 수학을 전혀 다른 방향으로 발전시켰다. 그들 앞에 주어진 문제를 풀기 위해서, 수학자들은 추상적인 성질을 고안해내는 것을 서슴지 않았고, 그 성질 자체만을 위해서 연구를 하지는 않았다.

코시

19세기 수학의 또 다른 흐름은 더 큰 엄밀함에 가까워지는 것이었다. 이러한 발전은 특히 해석학에서 중요한 것으로서, 수학자들은 이러한 조작이 수학적으로 정당한지에 대해 알지 못한 채 한 세기 이상 동안 무한히 작은 수를 다루어왔다. 오귀스탱 루이 코시(1789~1857)의 업적 중 하나는 엄밀한 틀 안에서 해석학을 할 수 있는 기초를 세웠다는 점이다. 그는 그렇게 극한의 개념을 바탕으로 미분과 적분을 설명하였고, 함수의 연속, 연속함수의 적분에 대해 매우 정확히 정의를 내렸다. 게다가 코시는 미분방정식에 대한 실체와 독특한 해법을 다루는 일반적 정리를 증명했다. 하지만 해석학에서의 엄밀함은 카를 바이어슈트라스(1815~97)가 입실론-델타에 의한 연속성 및 다른 기본적 개념의 정의(오늘날 학생들은 식은 죽 먹기처럼 알고 있다고 여겨지는 정의)를 공식화하였으며, 1870년 무렵 실수집합 **R**을 엄밀하게 완성했다.

칸토어

복소해석과 푸리에 해석은 이론 면뿐만 아니라 응용 면에서도 커다란 중요성을 지니고 등장한 19세기 해석학의 두 분야이다. 복소해석학은 복소수 변수 z의 함수 f(z), 그리고 또 여러 복소수 변수에 대한 함수 f(x)를 다룬다. 푸리에 해석은, 모든 주기적 함수를 무한히 많은 삼각함수의 합으로 표시할 수 있다는 내용으로, 그 형태는 다음과 같다.

$$a_0+a_1\cos x+b_1\sin x+a_2\cos 2x+b_2\sin 2x+a_3\cos 3x+b_3\sin 3x+\cdots$$

한편, 1880년 게오르크 칸토어(1845~1918)는 푸리에 급수에 대한 몇 가지 질문을 연구하던 중 집합론을 만들어낸다. 이는 또 하나의 중요한 발견이었다. 칸토어의 집합론은 무한의 연산에 대한 것으로, 그것은 무한집합들을 비교하는 것을 가능하게 한다. 예를 들어 셀 수 있는 무한집합(정수의 집합)과 셀 수 없는 무한집합(실수의 집합)을 구별할 수 있다. 이 이론은 다음 세기에 모든 수학자들의 기초가 되었다. 그러나 1890년대의 집합론에는 역설(paradox)이 담겨 있었다. 예를 들자면 '모든 집합의 집합'을 이야기할 때처럼 말이다. 그것은 그 뒤의 몇 년 동안, 수학적 논리학이 탄생한 것처럼, 수학의 토대 위에서 대단히 활발한 연구들을 불러일으켰고 초수학(metamathematics)을 탄생시켰다.

기하학에서도 큰 발전이 있었다. 사영기하학(사영하였을 경우에도 바뀌지 않는 기하학적 성질에 대한 연구)이 장 빅토르 퐁슬레(1788~1867)에 의해 발전한다. 가우스, 니콜라이 로바체프스키(1792~1856), 야노시 보여이(1802~1806), 베른하르트 리만(1826~66)에 의해 미분기하학과 비유클리드 기하학이 탄생하는데, 이는 유클리드의 다섯 번째 가정(직선 밖의 한 점을 지나고 그 직선에 평행한 선은 단 하나만 그을 수 있다)으로부터 자유로우며 더 이상 3차원에만 머물러 있지 않았다.

1900년대의 등대, 푸앵카레와 힐베르트

앙리 푸앵카레

19세기와 20세기가 만나는 점에서, 수학은 비약적으로 진보한다. 이 기간 동안에는, 두 천재가 수학을 주도한다. 프랑스의 앙리 푸앵카레(1854~1912)와 독일의 다비드 힐베르트(1862~1943)가 그들이다. 그들이 모든 수학 분야에서 활동하였으며, 널리 잘 알려져 있다는 의미에서 사람들은 종종 이들이 보편적인 수학자로는 마지막이라고 말한다. 푸앵카레는 고전적 해석학의 주제(타원형이라 불리는 함수의 이론, 미분방정식 등)에 대한 많은 업적을 남겼다. 또한 미분방정식계의 답들의 움직임을 정성적(定性的)으로 탐구하기 위한 도구들을 개발했고(이로 인해 그는 '혼돈〔chaos〕'에 대한 실제적 이론을 미리 내다본 사람으로 인정받는다), 대수적 위상수학을 세우는 데 이바지했으며, 천체역학과 상대성 이론에 대한 연구도 했다. 힐베르트는 '불변 이론(invariant theory)', 대수적 정수론(정수계수로 이루어진 다항식의 근이 되는 수에 대한 이론), 기하학의 공리화, 무한한 차원에 대한 벡터 공간, 초수학, 수리물리의 문제 등에 탁월한 업적을 남겼다.

푸앵카레와 힐베르트가 특정 기준에서 우월했음은 각각 프랑스와 독일의 수학교육이 우위에 있었다는 뜻이며, 그 시대 유럽에서 가장 높은 수준이었음을 뜻한다. 1900년대 즈음, 프랑스 수학은 황금기를 맞는다. 앙리 푸앵카레 이외에도, 특히 코시와 리만으로부터 이어받은 가장 일반적이고 강력한 적분이론을 우리에게 선사한, 에밀 피카르(1856~1941), 자크 아다마르(1865~1963), 에밀 보렐(1871~1956), 르네 베르(1874~1932), 앙리 르베그(1875~1941) 같은 뛰어난 수학자들이 활동했다. 그 기간의 프랑

힐베르트

스 수학자들은 대부분 배타적인 해석학자였다. 그들의 연구는 함수론에 집중되어 있었다. 예외적인 사람으로는 엘리 카르탕(1869~1951)이 있었는데, 그는 군론과 미분방정식 그리고 기하학이 서로 만나는 분야를 연구했다. 하지만 시대를 앞서 있었던 그의 업적은 뒤늦게 알려졌다. 특히 기하학적 직관(사람들은 그가 때때로 막연했고 엄밀함을 잃었다고 비난했다)에 특히 천재적인 모습을 보였던 푸앵카레는 거의 혼자서 일했다. 그는 제자를 키우지도 않았고 학교에서 강의도 하지 않았다.

힐베르트는 완전히 달랐다. 그는 주변 사람들과 그 밖의 사람들을 고무시켜 큰 성취를 이룩하는 법을 알았다. 훌륭한 개인적인 업적 이외에도(추상적 대수학과 푸앵카레의 엄밀함을 더 오래 걱정했던), 그는 자신만의 분야를 개척하며 높은 위치를 차지한다. 예를 들어, 1900년에 파리에서 있었던 국제수학회에서 힐베르트는 풀어야 할 스물세 개의 문제 목록을 제안하는데, 그 목록은 다음 세기의 연구에 영향을 크게 미쳤다. 무엇보다 그는 1900~30년대에 괴팅겐 대학교를 수학의 세계적 중심지로 만들었다. 이는, 그가 뽑고 구성한 수학자들의 재능 때문만이 아니라, 그가 그곳에 만들어냈던 자극적이고 유쾌한 분위기 덕분이기도 하다. 추상적 대수학과 현대 대수학에 뛰어났던 괴팅겐의 중심인물로는 에밀 아르틴(1898~1962), 수학자 막스 뇌터의 딸이었던 에미 뇌터(1882~1935), 네덜란드의 바르털 판 데르 바에르덴(1903~1996)이 있었다.

괴팅겐의 전성기가—나치와 그들의 유대인 핍박이 갑자기 막을 내렸던—1933년까지 계속되었던 데 비해, 프랑스 수학의 황금시대는 훨씬 일찍 끝났다. 1차 세계대전과 그 뒤의 몇 년은 실제적으로—수학뿐만 아니라 물리 같은 다른 과학 분야에서도—쇠퇴하기 시작했다.

프랑스 수학의 퇴보는 어느 정도였으며, 그 원인은 무엇이었을까? 이 질문은 절대적으로 역사학자들만의 몫은 아니었다. 확실한 것은, 이 퇴보가 니콜라 부르바키 모임이라는 집단을 만들게 했고, 그들은 그 퇴보를 '선전문구' 맨앞에 내세웠다는 점이다. 부르바키 회원들이 특히 퇴보의 원인이라고 생각한 것은, 1차 세계대전으로 많은 사람들이 죽었다는 사실이다. 『배움의 기억』에서 앙드레 베유는 다음과 같이 쓰고 있다. "학교(고등사범학교)에 있을 때 이미 나는 1차 세계대전이 프랑스의 수학에 미친 충격에 놀랐다. 전쟁으로 나의 세대와 뒤이은 세대 사이에는 넓은 간극이 있음을 깨달았다. 1914년, 독일은 슬기롭게 젊은 과학 영재를 다루는 법을 찾았고, 수많은 젊은 과학자들을 피신시켰다. 프랑스에서는 희생 앞에서 평등해야 한다는, 그 원리만큼은 의심할 바 없이 훌륭하지만, 잘못된 걱정이 그들의 정책을 독일과는 완전히 반대 방향으로 몰아갔고, 그 끔찍한 결과는 고등사범학교에 세워진 비석에서 찾아볼 수 있다." 베르사유 대학교의 수학자 마르탱 앙들레가 수집한 자료들은 이를 확인해준다. 고등사범학교에 1911년부터 1914년까지 입학했던 수학과 학생들의 거의 절반 정도가 전쟁에서 죽었다. 그리고 크게는, 1900년부터 1918년까지 입학했던 학생 331명 가운데 4분의 1이 전쟁통에 사라졌다. 다른 대학 교육기관에서도 같은 정도의 인적 손실이 있었다. 부르바키의 일원인 장 디외도네는 슈미트와의 이야기에서 다음과 같은 결론

대영박물관이 소장한 린트의 파피루스는 기원전 1650년쯤의 것으로, 분수계산, 산술, 기하학의 다양한 문제풀이가 담겨 있다.

을 짓고 있다. "(…) 푸앵카레 또는 피카르의 연구를 이어가야 했던 사람들은 바로 전쟁에서 죽어간 젊은 수학자들이다. 우리 세대는, 15년 가량 계속된 이 단절의 결과를 쉽게 극복할 수가 없었다. 교수들은 우리보다 스무 살에서 서른 살 정도 나이가 많았고, 그들은 자신들이 젊었을 때의 수학만을 알고 있었으며 우리에게 새로운 이론을 가르치지 않았다. 교수의 나이는 학생의 나이에 비해서 열 살, 최고로는 열다섯 살보다 더 많아서는 안 되는데, 이는 그들 시대의 수학을 학생들에게 깊이 있게 가르치기 위해서다. 부르바키가 창립되어 사라져가던 전통을 새롭게 만들어졌다."

선생님 없이 수학을 배우는 사람들

하지만 전쟁으로 많은 사람들이 죽었다는 것이 모든 것을 설명하지는 못한다. 같은 규모로 독일 또한 피해를 입었으니, 그것은 생각보다 덜 중요할 수도 있다. 벨리외는 프랑스 수학이 퇴보한 다른 이유로 프랑스 과학교육의 경직성—그 경직성은 덜 중앙집권적이던 그들의 경쟁상대인 독일에 비해 훨씬 컸다—, 전쟁 이후의 부족한 재정, 또 과학 쪽 권력을 가진 특정 관료(1938년 베유는, 인력과 돈줄은 쥐고 있었지만 "동시대 과학의 살아 있는 시대정신에는 무지했던" 프랑스 과학계의 '거물들'을 심하게 비판했다) 등을 언급했다.

어쨌든, 재능 있는 젊은이들이 입학한 1920년대에, 고등사범학교에는 아직도 후에 부르바키를 세운 이들이 '아빠의 함수론(théorie des fonctions de papa)'이라고 불렀던 낡은 교육이 횡행하고 있었다. 앙드레 베유는 1991년 《수학자들의 이야기(Gazette des mathématiciens)》에서 다음과 같이 말한다. 그 배움의 과정에 있던 수학자들은 '거의 선생님이 없는' 상태였다. 무엇보다 그들은 그들끼리 알아서 공부했고, 서로서로 가르쳐주고 배웠다. "우리는 우리가 출석했던—혹은 출석하지 않았던—수업에서보다 서로에게서 더 많은 것을 배웠다." 푸앵카레는 지식의 후계자를 세우지 않은 채 1912년, 비교적 젊은 나이에 죽었다. 부르바키 회원들에게 존경받았던 (그의 아들이 부르바키에 참여한 것과는 별개로) 엘리 카르탕의 업적은 이해하기 힘들었고 상당히 고립되어 있었다. 그들의 선배 가운데 아다마르는, 특히 그가 주관하던 강연회를 통해서 실제로 그들에게 몇 가지 새로운 수학을 가르쳐준 유일한 인물이었다. 비록 해석학자였지만, 아다마르는 매우 열려 있

에미 뇌터

었고 폭넓은 과학적 소양을 가지고 있었다. "나를 수학자로 만든 건 다름 아닌 아다마르다. 그는 생각이 넓고, 모든 것에 흥미를 가지고 있었고, 그 당시 (프랑스에서는) 유일하게 정수론(number theory)을 이해하고 있었다"라고 베유는 쓰고 있다.

전쟁 직후 프랑스에서 살아 있는 수학을 찾기 어려워지자, 고등사범학교의 몇몇 젊은이는 새로운 수학을 배우기 위해 프랑스 밖으로 나갔다. 베유는 그런 선례를 보여준 선두주자들 가운데 한 사람이었다. 아마도 맨 첫주자였을 것이다. 1925년 겨우 열아홉 살일 때, 그는 이탈리아에 간 뒤, 록펠러 재단의 지원을 받아 독일에서 1년을 보냈다. 이 또한 베유의 훌륭한 독립심을 말해주는 증거이다. 왜냐하면 이같은 여행은 언제나 가능한 것이 아니었기 때문이다. 국가간에 원한이 쌓여 있어 과학 분야에서도 동맹국들과 독일 사이의 관계가 오랫동안 정상화되지 못했다. 게다가 1928년이 되어서야 힐베르트가 이끄는 독일 학자 대표단이 볼로뉴에서 열린 국제수학학술회의에 참석할 수 있었다.

베유 말고도, 부르바키 초창기에 함께하게 될 일곱 명이 외국에서 자리를 잡는다. 숄렘 망델브로는 1924년부터 1925년까지 로마에 가고, 그 다음 한 해 동안 미국에서 지낸다. 폴 뒤브레유는 1929년부터 1931년까지 독일에서, 그리고 그 다음은 이탈리아에서 지냈으며, 클로드 슈발레는 1931~32년을 함부르크에서, 그리고 1933년 여름을 마르부르크에서, 르네 드 포셀은 1930~31년 중 몇 달을 뮌헨에서, 한 달을 헝가리에서, 그리고 독일로 돌아와 괴팅겐과 베를린에서, 장 디외도네는 1928~29년을 미국 프린스턴에서 보내고, 베를린과 취리히에서 보냈다. 샤를 에레스망은 괴팅겐(1930~32)과 프린스턴(1932~34)에서, 장 르레이는 1932년 베를린과 라이프치히에 갔는데(그는 괴팅겐에도 갔었다), 시끄러운 정치상황 때문에 그곳에 오래 머물 수가 없었다. 일반적으로 이 여행들은 대단히 유익했다. 왜냐하면 그들은 독일 대수학자들의 생명력이 적어도 미래의 부르바키 멤버들에게 영감을 불어넣어주었다. 독일의 현대대수학은 부르바키에 강한 영향을 주었는데, 거기에 따라 그 교재는 어느 정도는 수학을 '대수화' 시켰다.

Puis ayant reçu en prêt une couverture presque toute neuve, il songe à réintégrer son domicile, non sans avoir affirmé à sa gracieuse hôtesse qu'il compte, par reconnaissance, lui dédier son prochain travail sur « le lieu géométrique de l'intersection des cercles imaginaires à centre indéterminé ».

크리스토프(고등사범학교 출신의 작가)는, 수학자 아다마르로부터 영감을 얻어, '중심이 정해지지 않은 상상의 원'을 좋아하는 학자 코시뉘스(Cosinus, 코사인)라는 인물을 만들어냈다.

해석학 교재의 기초 위에, 『현대대수학』이여 영원하라!

독일 대수학자가 부르바키에 미친 영향은 1930년과 1931년에 펴낸 네덜란드의 수학자 판 데르 바에르덴이 쓴 『현대대수학(Moderne Algebra)』에서도 볼 수 있다. 판 데르 바에르덴은 에미 뇌터의 제자로 괴팅겐에서 수학했고, 그는 (독일어로) 에미 뇌터와 또 다른 뛰어난 독일의 수학자 에밀 아르틴의 가르침을 책으로 정리했다. 『현대대수학』은 굉장히 빠르게 자리를 잡았고, 이후 부르바키의 구성원이 된 사람들에게 많은 영향을 미친다. 이는 이 책에서 다루는 현대적인 용어 때문뿐만 아니라, 판 데르 바에르덴의 책이 얇고, 엄밀하며, 대수학의 여러 주제를 일반적 개념들(군〔group〕, 고리〔ring〕, 체〔field〕, 아이디얼〔ideal〕 등)과 연결지으면서 체계적인 방식으로 설명했기 때문이다. "판 데르 바에르덴의 책은 매우 명확한 언어로 씌어졌고, 발상의 전개와 책의 다양한 부분의 구성이 대단히 간결했다"라고 1968년 장 디외도네는 말했다.

샤를 에레스망

반면, 에두아르 구르사의 『해석학 교재』에서는 해석학의 고전

자크 아다마르(1865-1963)

적 용어가 자세히 다루어졌다. 어떤 면에선 지나치게 자세해서 제대로 이해할 수 없는 장황한 글이 되곤 했다. 엄밀함이 추구되었고, 정리들은 늘 보조 가정과 함께 반복되었다. 그뿐 아니라, 1902년 즈음 만들어진 르베그의 적분이론 같은 해석학의 최근 연구 결과는 완전히 빠져 있었다.

그러니까, 해석학의 현대적 교재를 펴내려 하면서, 부르바키 사람들은 (베유가 헤라클레스의 다섯 번째 과업을 언급하면서) '아우게이아스(Augias)의 마구간 청소하기', 깨끗하게 표현하기, 엄밀함을 강화하기, 더 최근의 발전상을 포함하기 등에 집중했다. 하지만 작업은 금세 그것을 넘어섰다. 정리해보자. 1934년, 모임의 구성에 관한 생각이 싹텄을 때, 미래의 부르바키 구성원들은 이미 경험 많은 수학자들이었다. 그들은 각자의 학문 분야에서 책을 써본 적이 있었다. 파리에서 교수직을 얻기에는 아직 너무 어렸지만, 그들은 대부분 지방의 대학교에 자리잡고 있었고, 일정한 자유를 누리고 있었다. 이는 변두리의 수학이 아니었다. 선배들은 그들의 과학적 재능을 알고 있었고, 그 재능은 과학회의 상 등 여러 훈장을 받음으로써 인정되었다. 이 젊은이들은 또한 자신들의 스승에 대해 크게 신경쓰지 않았는데, 한 세대의 간극이 그들 사이를 갈라놓았다. 그들 대부분은 프랑스에 미처 소개되지 않은 외국의 뛰어난 수학자들을 만난 경험이 있었다. 그들에게 '아빠의 함수론'은 완전히 낡은 것으로 보였다. 그들은 프랑스 과학이 왜 퇴보했는지를 이해할 수 있었다. 젊은 부르바키들이 그 교재를 펴내는 사업을 함으로써, 목표했던 것은 프랑스 수학의 표준을 다시 세우는 것이었다. 그들의 재능, 경험과 다양한 전문성, 독일 대수

MODERNE ALGEBRA
VON
DR. B. L. VAN DER WAERDEN
UNTER BENUTZUNG VON VORLESUNGEN
VON
E. ARTIN UND E. NOETHER
ZWEITER TEIL
BERLIN
VERLAG VON JULIUS SPRINGER
1931

판 데르 바에르덴의 『현대대수학(1930-31)』은 부르바키에게 하나의 지표가 되었다.

샹틀루의 탑 앞에서, 왼쪽부터 오른쪽으로 장 델사르트, 르네 드 포셀, 숄렘 망델브로.

학의 영향, 그들이 필요로 했던 개념들을 명확히 하고 제자리에 놓겠다는 매서운 의지, 이 모든 것은 부르바키가 새로운 해석학 교재를 쓰는 사명을 완수하는 데 기여하였다. 이는 단순히 새로운 해석학에 대한 문제일 뿐만 아니라 일반적인 수학과 관련이 있기도 했다. 그러나 젊은 부르바키들은 아직 그것을 모르고 있었다.

'메달 전쟁'

부르바키의 젊은 수학자들은 프랑스 과학제도와 그 기능에 대해 그다지 좋게 생각하고 있지 않았다. 특히 1930년대 말에 베유와 델사르트는 이 문제에 대해 자신들의 의견을 표현했다. '메달 전쟁'은 그런 의미에서 알려진 이야기다.

장 페랭

사건은 1936년부터 과학연구부 차관으로 있었던, 물리학자

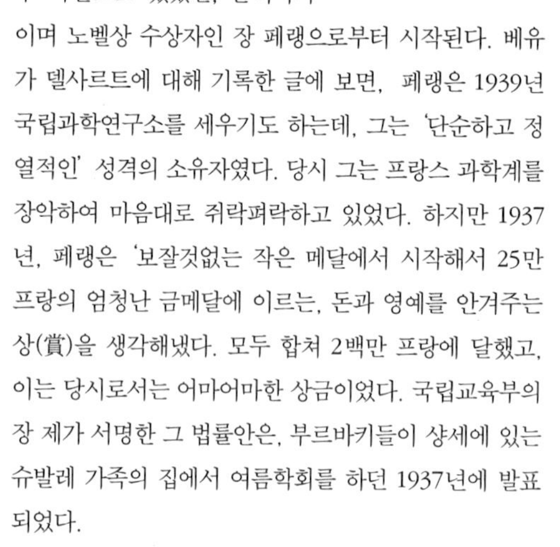

이며 노벨상 수상자인 장 페랭으로부터 시작된다. 베유가 델사르트에 대해 기록한 글에 보면, 페랭은 1939년 국립과학연구소를 세우기도 하는데, 그는 '단순하고 정열적인' 성격의 소유자였다. 당시 그는 프랑스 과학계를 장악하여 마음대로 쥐락펴락하고 있었다. 하지만 1937년, 페랭은 '보잘것없는 작은 메달에서 시작해서 25만 프랑의 엄청난 금메달에 이르는, 돈과 영예를 안겨주는 상(賞)을 생각해냈다. 모두 합쳐 2백만 프랑에 달했고, 이는 당시로서는 어마어마한 상금이었다. 국립교육부의 장 제가 서명한 그 법률안은, 부르바키들이 샹세에 있는 슈발레 가족의 집에서 여름학회를 하던 1937년에 발표되었다.

델사르트는 그 상이 대학사회에 미치는 영향력을 잘 알고 있었다. "상 하나에 비열함과 음모가 늘어갈수록 사람들을 그 체계로부터 자유롭지 못하게 되었다"고 베유는 쓴다. 볼리외의 설명에 따르면 더 정확히는 이 계획에 반대하는 사람들은 메달의 중요성이 커지면 과학 분야 사이에서 차이가 커지는 결과를 낳고 (이미 잘되는 분야를 더 밀어준다), 이 체계는 마치 당파싸움처럼 페랭과 그 '일당'의 능력을 키워줄 것이라 생각했다.

대학교로 돌아온 델사르트와 베유, 그리고 다른 몇몇은, 시상제도에 대한 법률이 시행되기 위해서는 사람들이 그 상에 대한 믿음을 갖기까지 시간이 걸린다는 것을 알고서, 프랑스 여러 대학교에서 시상제도에 반대하는 서명운동을 추진했다. 델사르트, 베유, 그리고 다른 두 대학생은 장 제 장관을 개인적으로 찾아가 400명 가량의 서명이 담긴 성명서를 전달했다. 공연한 짓이었다. 어떤 서명자들에게는 협박이 가해진 듯했다. 그러나 약간의 성공도 거두었다. 12월 31일 밤, 국회의 예산심의에서, "의회에서 장 페랭이 새벽까지 그의 사업을 강변하는 동안, 상원회의에서는 그 유명한 조제프 카이유가 메달에 드는 비용인 2백만 프랑을 경제적인 이유를 들어 삭감해버렸다." 한바탕 혼전이 있은 뒤, 며칠이 지나 이 예산안이 거부되었음이 명백해졌다.

하지만 승리는 일시적이었다. 국립과학연구소는 1950년부터, 겉보기에는 아무 특별한 문제 없이, 메달을 주는 제도를 시행하고 있다. 20세기 말 무렵의 과학자들은 1930년대의 과학자에 비해 더 썩었던 것일까? 그래서 메달의 해로운 효과가 20세기 초에 비해서 덜 특권적이 되었을까?

메달 전쟁은 연구를 지원하는 방법에 대한 두 가지 개념에 대항하였다. 하나는 결과 지상주의에 따라 상을 주는 제도로 흐른다는 점과 이미 잘 자리잡은 연구자들에게 연구비가 쏠리는 경향이 있었다는 점이고, 다른 하나는 젊은이들의 열정을 하나의 연구틀에만 가두도록 가르쳤다는 점과 무엇이 뜰지를 두고 내기를 하게 만들었다는 점이었다. 연구자의 직업을 법제화했던 국립과학연구소 창설은 시상제도에 대한 반발을 원천봉쇄하였다.

Bourbaki

4
『수학원론』

부르바키의 업적은 바로 7천 쪽이 넘는 기념비적인 수학교재이다. 첫권은 1939년에, 마지막 권은 1998년에 나왔다. 앞으로도 책은 계속 나올 것인가? 그것은 아무도 알 수 없다.

부르바키 모임이 펴낸 『수학원론』에 대해 비난이 없는 것은 아니지만, 어쨌든 이 작업은 성공적이었고 그 시대의 기록될 만한 업적이었다. 이 사업의 참가자들에게 맡겨졌던 첫 번째 역할이, 프랑스 대학의 교육과 그 교과서의 빈틈을 채우기 위한 현대적인 해석학 교재를 종합적으로 쓰는 것이었음을 기억하자. 이 사업이 정식으로 시작되기 전인 부르바키 모임의 처음 몇 달부터 그들은 해석학 책의 차례를 정하기 위해 심사숙고하면서 깊이 있는 토의를 시작했다.

앙리 푸앵카레 연구소 도서관의 『수학원론』(최신판).

젊은 부르바키는 무엇을 말하고 싶었을까? 물론 해석학의 주제(해석함수, 푸리에 급수, 미분방정식, 적분 등) 중 대부분은 기존의 책에도 들어 있었다. 하지만 그것을 현대화해야 했다. 이를 위해서 부르바키에 참가한 사람들은 1934~35년의 첫 모임에서 교재가 다루게 될 주제들을 위해 일반적인 개념들을 어느 정도 집어넣기로 결정했다. 그들은 집합론과 위상수학, 현대대수학(이후 부르바키의 구성원이 된 사람들뿐 아니라 다른 이들도 대단히 좋아한 1930~31년에 독일에서 출판된 책. 판 데르 바에르덴의 『현대대수학』의 방식을 따랐다)의 몇몇 핵심적인 개념들을 염두에 두었다. 이 도구들의 모음과 기본적인 개념은 '추상 꾸러미' 라고 불렸는데, 그 내용은 이름대로 정말 필요한 것에만 제한되어야 했다. 자신들이 흥미있다는 이유로 추상적인 이론을 포함시킬 수는 없었으며 수학의 어떤 특별한 목표나 사상과도 연결짓지 않았다.

그러나 자세한 청사진을 그려갈수록 이 주제는 점점 부피를 더해갔다. 1935년에 르네 드 포셀은 '해석학 개론' 보다는 '수학 개론' 이란 제목이 더 알맞다고 주장했다. 같은 해 7월 베스 앙 샹데스에서 열린 창립 모임에서 부르바키는 공리적 표현을 받아들이기로 결정했다. 달리 말하자면, 논의되는 수학적 성질을 얻기 위해서 필요한, 선명하고 정확한 기본적 규칙(공리)을 표현하고, 그들은 그로부터 틀림없는 논리적 이유로 얻어지는 그 성질들(정리)을 찾아낸다. 하지만 그 모임은 이 방식 또한 최소한으로 줄이기를 원했다.

다른 여러 주제를 보여주는 데 필요한 개념이 '추상 꾸러미' 에 들어가 있었던 것처럼, 부르바키의 초판도 그것에 초점을 맞추었다. 부르바키의 의사결정 방식, 즉 만장일치를 따르는 길고 고통스러운 과정을 지나는 동안에, '추상 꾸러미' 는 꾸준히 불어났고, 그와 동시에 부르바키의 중심부에서도 어떤 수학적 목표가 드러났는데, 그것은 집합론을 기초로 추상적 구조(대수학, 위상수학 등)의 용어 속에서 심도 있게 체계화되고 통일된 커다란 건물을 세우는 것이었다.

부르바키의 첫 계획은 그들의 재능만큼이나 그 규모도 눈에 띄게 늘어났다. 1941년 드디어 교재의 개략적인 계획이 세워졌다. 우선 전체는 네 부분으로 구성되었고, 각각은 '책'으로 나누어졌으며, 각 책은 장으로 나누어졌다. 네 부분은 순서대로, '해석학의 총체적 구조'(8권의 책), '함수해석학'(7권의 책), '미분 위상수학'(2권의 책) 그리고 '대수적 해석학'(8권의 책)이라 이름붙여졌다. 첫 부분의 구성은 다음과 같이 정했다. I. 집합론, II. 대수학, III. 일반 위상수학, IV. 위상적 벡터 공간, V. 미분, VI. 적분, VII. 조합적 위상수학과 미분 가능한 다양체(differentiable varieties), VIII. 해석함수론(analytic functions). 그 양으로 볼 때 이 첫 부분의 내용만으로도 벌써 대단히 방대했고, 다른 세 부분도 이에 못지않을 것이라 여겨졌으니, 그 사업이 엄청난 규모에 달했음을 볼 수 있다.

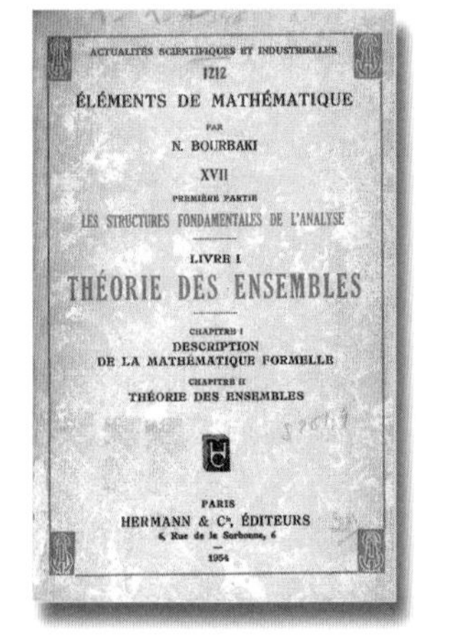

ACTUALITÉS SCIENTIFIQUES ET INDUSTRIELLES
1212
ÉLÉMENTS DE MATHÉMATIQUE
PAR
N. BOURBAKI
XVII
PREMIÈRE PARTIE
LES STRUCTURES FONDAMENTALES DE L'ANALYSE
LIVRE I
THÉORIE DES ENSEMBLES
CHAPITRE I
DESCRIPTION
DE LA MATHÉMATIQUE FORMELLE
CHAPITRE II
THÉORIE DES ENSEMBLES
PARIS
HERMANN & Cie, ÉDITEURS
6, Rue de la Sorbonne, 6
1954

집합론 제1권

열 권의 책, 60개가 넘는 장(章)

하지만 이중에서 일부만이 세상의 빛을 보게 된다. 니콜라 부르바키 탄생 이후 70여 년이 지난 지금, 『수학원론』은 10개 분야(실제로 하나의 책은 여러 권으로 이루어져 있다)으로 구성된다.

- 집합론(증명 없이 결과만 요약+4장)
- 대수학(10장)
- 일반 위상수학(10장)
- 실변수 함수론(7장)
- 위상적 벡터 공간(5장)

- 적분(9장)
- 가환 대수학(10장)
- 미분 가능하고 해석적인 다양체(증명 없이 결과만 요약)
- 군론과 리 대수학(9장)
- 스펙트럼 이론(2장)

위의 수학 분야에 대해서는 뒤에 자세히 기록했으며(86~93쪽), 여기서는 부르바키 책의 특징 몇 가지를 좀더 자세히 보기로 하자.

위의 목록 중 처음 여섯 권의 책이 『수학원론』 '제1부' 를 이루었다. 실제로 몇 해가 지난 뒤, 부르바키들은 이것을 여러 부분으로 나누다 포기했는데, 일의 규모를 보아 나머지 세 부가 완성되려면 많은 시간이 걸릴 것임을 깨달았기 때문이었다. 1958년 그 유명한 제1부의 모든 책들이 출판되었다.

첫권은 집합론의 '결과 요약집' 으로 1939년에 출판되었다. 부르바키가 집합론을 수학의 기본이라고 생각했듯이, 그 모임에서 첫 번째 자리에 그 주제를 넣고 싶어했음을 알 수 있다. 하지만 이 작업은 대단히 어려웠고, 부르바키는 책을 빨리 출판하고 싶어했다. 이것이 그들이 처음에 증명 없이 결과를 모은 책에 대해서 만족했던 이유로, 그 책의 유용함은 의심할 여지가 없었다.

'결과 요약집' 은 파리의 에르망 출판사에서 그 모습을 드러냈다. 왜 에르망 출판사인가? 당시 프랑스 수학책은 고티에 빌라(Gauthier-Villars) 출판사가 독점하다시피 출판했던 것을 생각하면 누구나 이런 의문을 가질 법했다. "하지만 우리는 그 출판사에서 도움받고 싶은 마음은 하나도 없었습니다. 그 출판사에서 우리

집합론 기호 목록. 어떤 것들은 부르바키가 만들어냈고, 지금도 수학계에서 널리 쓰인다.

	§	n°
R $\lbrace x, y, z \rbrace$	1	2
$=, \neq$	1	6
$\in, \notin$	1	7
$\complement$ A	1	7
$\varnothing$	1	8
$\lbrace a \rbrace$	1	9
$\mathfrak{P}$(E)	1	10
$\subset, \supset, \not\subset, \not\supset$	1	12
$\cup, \cap$	1	13
$\lbrace x, y, z \rbrace$	1	13
X_A (X partie)	1	16
$\mathfrak{S}_A$ ($\mathfrak{S}$ ensemble de parties)	1	16
$f(x)$, f_x, $x \to f(x)$ (f application, x élément)	2	2
$f(X)$ (X partie)	2	4
$\overset{-1}{f}$ (f application)	2	6
$g \circ f$, $h \circ g \circ f$ (f, g, h applications)	2	11
f_A (f application)	2	13
$(x_\iota)_{\iota \in I}$, (x_ι)	2	14
(x, y)	3	1
E $\times$ F (E, F ensembles)	3	1
c_1, c_2, pr_1, pr_2	3	1
Δ	3	4
$\overset{-1}{Z}$ (Z partie d'un produit)	3	4
K(X) (K partie de E $\times$ F, X partie de E)	3	6
K(x) (K partie de E $\times$ F, x élément de E)	3	9
B $\circ$ A, BA, C $\circ$ B $\circ$ A, CBA (A partie de E $\times$ F, B partie de F $\times$ G, C partie		

에게는 지나치게 학술적이었습니다"라고 앙드레 베유는 『배움의 기억』에서 회고한다. 사실상, 고티에 빌라 출판사의 편집위원들 중에는 에밀 피카르와 에밀 보렐이 있었다. 그들은 젊은 부르바키들이 더 이상 아무것도 기대하지 않는 세대에 속하는 수학자들이었고, 두말할 것도 없이 이 젊은이들이 벌인 사업을 달갑지 않게 보았다. 사실, 『수학원론』의 편집자는 1935년에 파리의 소르본 거리에 있는 에르망 출판사의 책임자인 앙리크 프레망으로 결정되었는데, 이것은 베유와 프레망 사이의 친분관계 덕분이었다.

부편집장, 프레망

멕시코계인 프레망은 개성이 강한 사람으로 장인인 에르망이 죽자 그 사업을 이어받았다. 주디스 프리드먼이 전하는 클로드 슈발레의 말에 따르면, 프레망은 자신의 출판사를 드나드는 학생, 교수들과 토론하기를 즐기는 매력적인 사람이었다. "그 출판사에 갈 때는 언제나 약간의 여유를 두고 들어갔고, 그곳을 나올 때면 늘 아쉬운 마음이 남았다"라고 베유는 썼다. 프레망은 베유와 슈발레와 함께, 그들의 동료이자 친구로 1931년 겨우 스물세 살의 나이에 산에서 사고로 죽은 명석한 논리학자 자크 에르브랑을 추모하는 수학 보고서 연재물을 펴내기로 했다. 에미 뇌터, 헬무트 아스, 그리고 폰 노이만 등 여러 수학자들이 함께했던 이 보고서는 1934~35년에 걸쳐 에르망 출판사에서 출판되었다. 이것은 1929년 나온 『과학과 산업의 활성화』 총서에 들어 있었는데, 베유는 그 시리즈를, "프레망은 세계 과학계의 모든 영재와 사이비 집단에 이르기까지 자신에게로—그의 동굴 속의 연못으로—끌

자크 에르브랑(1908-1931)

어당기는 거미줄 같은 사람이었다. 그 시리즈를 위해서, 그는 기획물을 모두에게 열어두었고, 재미있게 꾸미기 위해 거듭 생각했다"고 말했다.

프레망은 부르바키가 시작하는 데 매우 중요한 역할을 했다. 슈발레의 이야기에 따르면, 구르사의 낡은 책을 대신할 새로운 해석학 교재를 만들자는 제안을 하고 베유와 모임을 시작한 사람이 바로 프레망이다. 어떻든, 프레망은 부르바키 사업이 안고 있는 재정적 위험에도 불구하고 기꺼이 이를 떠맡았다. 베유는 자서전에서 "우리가 부르바키에 대해서 이야기할 때, 프레망은 전혀 망설임이 없었다. (…) 그는 우리를 믿어주었고 첫 출발 때부터 꾸준히 격려해주었음을 전혀 후회하지 않았다. 부르바키는 에르망 출판사의 가장 주요한 자산 중 하나가 되었다. 하지만 (…) 우리의 모험에 함께한다는 것은 대단한 미덕이었다. 프레망은 소르본 대학교 출신다운 뛰어난 감수성을 가지고 고등사범학교의 무례한 농담들에 대해 그리고 그 농담 속에 스스로를 집어넣고 우스꽝스럽게 만드는 부르바키들에게 주의를 주곤 했다. 아마도, 자신이 열심히 만들어내고 퍼뜨렸던 니콜라 부르바키의 이름과 전설은 그에게도 상당히 매력적인 일이었을 것이다"라고 쓰고 있다.

부르바키 모임은 1954년 출판된 집합론 제1권을 프레망에게 헌정함으로써 깊은 감사를 표시했다. 프레망은 증명을 수정하던 중 세상을 떠났다. 부르바키의 교재가 전혀 개인적이지 않다는 것을 생각하면, 이 헌정의 무게를 짐작할 수 있다.

에르망 출판사와 부르바키 사이의 밀월관계는 1970년대 초까지 이어졌고, 30권이 넘는 『수학원론』이 탄생하였다. 그 뒤 그들의 관계는, 저작권료 지불 지연, 번역권을 부르바키에게 알리지 않고 팔아넘기는 등 글쓴이의 권리 문제에 대한 오랜 다툼으로 파국을 맞았다. 사건은 법정까지 갔고, 1979년 부르바키의 승리로 끝났다. 부르바키는 모든 작품의 경제적 · 지적 권리를 되찾았다. 이 분쟁으로 『수학원론』의 출판은 오랫동안 중단되었다. 출판은 1980년까지 다시 중단되었는데, 에르망 출판사뿐만 아니라, 부르바키의 모든 책을 판매하던 마송 출판사에서도 마찬가지였다.

다시 교재에 대한 이야기로 돌아가보자. 『수학원론』의 특별한 점은 무엇인가? 수학적 내용을 제외하고, 『수학원론』 각 권 머리말에 공통으로 실려 있는 '이 교재의 사용법' 이라는 세 쪽의 글을 통해, 책의 몇 가지 특징을 살펴보자.

'사용법' 첫줄에 보면, "이 책은 수학의 기본부터 시작하며, 완전한 증명을 보여준다"로 시작한다. 이 문장은 이 책의 스타일을 알려준다. 교재는 수학의 기본에서 출발하고, 모든 결과는 증명된다. 수학 초보자는 "대단해. 수학의 처음부터 끝까지 빠짐없이 체계적인 방법으로 배울 수 있겠군"이라고 생각할지도 모른다. 하지만 그는 곧 잘못 생각했음을 깨닫게 될 것이다. 사실, 사용법은 계속 이어진다. "그러므로 원칙적으로 이 가르침은 단지 수학적 근거에 익숙할 것과 특정한 추상화의 능력 이외의 어떤 특별한 수학 지식을 필요로 하지 않는다." 이것은 완곡한 표현이다. 사용법 뒤에 나오는 교재 내용은 특별히 대학교 1학년 또는 2학년 수준에 맞추어져 있다. 게다가 읽는 이가 그다지 재능이 없고, 동기부여가 되어 있지 않고, 추상화에 익숙하지 않다면, 이 책을 이해하는 데 무리가 따를 것이다. 실제로 부르바키 교재는 수학자와 대

《라 트리뷔》 29호에서 발췌
(종종걸음 치는 당나귀에 대한 확신의 회의)
"알제리의 길을 내려가며" 가락에 맞춰

이 교재의 사용법은(되풀이)
매우 간단하다네(되풀이)
만약 무엇인가 명확하지 않다면
좋아
자네는 추상화함으로 충분하다네
그리고 빛이 다시 온다네(되풀이)

모든 나라의 글자는(되풀이)
도움을 주게 되지(되풀이)
우리는 더 명확하게 하기 위해서
종종
조금씩 글자들을 넣는다네
중요한 단락들에는 말이지(되풀이)

연습문제들은 매력적이라네(되풀이)
그 내용은 흥미있다네(되풀이)
많이 하려고 시도하지 말게나
많이
왜냐하면 그중 3분의 2는
틀렸거나 쓸모없는 것들이니까(되풀이)

자네가 보게 될 표기법은(되풀이)
대단히 발전되었지(되풀이)
그리고 가장 좋은 판별법은
좋아
그것은 이 땅 전체에서
한 사람도 이해하지 못한다는 것일세(되풀이).

설명에서 따르는 순서는(되풀이)
오랫동안 곰곰히 생각되었다네(되풀이)
낮은 점수를 주네
앞에는
그리고 따름정리에는
언제나 사용되어야 한다네(되풀이)

학교 2학년이나 3학년 학생에게 쓸모가 있다. 이는 대중을 위한 책이 전혀 아니다.

이 책은 부르바키의 새로운 연구결과를 보여주는 연구논문집이 아니었다. 그러기에 이 책에는 놀라운 수학적인 발견이나 발명을 수록하지 않았다. 수학자 장 피에르 부르기뇽이 말한 것처럼, 그들의 책이 "화려한 증명과 대단히 재치있는 내용"을 포함하고 있더라도, 그리고 그 구성원 각자가, 개인의 이름으로, 수학의 발전에 이바지했더라도 말이다. 『수학원론』은, 그렇지 않은 부분도 있지만, 이미 나와 있는 커다란 지식의 덩어리를 현대의 언어로 폭넓게 종합하며 다시 정리하고 구성한 것이라고 볼 수 있다. 유명한 유클리드의 『원론』에 메아리치는 '원론(Éléments)'이라는 낱말은 이를 말하기 위해 쓰였다. 특이하게도 '수학(mathématique)'을 단수로 쓴 것은, 적어도 부르바키의 눈으로 볼 때 수학은 결국 하나로 통일될 것이라는 생각을 뒷받침한다.

VI MODE D'EMPLOI DE CE TRAITÉ

dérations n'apparaîtra donc au lecteur que s'il possède déjà des connaissances assez étendues, ou bien s'il a la patience de suspendre son jugement jusqu'à ce qu'il ait eu l'occasion de s'en convaincre.

4. Pour obvier en quelque mesure à cet inconvénient, on a inséré assez souvent, dans le cours du texte, des exemples qui se réfèrent à des faits que le lecteur peut déjà connaître par ailleurs, mais qui n'ont pas encore été exposés dans le traité ; ces exemples sont toujours placés entre deux astérisques *.... *. La plupart des lecteurs trouveront sans doute que ces exemples leur faciliteront l'intelligence du texte, et préféreront ne pas les omettre, même en première lecture ; une telle omission, néanmoins, n'aurait bien entendu, du point de vue logique, aucun inconvénient.

5. Le lecteur voudra peut-être parfois se faire une idée sommaire de l'ensemble d'un Livre, avant d'en aborder l'étude détaillée. Cette tâche lui sera facilitée par des *fascicules de résultats*, annexés, en principe, à chaque Livre, et destinés également aux lecteurs pressés, qui désireraient arriver le plus vite possible à l'étude de problèmes spéciaux. Ces fascicules contiendront, autant que possible, l'essentiel de ce qui sera nécessaire à l'étude des parties suivantes.

6. L'armature logique de chaque chapitre est constituée par les *définitions*, les *axiomes* et les *théorèmes* de ce chapitre : c'est là ce qu'il est principalement nécessaire de retenir en vue de ce qui doit suivre. Les résultats moins importants, ou qui peuvent être facilement retrouvés à partir des théorèmes, figurent sous le nom de « propositions », « lemmes », « corollaires », « remarques », etc. ; ceux qui peuvent être omis en première lecture sont imprimés en petits caractères. Sous le nom de « scholie », on trouvera quelquefois un commentaire d'un théorème particulièrement important.

7. Certains passages sont destinés à prémunir le lecteur contre des erreurs graves, où il risquerait de tomber ; ces passages sont signalés en marge par le signe Z (« tournant dangereux »).

부르바키의 교재 사용방법 설명의 일부, 끝에는 Z에 대한 설명이 있다.

교재는 일정한 순서를 따른다. 처음 여섯 권의 책 (집합론, 대수학, 일반 위상수학, 실변수 함수론, 벡터 위상 공간, 적분)은 그 책 또는 그보다 앞서 나온 책에 들어 있는 정의와 결과만을 사용하여 설명하였다. 반대로, 뒤이어 출간된 책에서는 (조합적 대수학, 미분 가능하고 해석적인 변수, 군론과 리 대수학, 스펙트럼 이론) 특별한 순서를 지키지 않았지만, 앞의 여섯 개의 내용은 이미 알고 있는 것으로 간주했다. 책을 출판하는 순서는 그것들의 논리적 순서와는 아무 관계가 없음을 다시 한 번 확인해두자. 그 보기로, 『수학원론』 논리전개의 출발점이 되는 집합론의 첫 두 장(부르바키의 편집자들이 어려워했던 주제)은 1954년이 되어서야 출판되었는데, 그때는 이미 위상수학, 대수학 등의 여러 장(章)이 출판된 후였다.

Enrique FREYMANN, notre éditeur et notre ami, est mort pendant la correction des épreuves de ce volume. Après avoir publié seize fascicules de notre ouvrage, il n'aura pas eu la satisfaction d'en faire paraître le Livre Premier.

Il y a bientôt vingt ans, dédaignant les conseils de prudence qui lui venaient de toute part, Enrique FREYMANN décidait d'accueillir un auteur complètement inconnu du public scientifique.

Il nous témoignait ainsi une confiance qui nous aida grandement dans notre entreprise. Depuis ce temps il n'a cessé de suivre nos travaux avec une sympathie dont nous lui sommes reconnaissants.

Aujourd'hui, en hommage à un ami qui apportait à son métier d'éditeur une âme d'artiste, nous dédions ce volume

A LA MÉMOIRE
DE
ENRIQUE FREYMANN

1954년에 출판된 집합론의 제1권에 있는 프레망에게 바치는 글.

일반적인 것에서 특수한 것까지

이 교재의 중요한 특징 중 하나는 "그 표현방식이 공리적이며 일반적인 것에서 특수한 것으로 가는 과정을 따른다"는 점이다. 그렇지만 추상적 개념을 설명하기 위해 몇 가지 구체적인 예를 소개해야 할 경우에는 공리적인 방법을 사용하였다. 다른 경우에 부르바키가 공리적 방법을 사용한 경우는 한두 개의 예제를 가지고 설명을 정리하기 위해서였다. 교육적 관점에서 볼 때, 이것은 최상의 선택이 아니다. 부르바키는 그 '사용법'에서 "읽는 이가 이미 매우 해박한 지식을 가지고 있는 경우가 아니라면, 책에서 다루는 내용의 유용성은 그 뒤에 나오는 단원에 가서야 나타나게 될 것이다"라고 미리 말해두는데, 이 때문에 그들은 비판의 대상이 되곤 했다. 글쓴이에게는 그 같은 표현법이 아마도 더 경제적이고 간단할지도 모르지만, 읽는 이의 입장에서 볼 때는 어쨌든 설명은 이해하기 쉬워야 하기 때문이다.

이런 문제를 해결하기 위해, 부르바키는 다루는 주제를 역사적 흐름 속에서 볼 수 있도록 간단한 이야기를 집어넣곤 했다. 이러한 역사 속의 이야기는 일반적으로 단원 끝부분에 나온다. 이렇게 할 수 있었던 것은 베유와 디외도네 덕분인데, 이들은 수학사에 대단히 관심이 많았다. 이 기록 역시 나중에 『수학사 원론(Éléments d' histoire des mathématiques)』이라는 제목으로 출판되어 단행본에 추가된다. 『수학원론』에서는 '수학(mathé-matiques)'이 단수로 쓰였는데, 여기서 '수학(mathématiques)'이 복수임을 눈여겨보자. 이는 부르바키가 수학의 다양한 주제들을 하나로 통합했다는 것을 암시한다.

또한 각 단원에는 연습문제를 수록했다. 디외도네는 이 부분에 크게 공헌을 해서 구성원들의 존경을 많이 받았다. 『위상수학』 2판 머리말에서, 부르바키는 이렇게 썼다. "또한 언제나 그랬듯이 대부분의 연습문제에 도움을 준 성실한 선배에게도 고마움을 표한다." 디외도네가 떠나면서 연습문제의 답을 찾기 위해 많은 사람들이 골머리를 앓아야 했다. 대부분의 비평가들이 부르바키의 연습문제 수준을 높이 평가하였는데, 연습문제에는 두 가지 목표가 있었다. 하나는 다른 책들과 마찬가지로 책의 내용을 제대로 소화했는지 확인하려는 것이다. 다른 하나는 '책에 들어 있지 않은 결과를 읽는 이들로 하여금 유추하여 알아내도록 하는 것'이다. 다른 말로 하자면, 응용에는 쓰이지만, 없을 경우에도 책의 논리적 흐름에는 치명적인 타격을 주지 않는 많은 재미있는(그리고 중요한) 결과들이 연습문제에 배치되었다. 이는 그 교재의 실수 가운데 하나다. 또 다른 실수는 부르바키가 참고문헌을 쓰는 데 인색했다는 것으로, "내용은 한 가지 이론에 대한 독단적 설명에만 집중되었다." 참고문헌은 역사적 기록 끝부분에 정리되어 있었는데, 그 목록에는 흔히 '내용에서 다루어진 이론의 발전 면에서 가

헬무트 하세(1898-1972)

장 중요한 위치를 차지하는 원래의 책과 기록들만'이 포함되어 있었다. 하지만 어떤 읽는 이들은 더 많은 참고문헌을 원했다.

새로운 용어, 새로운 표기법

부르바키 교재의 완성도가 높은 것은, 용어 부분에서 많은 노력을 하기 때문이기도 하다. 부르바키는 엄밀하면서도 가능한 한 단순한 언어를 사용하려 애썼고, 그러는 가운데 많은 용어를 만들어냈다. 그 보기로 '전단사(bijection)'라는 말이 있는데, 이는 두 집합 사이에 첫 번째 집합의 모든 원소가 각각 두 번째 집합의 단 한 개의 원소하고만 대응되고 또 그 역도 성립하는 관계가 있음을 뜻한다. 부르바키는 표기법 역시 새로 만들었다. 잘 알려진 공집합을 나타내는 ϕ 기호는, 원소를 하나도 가지고 있지 않은 집합을 나타낸다. 1937년 베유가 이 기호를 만들었는데, 그는 그 모임에서 노르웨이 글자를 알고 있는 유일한 사람이었다. 다른 유명한 기호로는 둥근 대문자 **Z**('위험한 모퉁이')가 있는데 이것은 부르바키가 읽는 이들이 치명적인 실수를 하지 않도록 도와주고 싶을 때마다 써넣는 것이다. 부르바키가 사용하기 시작한 용어와 표기법이 모두 성공한 것은 아니지만, 그중 많은 수가 프랑스 안팎에서 받아들여졌다.

에밀 아르틴(1898-1962)은 독일의 뛰어난 대수학자였다.

부르바키의 교재는 어떻게 해서 국제 수학사회에 알려지게 되었을까? 어떤 책에 대해 이야기하느냐에 따라 판단은 달라진다. 사람들은 일반 위상수학의 책, 군과 리 대수학에 대한 책(오늘날까지도 군과 리 대수학 분야에서는 가장 좋은 책으로 꼽힌다)을 제일 성공한 것으로 꼽는 반면, 집합론은 형편없는 책이라고 말한다.

판매량이 이를 뒷받침한다. 어떤 대학교 도서관의 수학과 코너에 가봐도 제대로 된 곳이라면 부르바키 전집이 갖춰져 있다. 『수학원론』은 영어는 물론이고 러시아어와 일본어로도 옮겨졌다. 게다가 1950년부터 1975년에 걸쳐서 여러 권의 책이 개정판을 찍었다. 만약 첫판이 미약한 성과를 거두었다면, 에르망 출판사는 새로운 판에 그만한 노력을 들이지 않았을 것이다! 피에르 카르티에가 말하기를, 심지어 힘들었던 1960년대에도 부르바키는 저작권료로 오늘날의 돈으로 30만~40만 프랑(6천만~7천만 원)에 해당하는 꽤 많은 돈을 해마다 받았다.

누가 부르바키를 옹호하는가?

부르바키 교재의 성공은 시간이 지나고 『수학원론』이 한 권씩 출판됨에 따라 수많은 비평을 잣대로 삼아 평가될 수도 있는데, 이들은 수학 출판물 비평을 전문적으로 하는 유명한 《수학 리뷰》에서 찾아볼 수 있다. 이 잡지는 몇 가지 기술적인 부분에 대한 비판을 빼고는 부르바키의 업적을 대부분 호의적으로 다루었다. 1953년, 『대수학』을 비평한 독일의 대수학자 에밀 아르틴의 표현을 빌면, "수학의 두 가지 다른 분야 사이의 연결이 명확하게 드러났"고, 이 책을 통해 부르바키는 "각각의 개념을 가능한 한 가장 일반적이고 추상적으로 나타내려" 시도했고, "수학자 집단은 용어와 표기법을 세심하게 만들고 받아들였다." 그는 또한 일반위상수학 책은 "특히 젊은 세대가 이미 열광적으로 집필하고 있었다"고 했다. 아르틴은 결론적으로 "책의 완벽한 성공"을 강조하며, 만약 표현이 "추상적이고, 말할 수 없이 추상적이라면", 처

1 | 디외도네가 말하는 교재 편집 과정

1968년 루마니아에서 있었던 한 학회에서 장 디외도네는 『수학원론』의 편집과정을 이렇게 설명했다.

"부르바키가 사용한 작업방식은 끔찍하게 길고 고되었으며 작업의 목표상 그런 방식을 따를 수밖에 없었다. 일단 써야 할 장이나 이론이 결정되면(…), 일년에 세 번 열리는 회의에서, 해당 글을 쓰고 싶어하는 사람이 맡아서 작업을 한다. 그렇게 그는 원고를 쓰는데, 보통은 상당히 자유롭게 자신이 쓰고 싶은 것을 넣고, 쓰기 싫은 것을 넣지 않는다. 그러나 조금 뒤에 살펴보겠지만 거기에는 위험이 따른다. 한 해나 두 해가 지나 자신이 써야 할 분량을 다 쓰고 나면 이를 두고 회의가 열린다. 부르바키들은 나름의 기준을 가지고 한 쪽도 빠짐없이 읽고, 각 증명을 하나씩 조사하면서 동료의 작업결과를 가차없이 비판한다. 그 비판이 얼마나 신랄한지 밖에서 부르바키를 비난할 때 쓰는 말과는 비교가 되지 않는다. 여기서는 다시 옮길 수 없는 말로 (…), 이를 이해하기 위해서는 부르바키 회의에 가봐야 한다. 원고가 한 번 작은 조각으로 찢기고 그 가치를 상실하면, 두 번째 회원이 다시 시작한다. 이 불쌍한 필자는 무엇이 그를 기다리고 있는지 아는데, 왜냐하면 그가 새로운 구성으로 다시 시작해도 회의 도중에 생각이 달라질 것이고, 다음 해에는 그의 원고도 역시 또 작은 조각으로 찢길 것이다. 세 번째 사람이 다시 시작하고 또 이 과정을 반복한다. 이를 끝이 없는 과정, 멈출 방법이 없는 반복이라고 생각할 수도 있다. 사실 그들은 순전히 인간적인 이유로 멈춘다. 같은 단원을 일고여덟 번 또는 열 번이 넘게 읽다 보면, 모든 사람들은 결국 지쳐서 인쇄하도록 보내자는 데에 만장일치를 이룬다." 디외도네는 마지막 문장을 분명하게 강조했다. "n번째 판이 최소한의 지지를 얻지 못한다면, 그것은 출간되지 못한 채 서랍 속에 남는다고 말하는 게 더 맞겠다. 그리고 부르바키의 서랍들은 꽉 차 있을 것이다."

음의 어려움을 딛고 서야 하는 내용들에 대해서는 분명 보상을 받을 것이라고 말했다. 알렉스 로젠베르크 역시 1960년 대수학의 새로운 단원에 대한 보고서에서, 문제의 책은 만족스럽고 읽기에 즐거우며 "말할 수 없이 추상적"이라는 느낌조차 주지 않는다고 씀으로써 앞의 비평에 맞장구쳤다.

하지만 비판적인 평가도 있었다. "표현이 간단하고 일률적이다. 수많은 정의(definition)가 책 곳곳에 흩어져 있고, 그중 상당수는 제대로 동기부여되지 않았다. 마지막에는 언제나 연습문제 꾸러미가 고통스럽게 남아 있다. 그 저자의 다른 수많은 책들을

Exercices. — 1) Donner un exemple d'une partie fermée et non compacte dans $\mathbf{R}^2$, dont l'enveloppe convexe ne soit pas fermée.

2) Dans l'espace $\mathbf{R}^n$, montrer que l'enveloppe convexe d'un ensemble compact est un ensemble compact (cf. § 1, exerc. 8).

¶ 3) Soit I l'intervalle $[0,1]$ de $\mathbf{R}$, et F l'espace vectoriel $\mathcal{C}(I)$ des fonctions numériques continues dans I. Soit E l'espace produit $\mathbf{R}^F$ (ensemble des fonctions numériques finies définies dans F). Pour tout $a \in I$, soit ε_a l'élément de E tel que $\varepsilon_a(f) = f(a)$ pour tout $f \in F$.

a) Montrer que, lorsque x parcourt I, l'ensemble K formé des ε_x est compact dans E.

b) Soit μ l'élément de E tel que $\mu(f) = \int_0^1 f(t)dt$ pour tout $f \in F$ (« mesure de Lebesgue »). Montrer que, dans E, μ est adhérent à l'enveloppe convexe de K, mais n'appartient pas à cette enveloppe (cf. *Fonct. var. réelle*, chap. II, § 1, prop. 5).

『위상적 벡터 공간』의 연습문제.

참고서로 옆에 갖춰야 한다"라고 1956년 에드윈 휴잇은 썼다. 명확한 취향과 훌륭한 연습문제를 선택한 점에서는 높이 평가하지만, 학생들을 위한 교재로서의 효용에 대해서는 의문을 제기하는 비판도 있었다. 미카엘은 1963년, 일반 위상수학 책에 대해 다음과 같이 썼다. "사실 거리 공간을 미리 공부하지 않은 학생들 가운데 얼마나 많은 사람이 정말로 이 단원을 이해할지 의문이다." 비판은 더 신랄해지기도 한다. 잘 알려진 수학자 폴 헬모스는 1953년, 적분을 다룬 책 앞의 네 단원을 다룬 보고서에서, "만약 학생의 입장에서, 그 주제가 중요한지 이 책이 명확하게 씌어졌는지 그리고 내용은 잘 구성되었는지 묻는다면 대답은 '그렇다' 이다. 하지만 교수의 입장에서, 학생이 이해하고 그 관심 분야를 넓히도록 도와주는지 물어본다면 대답은 '아니다' 이다"라고 말하였다. 실제로, 적분과 집합론은 가장 심하게 비판받는 책일 텐데, 적분 책은 주제에 대해 지나치게 편향된 시각으로 접근하기 때문이

1916년에 태어난 헝가리 출신의 미국인 수학자 폴 핼모스. 그는 부르바키의 교육에 대해 비판하였다.

고, 집합론 책은 수학적 논리와 수학의 출발점에 대한 질문을 지나칠 정도로 가볍게 다루었기 때문이다.

부르바키 교재는 21세기에는 어떻게 될 것인가? 원칙대로라면 부르바키는 출판을 계속할 것이다. 그러나 작업이 많이 지체되었다. 1980년에서 1983년 사이, 단지 다섯 권의 초판 및 재판본만이 출간되었다. 그리고 계속 한 권도 나오지 않다가 1998년에 와서야 『수학원론』 중 마지막 권(대수학 책 10장)이 출판되었다. 그리고 카르티에에 따르면, 이 책은 겨우 2백~3백 개의 예제만을 포함하고 있는데, 이는 1960년대에 1천 개 정도의 예제가 있었던 것에 비교해서 크게 두드러진다. 부르바키가 다음으로 펴낼 책은 무엇일까? 그에 대해서는 매우 회의적인 시각이 많다(이 책의 마지막 장을 보라). 게다가 그들이 새로운 책을 만든다 해도 첫째 권과 비교하면 관심도는 훨씬 낮아진 상태다. 이유 가운데 하나는 부르바키의 교재가 그 자신의 성공의 희생물이 되었다는 점이다.

6. Propriétés des idéaux.

Dans ce n° et le suivant, nous ne parlerons que des idéaux à gauche ; nous laissons au lecteur le soin d'énoncer les propositions correspondantes pour les idéaux à droite et les idéaux bilatères.

Soit A un anneau, $\mathfrak{a}$ un idéal à gauche de A, B un sous-anneau de A ; l'intersection $B \cap \mathfrak{a}$ est un idéal à gauche dans l'anneau B. En particulier, si $\mathfrak{a} \subset B$, $\mathfrak{a}$ est un idéal à gauche dans B ; mais inversement, un idéal à gauche *dans* B n'est pas nécessairement idéal à gauche *dans* A.

Les idéaux à gauche de A étant identiques aux sous-groupes stables relatifs à une structure de groupe à opérateurs sur A, toutes les propriétés des sous-groupes stables d'un groupe à opérateurs (§ 6, n° 10) leur sont applicables. C'est ainsi que l'intersection d'une famille $(\mathfrak{a}_\iota)$ d'idéaux à gauche est un idéal à gauche ; parmi les idéaux à gauche qui contiennent une partie donnée M de A, il en existe un plus petit, qu'on appelle l'idéal à gauche *engendré* par M ; on dit aussi que M est un *système de générateurs* de cet idéal.

『대수학』의 한 부분.

많은 이들이 부르바키의 형태를 따라했고, 수학의 거의 모든 분야에서 오늘날 매우 뛰어나다는 평을 받는 책들이 그러하다. 그러니 어떠한 책이라도 첫책만큼 독창적으로 시작하기는 힘들다. 그렇더라도, 1997년까지 부르바키의 구성원이던 아르노 보빌은 "저는 여러분께 부르바키가 수학계에 진정한 공헌을 할 정말로 매우 재미있는 글을 쓰고 있다고 확실히 말할 수 있습니다"라고 확언한다. 그러나 분명히 시간이 부족해서 이 작업을 완성하지 못하고 있다.

2 | 집합론

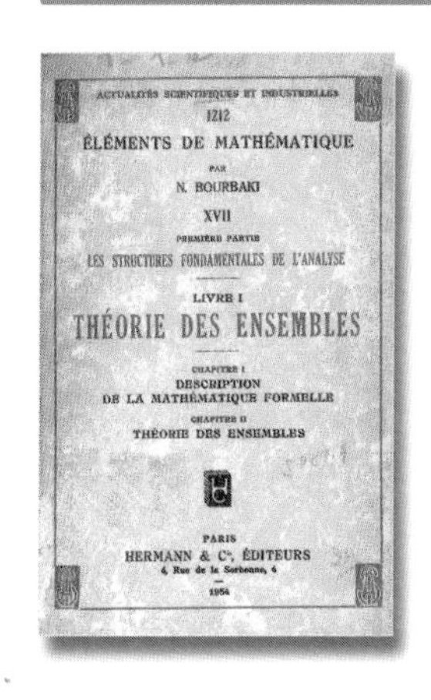
ACTUALITÉS SCIENTIFIQUES ET INDUSTRIELLES
1212
ÉLÉMENTS DE MATHÉMATIQUE
PAR
N. BOURBAKI
XVII
PREMIÈRE PARTIE
LES STRUCTURES FONDAMENTALES DE L'ANALYSE
LIVRE I
THÉORIE DES ENSEMBLES
CHAPITRE I
DESCRIPTION
DE LA MATHÉMATIQUE FORMELLE
CHAPITRE II
THÉORIE DES ENSEMBLES
PARIS
HERMANN & Cie, ÉDITEURS
6, Rue de la Sorbonne, 6
1954

점, 직선, 수, 함수의 집합……. 직관적으로 명확한 집합의 개념은 수학의 모든 분야에 이용된다. 그러나 무한개의 원소를 가진 집합에 대해서 생각하고(칸토어가 19세기 말에 만든) 집합론을 완벽하게 엄밀하고 모순 없는 수식 위에 올려놓으려 할 때, 우리는 몇몇 어려움에 부딪히게 된다.

집합론의 기본적인 개념은, 예를 들면 두 집합의 합집합 또는 교집합, 다른 집합에 속한 집합의 여집합 등이 있다(아래 그림 참조). 무한개의 원소를 가진 두 개의 집합을 비교하기 위해서 칸토어는 집합이 같다는 것과 크기의 근본적 개념을 소개했다. 집합 가와 나는 둘 사이에 일대일 대응, 즉 가의 모든 원소가 각각 나의 오직 한 원소에 대응되고, 또 거꾸로 나의 모든 원소도 각각 가의 오직 한 원소에 대응되는 경우 '두 집합이 같다'라고 한다. 두 집합이 같을 때, 둘의 크기 또한 같다. 직관적으로, 크기는 그 집합에 포함된 원소의 개수를 말한다.

무한집합의 경우, 개수 대신 초한기수(超限基數)를 사용하고, 바로 여기서부터 모든 것이 놀라워진다. 예를 들어, 자연수 집합 **N**은 짝수의 집합과 같다고 말하고(윗그림 참조), 이는 어떻게 보면, 자연수와 짝수의 개수가 같다는 것을 뜻하기도 한다(아랍 수학자들과 갈릴레오는 이미 이 사실을 알고 있었다). 또한, 칸토어는 자연수 집합 **N**과 유리수(p/q의 형태를 가지는 수, p와 q는 정

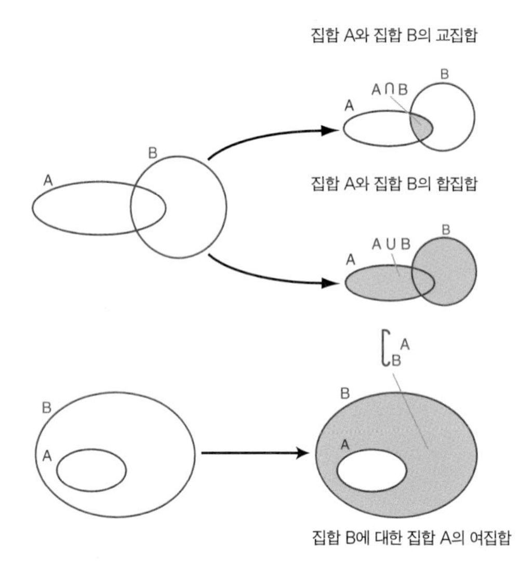

수)의 집합 **Q**의 크기가 같다는 것을 증명했다. 셀 수 있는 무한집합의 크기를 $\aleph_0$(알레프(ℵ)는 히브리어의 첫 번째 글자이다)라 썼다. 한편, 칸토어는 실수 집합 **R**은 셀 수 없음을 보여주었다. 실수 집합의 크기는 $\aleph_0$보다 훨씬 큰데, 이것은 실수가 정수나 유리수에 비해 무한히 많음을 뜻한다(심지어 [0, 1] 구간 안에서만 생각하더라도 그 사실은 변하지 않는다). 또한, 정사각형 한 변에 있는 정수점의 수와 정사각형 안에 들어 있는 정수점의 수가 같다! 이런 식의 성질은 놀랍지만, 전혀 모순되지 않는다.

그런데, 1900년경, 집합의 '솔직한' 이론에서 모순이

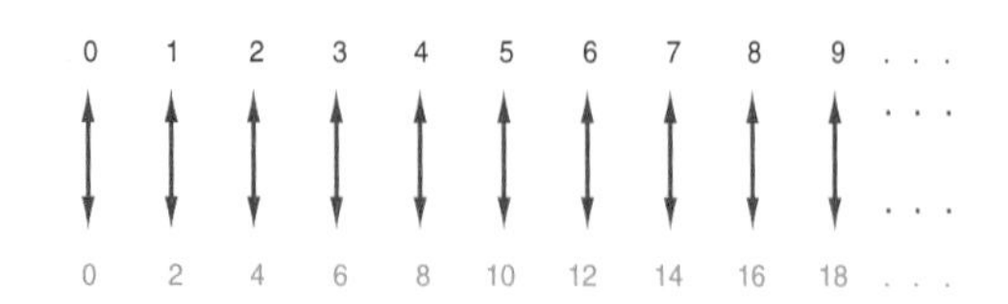

드러난다. 알려진 대로 '자기 자신을 원소로 가지지 않는 집합 E'를 생각해보자. 좀더 수학적으로 써보면 E는 $X \notin X$인 X의 집합($\in$는 '원소로 가진다'는 의미다)이라 할 수 있다. E 는 그 자체로 원소인가? 만약 $E \in E$이면, E의 정의로부터, $E \notin E$가 된다. 그리고 만약 $E \notin E$임을 가정하면, E의 정의에 따라서, 결론적으로 $E \in E$라고 해야만 한다. 어떤 경우라도 모순이 생긴다.

20세기 초반, 논리학자와 수학자들은 집합론을 더 엄밀하게, 모순 없이 논리적인 수학 표현 위에 올려놓기 위해 많은 노력을 했다. 그것이 가져온 결과 중 하나가 제멜로-프라엔켈이 말했던 공리체계 위에 세워진 집합의 '공리' 이론이었는데, 거의 모든 수학자들이 그에 대해 만족한다(부르바키의 책에서는 조금은 다른 공리체계 위에 세워진 집합의 공리이론을 소개한다). 좀더 일반적으로, 집합론은 수학의 논리적 기초와 밀접한 연관이 있는데, 그 둘이 어떻게 연결되는지에 대한 연구가 이어지고 있다.

게오르그 칸토어,
집합론의 아버지

3 | 대수학

"대수학(algebra)을 한다는 것은, 핵심적으로는 계산한다, 즉 한 집합의 원소들 위에서 '대수적 연산'을 수행한다는 뜻으로, 제일 잘 알려진 보기로는 기초적 계산의 '네 가지 규칙'을 통해 만들어지는 것이 있다"라고 부르바키는 대수학 책을 소개하고 있다.

실제적으로, 대수학은 거대한 수학 분야로 어떤 면에

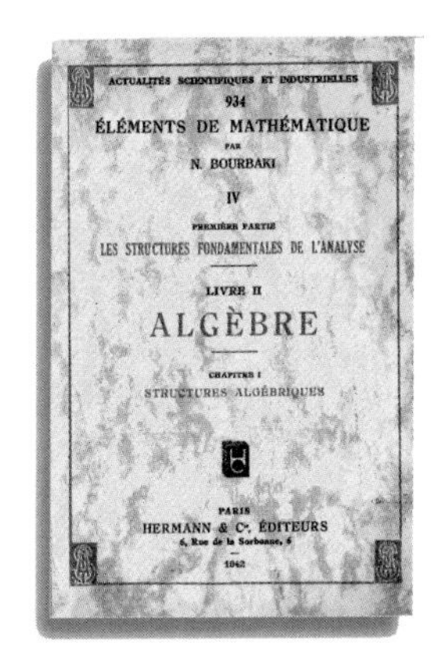
ACTUALITÉS SCIENTIFIQUES ET INDUSTRIELLES
934
ÉLÉMENTS DE MATHÉMATIQUE
PAR
N. BOURBAKI
IV
PREMIÈRE PARTIE
LES STRUCTURES FONDAMENTALES DE L'ANALYSE
LIVRE II
ALGÈBRE
CHAPITRE I
STRUCTURES ALGÉBRIQUES
PARIS
HERMANN & Cie, ÉDITEURS
6, Rue de la Sorbonne, 6
1942

서 그것은 산술을 일상적인 수보다 더 추상적인 사물로 일반화한다. 정해진 수로 표현하던 것에서 기호를 사용하여 아직 정해지지 않은 수를 표현할 수 있게 바꾼 것이 잘 알려진 바로 그 첫 번째 일반화이다. 예를 들어, $(a+b)^2=a^2+2ab+b^2$라는 성질은 하나의 대수적 성질로 이때 a와 b는 임의의 실수다.

19세기까지 대수학은 핵심적으로, 삼차방정식($ax^3+bx^2+cx+d=0$, 이때 a, b, c, d는 곁수(계수)이고, x는 미지수이다) 따위의 대수방정식을 풀기 위해 이런 형태를 조작하는 것으로 이루어져 있었다. 이런 맥락에서 던져진 질문들은 더 복잡한 성질을 공부하고 다루는 수학자들을 움직였다. 예를 들어, 에바리스트 갈루아(1811~32)는 한 방정식의 근들을 배열하여 이루어지는 변환에 관심을 가졌다. 첫 번째 순열 p_1을 적용시키고, 그 뒤에 두 번째 순열 p_2를 적용하면, 이는 p_1과 p_2의 '합성'인 어떤 순열을 바로 적용하는 것과 같다. 이를 $p_3=p_2 \circ p_1$로 쓴다. 이때부터 순열의 대수학에 대한 공부는 합성 연산자 "$\circ$"의 일반적 성질을 공부함을 뜻하게 된다. 이것을 하는 동안, 군이라 불리는 일반적 구조를 규정짓는 성질들을 밝혀낸다(104쪽 참조). 순열은 변환군을 이룬다. 그렇게, 군, 고리(ring), 체(field), 벡터공간 따위의 추상적 구조들이 대수학에 등장하는데, 이들 각각은 어떤 성질과 '계산' 규칙에 따라 정의된다. 게다가, 각각의 대수적 구조는 매우 많은 다른 방법으로 구체화된다(예를 들어, 군을 형성하는 순열은 없다. 덧셈 연산으로 만들어진 정수들 또한 이 구조를 따른다). 대수적 구조의 보편성은 우리가 거의 모든 수학의 분야, 그리고 다른 학문에서도 찾을 수 있다는 점이다. 거기에는 심도 있는 방법으로 분석하는 재미가 있다. 이것이 바로 부르바키가 한 일이다

에바리스트 갈루아

4 | 일반 위상수학

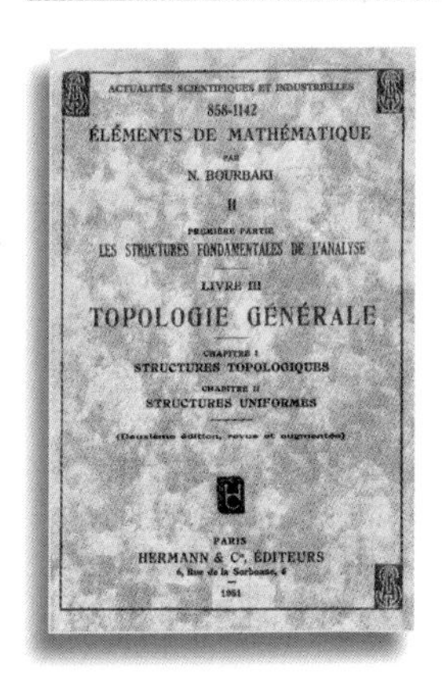
ACTUALITÉS SCIENTIFIQUES ET INDUSTRIELLES
858-1142
ÉLÉMENTS DE MATHÉMATIQUE
PAR
N. BOURBAKI
II
PREMIÈRE PARTIE
LES STRUCTURES FONDAMENTALES DE L'ANALYSE
LIVRE III
TOPOLOGIE GÉNÉRALE
CHAPITRE I
STRUCTURES TOPOLOGIQUES
CHAPITRE II
STRUCTURES UNIFORMES
(Deuxième édition, revue et augmentée)
PARIS
HERMANN & Cie, ÉDITEURS
6, Rue de la Sorbonne, 6

과거에는 위치 해석이라고도 불렸던, 위상수학(topologie)은, 실제적으로 19세기 말 독일의 수학자인 펠릭스 하우스도르프(1868~1942)에 의해 완성된다. 그는 시인이자 수필가였으며, 또 나치 수용소에 강제 수용될 것을 예감하고 아내와 처제와 함께 자살하였다. 모든 수학의 근본인 이 학문 분야에서는 해석학에서부터 나타나는 개념과 성질을 일반적이고 추상적인 방법으로 연구한다. 위상수학은 극한, 연속, 이웃(neiborhood) 개념을 기초로 하여 모든 것을 다룬다고 볼 수 있다. 직관적으로, 이 개념들은 해석학의 틀에서 명확히 정의되었다(그 보기로, n이 무한대로 갈 때 수열 u_n의 극한, 한 점에서 또는 한 구간에

서 함수의 연속 등). 이런 정의들은 '거리' 개념에 따라 행동하는데, 거리란 두 수 x와 y가 가까이 있는 정도, 그 차이의 절대값 | x-y | 으로 표현된다. 사실 극한, 연속, 이웃 등의 개념은 거리의 존재를 그리 강하게 필요로 하지는 않는다. 몇 가지 일반적인 성질을 만족하는 집합에 대해서는 좀더 추상적인 방법으로 위 개념들을 정의할 수 있다. 위상적 공간이라 불리는 공간을 보자. 위상적 공간은 거리 공간(metric space, 128~129쪽)이라는 특히 중요한 경우에 속하는 거리 함수로 이루어진 집합이다.

기하학적 물체를 다루게 되자, 위상수학은 다시 발전되어, 다른 분야에서, 모양을 연속적으로(접거나 찢지 않고) 바꾸어주었을 때 바뀌지 않는 표면의 성질에 대한 연구가 진행되었다. 이와 같이 위상수학적 관점에서 구(球)는 달걀이나 오이의 껍질과 동등하다. 반대로, 구는

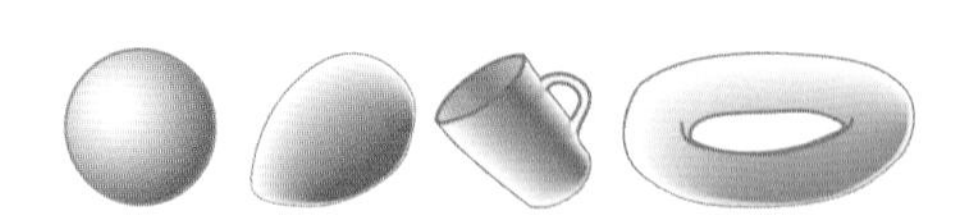

펠릭스 하우스도르프

타이어 튜브의 표면과는 위상수학적으로 동등하지 않은데, 오히려 이것은 커피잔 표면과 같다. 또 다른 기하학적 성질의 위상수학적 문제(여전히 완벽하게 풀리지 않은)로는 하나의 매듭이 다른 것과 같은지를 가르는 기준을 얻는 것이 있다. 위상수학의 정리들은 때때로 놀라운 결과를 가져온다. 그 보기로 '고정점의 정리'라고 불리는 중요한 일반적 정리를 써서 한 털복숭이 구를 삐죽 튀어나온 털 없이 가지런히 빗질할 수 없음을 보일 수 있다. 위상수학의 또 다른 중요한 분야, 대수적 위상수학(부르바키의 일반 위상수학 책 안에 있던 상자에서부터 시작된)을 살펴보자. 대강 말하자면 그 목표는 각각의 유(class)를 '불변'이라 부르는 하나 또는 여러 대수적 물체(수, 군 등)에 따라 특성화하면서 위상수학의 공간 다른 형태들을 분류하는 것인데, 이때 불변은 같은 유에 들어 있는 모든 위상수학적 공간에 대해 동일하다.

5 | 실변수 함수론

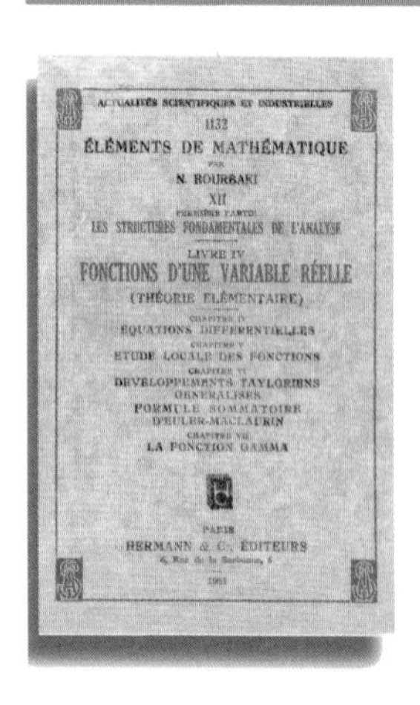
ACTUALITÉS SCIENTIFIQUES ET INDUSTRIELLES
1132
ÉLÉMENTS DE MATHÉMATIQUE
PAR
N. BOURBAKI
XII
LES STRUCTURES FONDAMENTALES DE L'ANALYSE
LIVRE IV
FONCTIONS D'UNE VARIABLE RÉELLE
(THÉORIE ÉLÉMENTAIRE)
ÉQUATIONS DIFFÉRENTIELLES
ÉTUDE LOCALE DES FONCTIONS
DÉVELOPPEMENTS TAYLORIENS GÉNÉRALISÉS
FORMULE SOMMATOIRE D'EULER-MACLAURIN
LA FONCTION GAMMA
PARIS
HERMANN & Cie, ÉDITEURS

실변수 함수론은 부르바키의 책 중 가장 고전적인 내용을 담고 있다. 이것은 단 한 개의 실수 변수의 함수를 다루는 고전적인 해석을 주제로 자세히 다루고 있다. 이런 모양의 함수는 흔히 찾아볼 수 있으며, 중고등학교에서부터 배운다. 많은 내용 중에서 하나를 보기로 들면, f(x)=3x+sin x로 정의되는 함수 f이고 여기서 x는 실수이다. 중고등학교에서는 수치적 값에 대한 함수—함수의 값으로 실수만을 가지는—만을 공부하지만, 부르바키는 그 값을 좀더 넓은 범위의 집합에서 취하는 함수에 대해서 고려하였다. 부르바키는 그렇게 더 일반적으로 **E**가 "**R** 위의 위상적 벡터 공간"일 때의 함수 **f** : **R**→**E**에 대해 논의했다(6번 항목을 보라). 이런 함수의 간단한 보기로는 실수 t를 평면 위의 점(x, y)에 x=cost, y=sint 좌표로 대응시키는 함수 f가 있다 (이 함수는 중심이 원

점에 있고 반지름 1인 원 위를 속력 1의 등속으로 움직이는 점의 시간 t 동안의 경로를 나타낸다).

실변수 함수론은 미분, 원시(primitive) 적분의 개념, 기본적인 함수(지수함수, 로그함수, 삼각함수 등), 미분방정식(어떤 함수와 그 함수의 미분 사이의 관계를 알고 있을 때 그것을 만족하는 함수를 찾는 것)의 개념을 정의하거나 분석하고 두 함수의 형태를 비교할 수 있는 도구를 발전시킬 뿐만 아니라 무한대로 함수를 확장하는 등의 내용을 담고 있다. 이 이론의 다양한 관점은 오래(적어도 한 세기) 전부터 잘 알려져 있었다.

6 | 위상적 벡터 공간

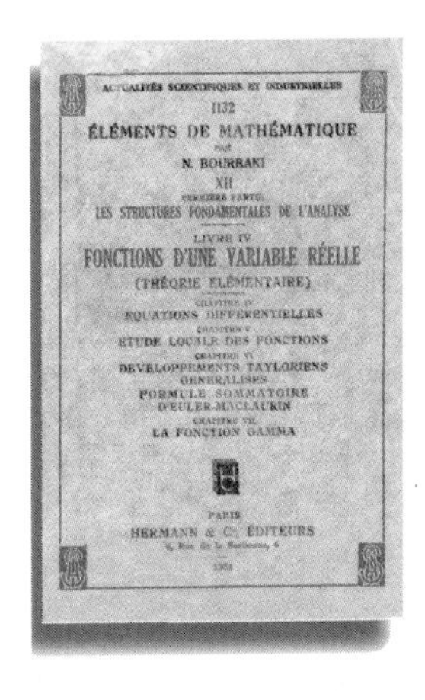
ACTUALITÉS SCIENTIFIQUES ET INDUSTRIELLES
1132
ÉLÉMENTS DE MATHÉMATIQUE
N. BOURBAKI
XII
LES STRUCTURES FONDAMENTALES DE L'ANALYSE
LIVRE IV
FONCTIONS D'UNE VARIABLE RÉELLE
(THÉORIE ÉLÉMENTAIRE)
ÉQUATIONS DIFFÉRENTIELLES
ÉTUDE LOCALE DES FONCTIONS
DÉVELOPPEMENTS TAYLORIENS GÉNÉRALISÉS
FORMULE SOMMATOIRE D'EULER-MACLAURIN
LA FONCTION GAMMA
PARIS
HERMANN & Cie, ÉDITEURS

벡터 공간의 구조는 선형대수학의 근본이며, (선형방정식계에 대한 연구 소재로서) 응용 범위가 넓은 분야이다. 벡터 공간이란 서로 더할 수 있고, 스칼라라는 이름의 '숫자'를 곱할 수 있는 벡터라는 이름의 원소의 집합이다. 만약 $\mathbf{v}$와 $\mathbf{w}$가 두 개의 벡터라면, $\mathbf{v}+\mathbf{w}=\mathbf{w}+\mathbf{v}$ 또한 벡터이고, 만약 α가 스칼라이면, $\alpha\mathbf{v}$ 역시 벡터이다. 벡터 공간의 가장 쉬운 보기로 평면의 벡터집합(각 벡터는 특정한 길이와 방향을 가지고 원점에서부터 출발하는 화살표에 해당한다)을 들 수 있고, 그 벡터들은 평행사변형 법칙을 따라 더할 수 있고, 실수를 그 벡터에 곱할 수 있다. '**R** 위에서의' 벡터 공간에서 가장 중요한 것은, 스칼라가 **R**에 있는 수라는 것이다. **C**(스칼라는 복소수다) 좀더 일반적으로 임의의 '체(field)' K(체의 정의는 116쪽을 보라) 위에서의 벡터 공간을 만들 수도 있다.

위상적 벡터 공간이란, 위상적 구조가 갖추어진 벡터 공간으로 그 안에서는 하나의 벡터로부터 다른 벡터로 연속적으로 이동할 수 있다. 좀더 구체적으로, 이것은 모든 벡터쌍($\mathbf{v}$, $\mathbf{w}$)을 벡터 $\mathbf{v}+\mathbf{w}$와 대응시키는 사상(寫像)과 모든 스칼라 α와 모든 벡터 $\mathbf{v}$를 벡터 $\alpha\mathbf{v}$와 대응시키는 사상이 연속적인 벡터 공간이다. 추상적이고 어려운 위상적 벡터 공간 이론은 규격화된 벡터 공간(각 벡터를 한 '규격(norm)'—어떻게 보면 단위 길이라고 할 수 있는—으로 정의할 수 있는 공간)의 이론을 일반화하며, 함수적 해석(함수들을 원소로 가지는 무한한 차원의 공간에 대한 연구)에 유용하다.

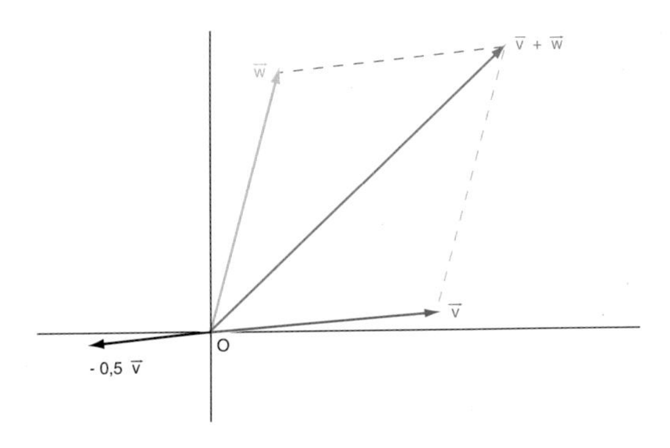

7 | 적분

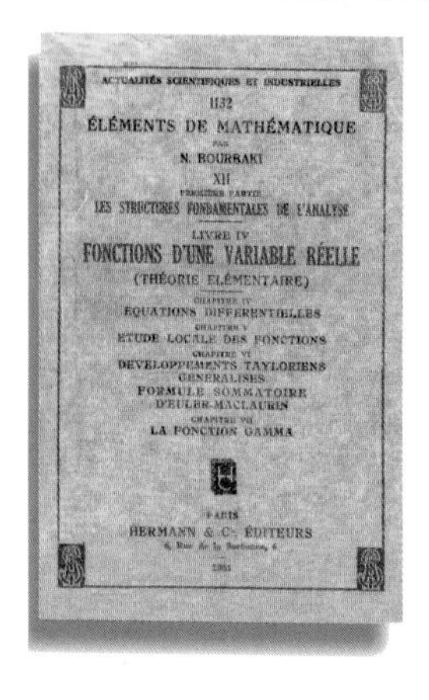
ACTUALITÉS SCIENTIFIQUES ET INDUSTRIELLES

1132

ÉLÉMENTS DE MATHÉMATIQUE

PAR

N. BOURBAKI

XII

LES STRUCTURES FONDAMENTALES DE L'ANALYSE

LIVRE IV

FONCTIONS D'UNE VARIABLE RÉELLE

(THÉORIE ÉLÉMENTAIRE)

ÉQUATIONS DIFFÉRENTIELLES

ÉTUDE LOCALE DES FONCTIONS

DÉVELOPPEMENTS TAYLORIENS GÉNÉRALISÉS

FORMULE SOMMATOIRE D'EULER-MACLAURIN

LA FONCTION GAMMA

PARIS

HERMANN & Cie, ÉDITEURS

적분의 개념은 수학과 다른 과학 분야에서 매우 많이 적용된다. 그에 대한 기본적인 설명은, 원시함수로부터 시작하는 것이 일반적이다. 주어진 수치적 함수 f에 대해, 모든 x에 대해서 그 미분 F′(x)가 f(x)와 같다면 함수 F를 f의 원시함수라고 말한다. 구간 [a, b] 위에서 f의 적분은 다음의 식으로 정의된다:

$$\int_a^b f(x)dx=F(b)-F(a)$$

하지만, 역사적으로 적분은 넓이와 부피의 계산으로부터 시작되었다. 우선 적분 $\int_a^b f(x)dx$는 그 정의에 따르면 x, y 평면 위의 함수 f에 따른 곡선과, x축 그리고, x=a, x=b 두 개의 수직한 선으로 만들어지는 부분의 넓이이다. 좀더 명확하게는, 위에 나온 적분은, 코시와 리만이 제시한 방식에서, N이 무한대로 갈 때 다음 합의 극한값이다.

$$f(x_1)\Delta x+f(x_2)\Delta x+\cdots+f(x_N)\Delta x,$$

이는 구간 [a, b]를 $\Delta x=(b-a)/N$의 작은 구간 N개로

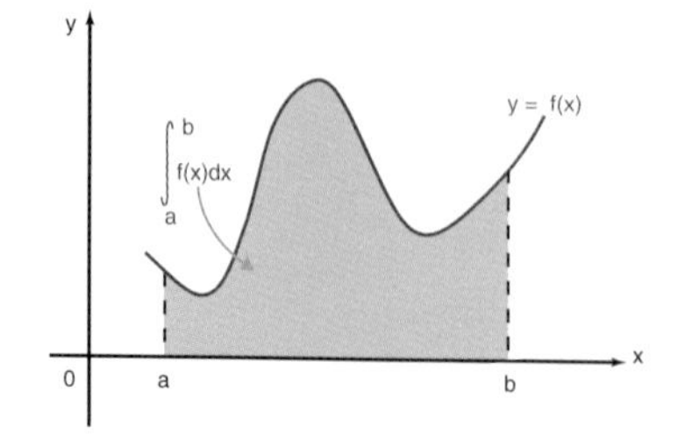

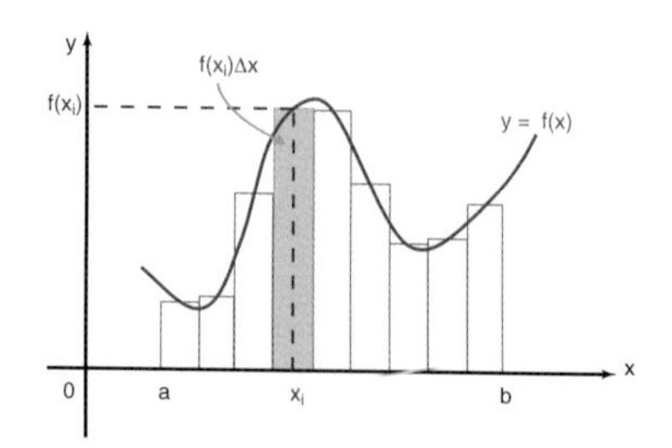

쪼개서 얻는다 (x_i는 i번째 구간의 임의의 한 점이다). 이는 점점 가늘어지면서 수를 늘려나가는 직사각형의 넓이를 계산하는 문제와 같다(그림을 보라). 이런 그림 속에서, 식

$$\int_a^b f(x)dx=F(b)-F(a)$$

은 하나의 정리—특정 조건에서만 성립하는—이지 정의가 아니다. 적분의 개념은 더 일반적인 함수들(예를 들어 변수가 여러 개인)로 확장될 수 있다. 적분 구간은 반드시 구간 [a, b]일 필요는 없고, 때로는 평면 위의 구간, 3차원 또는 N차원 공간의 영역, 그리고 더 추상적인 집합이 될 수 있다.

넓게 보면, 함수 f를 어떤 영역에서 적분한다는 것은, 어떤 의미에서는 그 영역의 모든 점 P에서의 함수값 f(P)의 합을 구한다는 것이다. 하지만 유한하고 의미있는 결과를 얻기 위해서는, 각각의 f(P)에 무한히 작은 무엇인가(앞에서 Δx의 역할)를 곱해주어야 하는데, 이는 한 구간이나 평면의 한 부분에서처럼 이 영역에는 무한히 많은 점 P가 존재하기 때문이다. 적분이론의 목표는 이것을 좀더 엄밀하면서 할 수 있는 한 가장 일반적으로, 마침내 특성과 정리를 생각할 수 있는 모

에밀 보렐

든 함수에 적용 가능하도록 만드는 것이다. 이런 관점에서 진정한 적분이론은 앙리 르베그에 의해 1900년대에 만들어졌는데, 이는 에밀 보렐이 만든 '측도이론' 위에 근거를 두며, 하나의 큰 획을 그었다(180쪽 상자 참조).

8 | 가환 대수학

ACTUALITÉS SCIENTIFIQUES ET INDUSTRIELLES
1290
N. BOURBAKI FASCICULE XXVII
ÉLÉMENTS
DE MATHÉMATIQUE
ALGÈBRE COMMUTATIVE
CHAPITRE 1
MODULES PLATS
CHAPITRE 2
LOCALISATION
HERMANN

한 집합 두 원소 사이의 가환(교환 가능한) 연산은, 간단히 말해 문제에서 사용하는 두 개의 원소를 꺼내는 순서에 상관없는 연산을 말한다. 그러므로, 보통의 수에 대한 덧셈과 곱셈은 가환인데, 그 이유는 모든 실수 또는 허수 a와 b에 대해서 $a+b=b+a$와 $ab=ba$가 성립하기 때문이다. 반대로, 함수의 합성은 비가환인데, 왜냐하면 일반적으로 $f \circ g$는 $g \circ f$와 같지 않기 때문이다. 다르게 말하자면, 두 개의 함수 f와 g에 대해서, 일반적으로 모든 x에 대해서 $f[g(x)]=g[f(x)]$이 성립하지 않는다.

가환의 뜻이 쉽다고 해서 '가환 대수학'이란 이름의 부르바키의 책 또한 쉬운 것은 아니다. 이 책은 "대수정수론 그리고 (나중에는) 대수기하학 이론의 개발과정에서 나타났던" 아주 기술적인 문제들을 다룬다. 대수기하학은, 대수방정식 해집합의 연구에서 출발하는데, 우리는 이 집합들을 기하학적 구조처럼 해석할 수 있다(이런 방법에 따라 $x^2+y^2=1$의 해집합은 반지름이 1인 원으로 나타날 수 있다). 이런 기하학적 구조의 성질에 접근하기 위해서, 방정식의 해를 직접 연구하는 것이 하나의 방법으로, 전통적인 기하학으로 되돌아간다. 예를 들어, 기본적인 질문들 가운데 하나로, 두 개의 다른 방정식계가 주어질 때, 같은 기하학적 구조를 나타내는지 아닌지를 방정식을 풀지 않은 채 알아내는 문제가 있다. 가환 대수학은 이런 질문에 답하기 위해 방정식을 변환할 수 있는 기술들을 재분류한다.

더 구체적으로, 부르바키는 '모든 가환 고리(commutative rings)와 그 고리 위의 가군(module)에 원칙적으로 적용 가능한 개념'을 연구했다. 여기에서 더 이상 모든 내용을 설명할 수는 없다. 고리가 무엇이고 가군이 무엇인지를 간단히 짚어보자. 고리는 그 원소들이 서로 '더하기'와 '곱하기'가 가능한 집합이다. 이는 정수의 집합 **Z**와 같은 형태의 대수적 구조이다(정확한 정의를 위해서는 107쪽을 보라). 정의에 따르면 고리에서의 '더하기'는 언제나 교환 가능하다. '곱하기'에 대해서도 교환 가능할 때 (**Z**의 경우에서처럼), 문제의 고리가 가환(교환 가능)이라고 말한다. 가군의 개념은 벡터 공간의 그것과 비슷한데(6번 항목을 보라), 좀더 일반적이다. 벡터 공간에서 벡터에다가 '체(field)' **K**(흔히 실수집합 **R**이거나 복소수집합 **C**)에 들어 있는 '스칼라'라는 수를 곱할 수 있다. 체 **K**의 자리에, 스칼라를 고리 **R**에서 가져오면 그것은 '**K** 위의 벡터 공간' 대신 '**R** 위의 가군'이 되는 것이다.

9 | 군론(群論)과 리(Lie) 대수학

다음 세 개의 성질을 따르는 법칙(또는 연산)—그 연산을 *라 하자—에 의해 만들어진 집합 G를 군이라고 부른다.

1) 결합법칙 : 집합 G의 원소인 a, b, c에 대해서 a*(b*c)=(a*b)*c이다.

2) 항등원의 존재 : G 안에 있는 모든 x에 대해서 x*e=e*x=x를 만족하는 G의 원소 e가 있다.

3) 모든 원소에 대한 역원의 존재 : G 안에 있는 모든 x에 대해서, $x*x^{-1}=x^{-1}*x=e$를 만족하는 G의 원소 x^{-1}이 있다.

이런 구조는 쉽게 볼 수 있다. 그 보기로, +1과 −1로 이루어진 집합은 만약 연산 *가 보통의 곱하기라면 하나의 군(두 개의 원소로 이루어진)을 이룬다. 또, 평면에서의 평행이동의 집합은, 합성의 법칙을 따라 모인 하나의 군(무한히 많은 원소를 가진)이다.

리 군(Lie群, 노르웨이 수학자 소퍼스 리(Sophus Lie)의 이름을 딴)은 특별한 형태의 군인데, 그 정의는 많고 복잡하다. 먼저 기초적인 예를 살펴보자. $e^{i\theta}$(또는 $\cos\theta+i\sin\theta$)로 표기하는 크기 1인 복소수는 곱하기에 대해서 리 군을 만든다. 항등원은 $1=e^{i\theta}$이고, $e^{i\theta}$의 역원은 $e^{-i\theta}$이다. 기하학적 관점에서 이 군은 원점에 대해 회전이동한 군으로 표현할 수 있다. 그 이유는, 만약 z가 복소수이면, $z'=e^{i\theta}z$는 z와 같은 크기를 갖고 그 편각은 $\arg(z')=\arg(z)+\theta$이다(다른 말로 하면, z′을 나타내는 점은 z점을 각 θ만큼 회전시켜서 얻는다는 말이다).

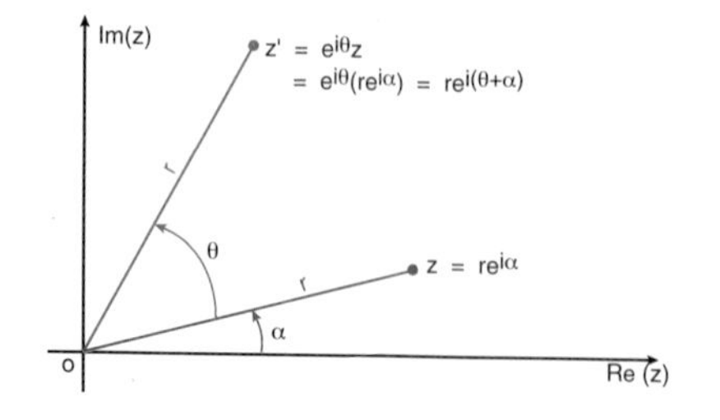

굉장히 도식적으로, 무엇보다도 리 군은 무한개의 원소를 갖는 집합 G이고, 그 원소들을 하나(또는 여러 개)의 매개변수를 통해서 표시할 수 있다.

이렇게 매개변수 θ 하나의 값은 군 G의 원소 $g(\theta)$를 결정하고, 매개변수 θ를 연속적으로 변화시킴으로써 한 원소에서 다른 원소로 옮겨갈 수 있다. G가 리 군(특별히, 매개변수가 들어 있는 집합은 '해석적 다양체'로 이루어져야만 한다)이 되기 위해서는 다른 조건들도 지켜져야 하지만 여기서 그걸 다 말하기는 어렵다.

중요한 것은, 리 군이 굉장히 좋은 성질을 가지고 있고, 수학(미분방정식, 미분기하학 등의 연구)뿐만 아니라 물리학 또는 화학(예를 들어, 소립자 이론 또는 원자와 분자의 에너지 상태의 분류)에서도 중요한 역할을 한다는 것이다. 그 분석은, 그 자체로도 하나의 관심사로 연구되고 있는, 리 대수학 (두 벡터 사이의 곱하기가 정의되는 벡터 공간의 '대수학', 리 대수학은 특별한 조건을 만족시키는 대수이다)이라 불리는 대수적 구조를 드러낸다.

소퍼스 리

10 | 미분 가능한 해석적 다양체

N. BOURBAKI

Variétés différentielles et analytiques

Fascicule de résultats

(규칙성의 정도에 따라 '미분 가능[differential]' 하거나 '해석적[analytic]' 인 성질을 띠는) 다양체는 매끄러운 곡선, 곡면 또는 부피와 같은 수학적 물체와 그 일반화를 그려낸다.

주된 특징 중 하나는 미분 가능하거나 해석적인 한 다양체의 각 점 P에서 국소적으로 유효한, 즉 점 P에 매우 가까운 점들에만 적용하는 직교 좌표계를 붙일 수 있다는 것이다. 평면에서 보통의 곡선 하나를 보기로 들자. 주어진 점에 한 접선을 긋는다. 이 접선은 곡선과 거의 붙어 있고, 그러므로 접선과 매우 가까이에 있는 곡선의 점들을 표시하기 위해서 접선을 x좌표로 사용할 수 있다. 이 곡선을 2차원 유클리드 공간(유클리드 평면)에 확장된 1차원 다양체(단지 하나의 국소 좌표만이 필요하다)라고 부른다. 같은 방법으로, 보통 공간에서의 공 같은 곡면은 3차원 유클리드 공간에 확장된 2차원의 다양체이다(왜냐하면 접선 대신 접평면을 사용해야 하고, 점 P 가까이의 점을 나타내기 위해서는 두 개의 좌표가 필요하기 때문이다).

좀더 일반적으로, 2나 3보다 큰 정수 n에 대한 n차원 다양체를 생각해볼 수 있다(하지만 그려볼 수는 없다). 게다가, 다양체들은 반드시 그보다 높은 차원으로 '확장' 되어야만 하는 것은 아니다. 다양체는 '바깥' 공간의 도움 없이 그 자체로 정의될 수 있다. 그렇게 똑똑하지만, 눈먼 그리고 한 곡면 위에서만 움직이는 개미는 그가 살고 있는 곡면의 기하학적 성질—예를 들어 각 점의 곡률—을 알기 위해서 그 위에 3차원이 있다는 것을 알 필요는 없다. 사람의 경우도 마찬가지다. 아인슈타인의 일반 상대성이론은 우리의 우주를 마치 공간 3차원과 시간 1차원으로 이루어진 4차원이며 굽어진 다양체(아주 멀리 쳐다보지 않는다는 조건 아래 우리 앞에 보이는 '유클리드' 의 시공간)인 것으로 여긴다.

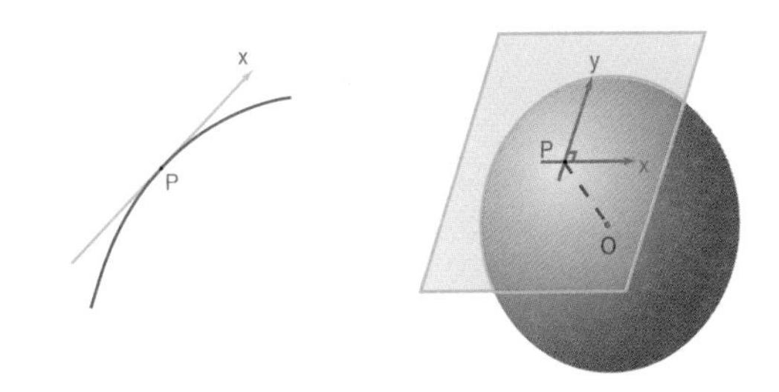

11 | 스펙트럼 이론

스펙트럼 이론은 '고유값과 고유 벡터' 문제에 대한 연구를 확장한 이론이다. 이것은 유한한 차원의 벡터 공간, 말하자면 유한한 개수의 성분으로 벡터들이 나타낼 수 있는 공간의 경우에는 잘 알려져 있다. 하지만 함수의 특정한 공간처럼 무한한 차원의 벡터 공간의 경우에는 훨씬 미묘하고 풍요롭다(예를 들어 절대값의 제곱 $|f|^2$의 적분이 유한한 수를 주는 경우의 복소수 값에 대한 함수 f: **R**→**C**의 공간. 이 함수는 특히 물리학과 양자화학에서

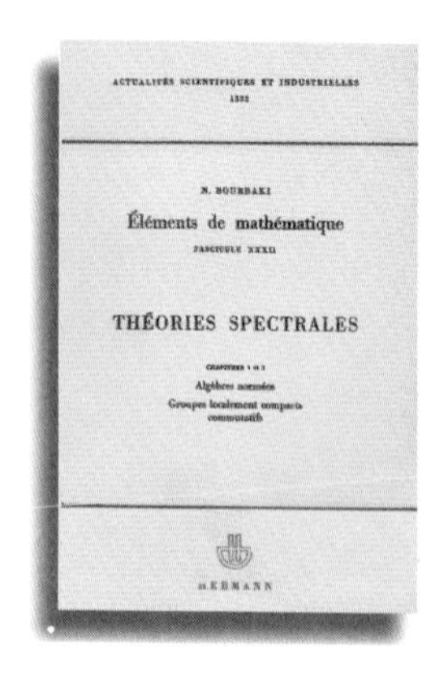

중요한 역할을 한다).

고유값과 고유 벡터의 문제는 벡터 공간 V 위에서 정의되는 선형 변환과 관계가 있다. 그렇다면 선형 변환이란 무엇인가? 이를 A라고 부를 때, 이것은 V 안의 모든 벡터 **v**를 다른 하나의 벡터 **v'**=A(**v**)에 각각 대응시키며, 임의의 벡터 $\mathbf{v}_1$과 $\mathbf{v}_2$와 스칼라 α와 β에 대해서

$A(\alpha\mathbf{v}_1+\beta\mathbf{v}_2)=\alpha A(\mathbf{v}_1)+\beta A(\mathbf{v}_2)$와 같다(이것이 선형적 성질이다).

만약 V가 평면 벡터의 집합을 말한다면, 원점을 중심으로 주어진 각만큼 회전하는 회전이동 R, x축 또는 y축 위에 사영(projection)하는 사영 P 따위는 V 위에서 선형 변환이다.

만약 0이 아닌 벡터 **v**와 스칼라 α가 $A(\mathbf{v})=\alpha\mathbf{v}$를 만족한다면, 이때 **v**는 고유 벡터로 α는 고유 스칼라로 불린다. 간단한 예를 보자. 만약 P가 위에서 정의된 사영이라면, x축과 평행한 모든 벡터 **v**는 P에 의해 바뀌지 않고 남아 있다. 다시 말하면, $P(\mathbf{v})=\mathbf{v}$이다. 고유값은 1이고, 그에 따른 고유 벡터는 x축 위에 있는 아무 벡터나 고를 수 있다. 하지만 만약 y축에 평행한 한 벡터 **v**를 생각한다면 $P(\mathbf{v})=\mathbf{0}=0 \cdot \mathbf{v}$가 된다.

고유값은 0이고, 그에 따른 고유 벡터는 y 방향의 아무 벡터나 고를 수 있다(그림 참조). 이러한 사영 P의 고유값은 0과 1뿐이다.

선형 변환 A의 고유값들의 집합을 A의 스펙트럼이라고 부르고(무한 차원 공간의 경우에는 약간 다른 뉘앙스를 필요로 한다), 스펙트럼 이론이라는 이름은 여기에서 유래한다. 한 선형 변환의 고유값과 고유 벡터에 대한 연구는 그 변환의 속성들의 특징을 찾아낼 수 있는지, 또 특정 계산을 눈에 띄게 단순화할 수 있는지에 관심을 두고 있다.

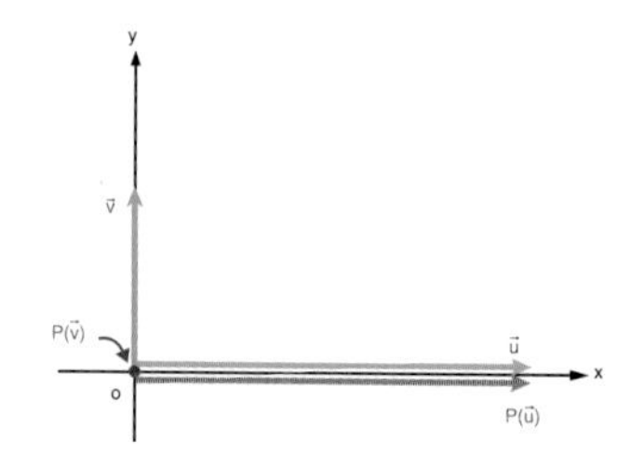

장 디외도네 (1906~1992)

장 디외도네는 직조공장에서 일하는 아버지와 선생님인 어머니 사이에서 1906년 7월 1일에 릴에서 태어났다. 1915년, 독일이 릴을 점령하자 그는 어머니, 여동생과 함께 스위스로 떠났다가 아버지와 다시 만나기 위해 파리로 간다. 거기에서 장 디외도네는 콩도르세 중고등학교에 들어간다. 1919~20년에 그의 아버지는 영어 공부를 위해 그를 영국에 있는 와이트 섬으로 보낸다. 그가 수학을 좋아하게 된 것은 바로 그곳에서부터였다. 그는 릴에 돌아와서 페데르브 중고등학교에 들어간다. 1923년 대학 입학 자격을 얻고, 일반 경시대회의 수학부에서 상을 받는다. 그는 1924년 고등사범학교에 들어가고 1927년에는 교수 자격시험에 응시하여 심사위원들을 감동시키면서 1등으로 합격한다.

군대를 마친 뒤, 장 디외도네는 미국에 있는 프린스턴

대학에서 장학금을 받고, 그곳에서 1년을 보낸다. 1929~30년, 그는 고등사범학교에 돌아와서, 수학 교수가 될 준비를 하기 위해, 록펠러 재단의 지원금을 받아서 몇 개월을 베를린 대학교에서는 루드비히 비베르바흐와 함께, 취리히 대학교에서는 게오르규 폴랴와 함께 보낸다. 그는 1931년 논문「하나의 복소변수에 국한된 다항식과 함수에 관한 문제에 대한 몇 가지 연구」를 완성한다. 그는 보르도의 자연과학부에서 강의를 맡게 되고, 1933년 렌의 자연과학부에 자리를 얻는데, 거기에서 1937년까지 지내게 된다. 디외도네의 삶에 있어서 '가장 중요한 두 가지 사건'이 1934년 가을에 일어난다. 하나는 나중에 아내가 될 오데트 클라벨과 파리의 플레옐 공연장에서 만난 것이고(디외도네는 음악광이었으며, 날마다 피아노를 쳤다), 다른 하나는 부르바키 모임을 만든 것이다.

1937년 장 디외도네는 낭시 자연과학부의 조교수를 거쳐 정교수를 지낸다. 그리고 브라질의 상파울로 대학교에서 2년을(1946~48년), 1952년부터 1959년까지 미국에서 지낸다. 파리 가까이의 뷔르 쉬르 이베트에 있는 고등과학원에서 일하기 위해서 프랑스로 돌아와서 1964년까지 일하고 갓 세워진 니스의 자연과학부 교수가 되는데, 그가 그곳의 첫 학장이 된다. 1970년 파리로 돌아와, 수학의 역사를 연구하는 데 몰두한다. 1992년 11월 29일에 세상을 떠난다.

그는 대수학, 위상적 벡터 공간, 위상수학, 리 군론 분야에서 많은 업적을 남겼다. 무엇보다도 우리가 대수적 위상수학에서 쓰이는 '패러컴팩트(paracompact)' 공간에 대한 개념을 가지게 된 것은 그의 공로 덕분이다. 1956년 부르바키에서 은퇴할 때까지, 그는 열정적 성격, 폭넓은 지식, 놀라운 기억력, 책을 펴내는 데 있어서의 풍부한 재능으로 부르바키 모임의 견인차 역할을 했다. 그는 교재 또는 수학사의 책에서 부르바키 수학에 대한 그의 꿈을 표현한 많은 글을 썼다. 그는 『대학백과사전(Encyclopaedia Universalis)』에 수학의 글을 싣는 데 기여했다. 이 글들은 정성(定性)적이었지만 한편으론 비교적 기교(技巧)적이었다. 고등과학원에 있을 때는, 재능 있는 젊은이들을 키워주어야 한다는 생각에서, 대수기하학의 기초를 편집하는 일을 그의 후배인 알렉산더 그로텐디크에게 맡겼다. 또한, 1987년 출판된 책『인류 지성의 영광을 위하여—오늘날의 수학(Pour l' honneur de l' esprit humain—les mathematiques aujourd' hui)』은 많은 사람들이 읽고 있다.

1951년 부르바키 회의에서 칠판 앞에 서 있는 디외도네.

5
공리와 구조를 향한 뱃머리

깊이 있는 일관성을 갖춘 지적 토대, 공리적 기초 위에 세워진 추상적 구조체계. 이것이 부르바키가 바라본 수학의 모습이다. 수많은 사람들이 이 개념을 지지했다.

전성기였던 1950~70년대에 니콜라 부르바키는, 수학 교재를 펴내는 일 외에 수학에 대한 꿈과 사상을 전파하는 작업을 시도했다. 꽤 많은 세계적인 수학자 모임이 여기에 호응했고, 이는 또 다른 몇몇 분야에 새로운 기운을 불어넣기도 했다. 부르바

고등과학원에서 오후 4시면 늘 여는 티타임. 앞에 디외도네가 보이고, 그로텐디크(등을 보이며), 드마쥐르 그리고 브뤼하가 보인다.

키가 가졌던 수학에 대한 포괄적인 시각은 모임이 시작된 첫 10년에서 15년 사이에 발전하였는데, 모임의 멤버가 수학교재의 윤곽을 완성하고 첫째 권을 쓰기 시작했을 때였다. 모임으로서 부르바키의 목표가 그 구성원 각자의 목표와 같은 것이었다고 말할 수는 없다. 그중 몇몇은 개인적인 이유로 비교적 성실하게 부르바키에 참여했지만, 사람들이 만든 여느 모임과 마찬가지로 부르바키에도 서로 다른 성향의 사람들이 모여 있었다. 한 구성원의 의견이 다른 구성원의 의견과 다를 수 있었다. 이를 밝혀내는 것은 역사학자들의 몫이 되겠지만, 부르바키가 워낙 비밀스러운 조직이라, 아직까지도 제대로 파악되지 않는다. 시대와 사람들은 바뀌었고, 1950년대 부르바키의 목표는 1990년 또는 2000년의 그것과는 분명히 다를 것이다. 하지만 오늘날의 부르바키가 수학의 비전을 나타내지 않기 때문에 우리는 과거에 지녔던 비전에 만족해야만 한다.

수학의 부르바키식 개념은 다양한 책과 학회로 전해졌다. 그 주요한 것들 가운데 1947년에 출판된 『수학의 건축(L' architecture des mathématiques)』은 드물게도 니콜라 부르바키 자신에 관한 이야기였다. 이 책은 부르바키 사상의 핵심을 담고 있다. 하지만 이 책이 출판되기 전까지 모임 안에서 깊이 있는 토의가 있었던 것은 아닌 듯하다. 『수학의 건축』은 디외도네가 쓴 것으로 추측되는데, 대체로 자기 자신을 솜씨좋게 표현하지 못했다. 수학자이자 작가인 자크 루보는 자신의 책 『수학(Mathématique)』에서 이 책에 대해 "부르바키는 평소에 토끼 같은 신중함과는 반대로, 야만적으로 철학의 곤봉을 조용히 휘두른다"라고 말한다.

유클리드는 공리적 방법의 선구자였다.

부르바키는 수학을 어떻게 보았을까? 그들의 '철학'은 수학의 하나됨, 공리적 방법, 구조 탐구라는 세 가지 핵심 개념을 토대로 하고 있다. 수학의 하나됨은 오늘날에도, 수학자들이 그들의 학문을 조금 넓게 훑어볼 때마다 거의 매번 꺼내는 화두이다. 오늘날 기하학, 대수학, 해석학, 정수론은 더 이상 분리되어 있는 주제가 아니라는 점을 수학자들이 강조하면서 현대의 수학 연구가 모든 분야에 적용된다고 말한다. 예를 들어 정수론의 어떤 정리를 증명하기 위해서는 해석학, 기하학 대수학의 개념과 방법을 동시에 섞어서 사용한다. 이런 하나됨은 부르바키 모임이 만들어진, 1930년대와 1940년대에는 잘 드러나지 않았다. 『수학의 건축』에서 부르바키는 이렇게 쓰고 있다. "우리는 이 (수학적 결과의) 엄청난 증식이, 결과가 하나씩 늘어나면서 더 견고해지고 통일되는 강한 조직체의 소산인지, 아니면 반대로 수학의 본성 때문에 생겨나는 분열된 요소들이 늘어나면서 바깥으로 표출된 것인지, 그래서 수학이 서로 다른 목표와 방법, 그리고 언어가 서로 고립되어 자치적인 규율이 다스리는 바벨탑이 되어가는 것은 아닌가 자문해봅니다." 한 마디로 말해, 오늘날 존재하는 것은 수학(mathématique)인가 아니면 수학들(mathématiques)인가 하는 것이다."

부르바키는 분명 단수로서의 수학을 옹호하는데, 이는 그들이 교재의 제목으로 『수학원론(Éléments de mathématique)』을 선택한 것에서도 확인할 수 있다. 부르바키의 눈에 수학의 하나됨은 아주 견고한 개념이다. "수학의 발전은, 겉으로 보이는 것과 달리, 그 다양한 부분의 하나됨을 그 어느 때보다도 더 단단하게 결집시켰고, 여태껏 없었던 가장 잘 응집된 중심부의 핵 같은 무엇인가를 만들어냈다고 믿는다. 이 발전의 핵심은 다양한 수학이론 사이의 관계를 체계적으로 연결했고, 일반적으로 공리적 방법이라는 이름으로 알려진 한 흐름으로 요약된다."

힐베르트식 공리적 방법

'공리적(axiomatique)' 이라는 말은 애매한 표현이다. 이는 정확하게 무엇을 의미하는 말일까? 공리란 증명 없이 진리라고 믿어지는 명백한 성질을 말한다. 선험적 진리 같은 것이다. 하지만 공리는 또한, 실제와 바로 연결됨 없이, 순수하게 만들어진 성질이나 규칙일 수도 있다. 공리적 이론은 이 이론이 다루는 대상의 정의로부터 시작한다. 그 다음에 문제 속의 대상들이 지켜야만 하는 공리(때로는 가설〔postulate〕이라고도 불림)를 내놓는다. 그리고 엄밀하게 논리적인 이유를 통해, 우리가 정리라고 부르는 모호한 다른 성질을 공리들로부터 연역해내는데, 이는 예민한 직관이나 경험을 통하지 않고도 증명할 수 있는 유용한 방법이다.

그 유명한 유클리드의 기하학을 살펴보자. 그의 『원론』을 보면, 알렉산드리아 학교에서는 점, 곡선, 직선, 면 등의 근본적인 대상을 정의하면서 기하학을 시작한다. 그가 제시한 공리는 다음 다섯 가지다. 1)두 점이 주어지면, 그 둘을 잇는 직선이 존재한다. 2)직선은 끝없이 늘어날 수 있다. 3)중심과 원 위를 지나는 한 점이 주어지면 원을 그릴 수 있다. 4)모든 직각은 같다. 5)만약 한 직선이 다른 두 직선과 만나고 내각의 합이 직각 두 개의 합보다 작으면, 그 두 직선을 같은 방향으로 늘린다면 그 둘은 서로 만난다. 사실 다섯 번째 공리는 많은 논란을 일으킨 그 유명한 '평행선 가설' 과

다비드 힐베르트(1862-1943)

같다("직선 밖의 한 점을 지나고 그 직선에 평행한 직선은 오직 하나뿐이다").

여기에서 유클리드 공리의 정확한 내용은 그다지 중요하지 않다. 핵심은 유클리드는 피타고라스의 정리와 같은 기하학적 구조와 속성을 얻어내는 데 사용하는 공리에 대한 이론을 만들었다는 사실에 있다. 실제로, 유클리드는 완벽한 엄밀함을 추구하는 학자는 아니었다. 그는 공리를 포함하거나 엄밀하게 증명이 된 속성보다는 눈에 보이는 직관으로 제시된 많은 속성들을 의식하지 못하는 사이에 사용했다. 이에 대한 완벽한 예는 그의 첫 번째 명제로서, 주어진 선분 AB에서 정삼각형을 만드는 것에 대한 것이다. 이것을 위해서, 유클리드는 하나는 중심을 A에, 다른 하나는 중심을 B에 두고 반지름이 AB인 두 개의 원을 그리고, 이 두 원이 만나는 점을 C라고 하면, 그 삼각형 ABC가 정삼각형이라고 증명한다. 하지만 이 증명에서 유클리드는 눈으로 보기에는 명확하지만 이 명제를 엄밀하게 입증해야 했는데, 두 개의 원은 적어도 한 점 이상에서 만난다는 성질을 그대로 사용했다.

그래도 유클리드는 공리적 방식의 선구자였다. 게다가, 유클리드 기하학의 기반이 될 만한 단단한 공리체계를 이끌어내는 일 역시 쉽지 않음을 인정해야 한다. 이는 한 세기나 지난 1899년, 독일의 위대한 수학자 다비드 힐베르트의 『기하학 총론(Grundlagen der Geometrie)』에 의해서 이루어졌다. 힐베르트는 단순히 유클리드 기하학의 공리를 손본 것만이 아니라, 현대의 공리적 방법을 근본적으로 혁신하는 체계를 확립하였다.

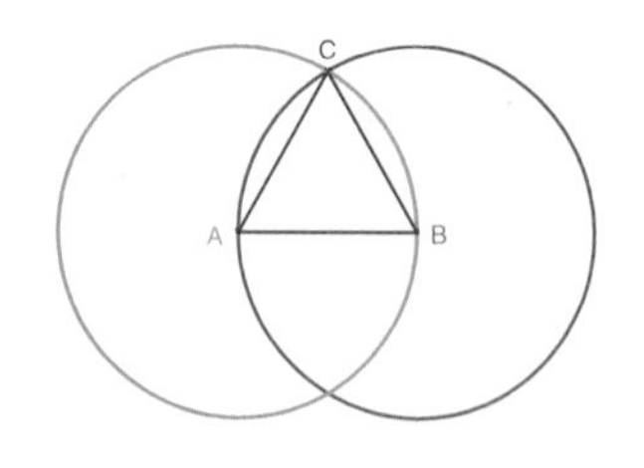

A와 B가 각각 두 원의 중심일 때, 삼각형 ABC는 정삼각형이다.

부르바키가 스스로에게 요구했던 현대의 공리적 방법과 유클

부르바키에서 울리포, 피아제, 레비-스트로스까지

수학에 대한 부르바키의 목표는, 1950년대와 60년대의 수학계 외부에 큰 영향을 끼쳤다. 그것은 특히 초현실주의 성향을 띤 울리포(Oulipo) 모임과 함께 문학 분야에서 드러났다. 1960년 레이몽 크노와 프랑소와 르 리오네에 의해 만들어진 울리포는 수학적 본질(구조)의 새로운 제약으로 얻어진 문학의 형태를 찾아가는 데 목적을 두고 출발하였다. 예를 들어 크노는 힐베르트의 『기하학 총론』의 문학적 변환을 실행했는데, 그 제목은 『다비드 힐베르트풍이 문학 기초』였고 거기에서 그는 '점', '선', '면'을 각각 '낱말', '문장', '문단'으로 바꿈으로써 힐베르트가 만든 공리를 흉내냈다. 이 분야의 실험은 몇 가지 재미있는 결과를 낳았다. (…) 몇몇 수학자들(특히 자크 루보, 클로드 베르주)이 함께했던 울리포는 부르바키 모임과 바로 연결되어 있었다(1962년 크노는 그렇게 부르바키 회의에 참여했다). (…) 그들의 유머, 비밀스러움에 대한 선호, 구조 사용 덕분에 이 두 집단은 한데 잘 어울렸다.

또 부르바키의 구조주의는 프랑스 인문학계에도 영향을 미쳤다. 특히 인류학자 클로드 레비-스트로스가 1949년 펴낸 『혈연관계의 기초적 구조(Structures élémentaires de la parenté)』 이후로 1950년대부터 인류학에서 구조주의가 등장하였다. 레비 스트로스와 앙드레 베유는 1943년 뉴욕에서 만나서 공동작업을 하기로 한다. 베유는 군론을 써서 오스트레일리아 한 종족의 결혼규칙에 대한 조합의 문제를 풀었는데, 레비스트로스의 책 부록에 소개되기도 하였다. 한편 1952년 장 디외도네와 장 피아제는 '수학적 구조와 정신적 구조'를 주제로 한 학회에서 만났는데, 여기서 피아제는 어린아이의 인식과정에 있는 구조와 수학의 어미(母) 구조가 직접적으로 연결되는 관계가 있다고 주장했다.

레이몽 크노(1903-76)의 1951년 모습

부르바키의 구조는 그 시대 인문학 학술발표나 출판물에서 종종 인용되었다. 하지만 그것이 그 학문을 발전시키는 데 효과적인 역할을 한 것은 아닌 듯하다. 프랑스의 구조주의에서 부르바키가 차지했던 위상에 대해 분석했던 과학사 학자인 다비드 오뱅은 이를 '문화적 중간자'라고 보았다. 부르바키가 수학 밖의 일에 관여하는 것을 본 적은 없지만, 그럼에도 부르바키는 다양한 문화운동 사이에서 매개체 같은 역할을 했다는 것이다. 또한 부르바키는 구조에 대한 간단하고 비교적 분명한 개념을 가져다주었고, 많은 철학자와 인문사회과학 전문가들은 그 개념이 그들의 여러 학문의 한가운데에서 지식의 여러 분야들을 잇는 다리를 놓아주는 근본적인 개념이라 여겼다. 겉보기에는 학문적으로 연결된 듯 보였지만, 부르바키가 보기에 그들은 서로를 옹호하고 있을 뿐이었다. 1960년대 말 즈음 그들이 동시에 쇠퇴한 것은, 이런 특징과 연관되어 있는 것은 아닐까.

크노가 쓴 『다비드 힐베르트풍의 문학 기초』에서 발췌한 글(울리포 문고, 자크 루보 편(編), 슬랫키네 사(社)).

첫번째 공리군(소속에 대한 공리)

I. 1 – 주어진 두 낱말을 포함하는 한 문장이 존재한다.

설명: 명백하다.

보기: 두 낱말이 '그(le)'와 '그것(la)'일 때, 이 두 낱말을 포함하는 한 문장이 있다. "le violoniste donne le la à la cantatrice(바이올린 연주자는 그(le) 여류 성악가에게 그것(la)을 주었다)."

I. 2 – 주어진 두 낱말을 포함하는 문장은 하나만 존재한다.

설명: 하지만, 반대로 이것은 놀랄 만하다.

두 낱말이 '오래(longtemps)'와 '잤다(couché)'인 경우, 그것을 포함한 한 문장을 다음처럼 쓸 수 있다. "longtemps je me suis couché de bonne heure (오랫동안 나는 이른 시간에 잠들었다)", 또 다른 예로는: "longtemps je me suis couché tôt(오랫동안 나는 일찍 잠들었다" 또는 "longtemps je ne me suis couché tard(오랫동안 나는 늦게 잠들지 않았다"처럼 쓸 수 있는데 이들은 이 공리에 따라서 거짓 문장에 지나지 않게 된다.

주석: 자연스럽게 누군가가 만약 "longtemps je me suis couché tôt(오랫동안 나는 일찍 잠들었다)"라고 쓴다면, "longtemps je ne me suis pas couché de bonne heure(오랫동안 나는 일찍 잠드는 일은 없었다)"라고 하는 문장은, 공리 I. 2에 따라 문장으로 인정할 수 없다. 다시 말해 '잃어버린 시간을 찾아서'는 두 번 쓸 수 없다.

I. 4b – 모든 문단은 적어도 하나의 문장을 포함한다.

설명: 그러므로 I. 3에 따라서 문장이 아닌 "네", "아니오", "휙", "저"는 혼자서 문단을 만들 수 없다.

I. 5 – 하나의 문장 속에 들어 있지 않은 세 개의 낱말을 모두 포함하는 문단은 하나만 존재한다.

설명: I. 2처럼 유일성의 문제로 여기에서는 문단에 대한 유일성이다. 다시 말해, 만약 한 문단에서 하나의 문장 속에 들어 있지 않은 세 개의 낱말을 사용했다면, 다른 문단에서 그 낱말을 다시 사용할 수 없다. 하지만, 반론하기를 만약 그 세 낱말이 다른 문단에서는 모두 같은 문장에 들어 있다면? 이 공리에 따라 불가능하다.

I. 6 – 만약 한 문장의 두 낱말이 한 문단 속에 들어 있다면, 그 문장의 모든 낱말은 그 문단 속에 있다.

설명: 설명 없이 지나간다. (…)

리드의 공리를 구별짓는 것은 무엇보다 그 형식적 성격이다. 현대의 공리적 방식에서는 이론을 펴기 위한 기초 개념(기하학의 예에서 점, 선 등)을 정의하려 하지 않는다. 여기에선 그 기초 개념들을 마치 구체적인 성질이나 의미가 거의 없는 추상적 발상으로 간주

한다. 힐베르트는 이런 측면을 유명한 농담으로 설명했는데, 그에 따르면 우리는 기하학의 공리에서 사용되는 '점', '선', '면' 이라는 낱말을 '걸상', '탁자', '맥주잔' 으로 바꿀 수 있다. 오직 그 기초가 되는 개체들 사이의 관계만이 중요하며, 공리가 그 관계를 정의한다. 이런 형식적 이론으로부터 연역된 성질들은 일반적 성격을 띤다. 매우 다른 대상들의 집합이지만 그 공리체계가 같다면 연역된 성질들을 적용할 수 있다. 이에 대해서 군(群)의 구조를 결정하는 공리들과 함께 단순한 예를 통해 좀더 살펴볼 것이다.

리하르트 데데킨트(1831-1916)의 우표와 초상화. 데데킨트는 현대 대수학의 아버지다.

수학자들이 무(無)에서 곧바로 공리체계를 만들지는 않는다는 점을 이해하는 것이 중요하다. 그들은 어떤 대상들의 집합을 연구하기 시작하여, 이러한 대상들에 근거한 공리체계를 발전시킨다. 앙리 카르탕은 이것을 1958년 독일에서 있었던 학회에서 독일어로 설명했다. "무엇인가를 증명하고자 하는 수학자는 머릿속에 잘 정의된 수학적 대상을 가지고 있습니다. 그가 증명을 찾았다고 생각할 때, 그리고 그가 조심스레 모든 결론을 시험하기 시작할 때, 그는 그 대상의 아주 작고 특별한 성질만이 증명에서 역할을 한다는 사실을 이해하게 됩니다. 그렇게 그는 그가 앞에서 사용했던 성질들을 똑같이 가지고 있는 다른 대상을 위해 같은 증명을 사용할 수 있음을 알게 됩니다. 여기서 우리는 공리적 방법의 단순하고도 중요한 개념을 볼 수 있습니다. 어떤 대상들을 조사할 것인지 결정할 때는 (…) 조사할 성질들의 목록을 만드는 것으로 충분합니다. 우린 이제 이 성질들을 공리로 표현함으로써 명백하게 만듭니다. 그때부터, 연구하고 있는 대상을 설명하는 것은 더 이상 중요하지 않게 됩니다. 그렇게 되면, 그 공리를 만족하는 모

1 | 군의 구조

만약 공집합이 아닌 집합 **G**가 그 원소의 모든 쌍(x, y)에 대해서, x*y라고 쓰는 모든 원소는 다시 **G**에 포함되는 내부적 연산 *에 따른 모임이며, 다음의 세 가지 성질(또는 공리)을 만족하면, 이를 군이라 부른다.

1) 결합 법칙 : 집합 **G**의 모든 원소 x, y, z에 대해서, x*(y*z)=(x*y)*z가 성립한다.
2) 항등원의 존재 : **G** 안에 있는 모든 x에 대해서 x*e=e*x=x를 만족하는 **G**의 원소 e가 있다.
3) 모든 원소에 대한 역원의 존재 : **G** 안에 있는 모든 x에 대해서, $x*x^{-1}=x^{-1}*x=e$를 만족하는 **G**의 원소 x^{-1}이 있다.

연산 *가 교환 가능할 때는, 즉 모든 x와 y에 대해서 x*y=y*x일 때, **G**를 가환군 혹은 아벨군이라고 부른다.

위의 공리로부터 수많은 다른 성질을 끌어낼 수 있다. 예를 들어, x*y=x*z이면, y=z라고 말할 수 있다. x의 역원을 '왼쪽에 곱해줌'으로써 관계식 x*y=x*z는 $x^{-1}*(x*y)=x^{-1}*(x*z)$으로 바뀌고, 결합법칙 공리(1)과 공리(3)을 차례로 사용하면, e*y=e*z를 얻고, 그 다음 공리(2)로부터 y=z를 얻는다. 증명 끝.

거의 비슷한 논리로 항등원이 하나만 존재한다는 것을 증명할 수 있다. 만약 모든 x에 대해서 x*e=x*e′=x라면, e=e′이다.

든 대상에 대해 이것이 참임을 증명하게 되는 겁니다. 이처럼 간단한 생각의 체계적 적용이 수학을 이토록 뒤흔들었다는 것은 눈여겨볼 만한 일입니다."

부르바키에게 공리적 방법은, 그들이 추구하는 수학적 비전의 세 번째 핵심 낱말인 '구조'에 대한 연구와 떼어놓을 수 없었다. 수학의 구조에 대해 부르바키가 알고 있던 것은 무엇인가? 『수학의 건축』에서 설명하기를, '성질이 정해지지 않은 원소들'의 집합에서 출발하는데, "구조를 정하기 위해서, 우리는 그 원소들 사이를 이어주는 하나 또는 그 이상의 관계를 부여한다. (…) 그리고 그 주어진 관계가 (우리가 나열하는) 어떤 조건들을 만족하고 비로소 살펴볼 구조의 공리가 된다. 주어진 구조의 공리이론을 만들기란, 대상원소들에 대한 다른 모든 가설(특히 오직 그것만이 가지는 '성질'에 대한 가설)을 금지시키고, 구조의 공리들로부터 논리적 결과물을 얻어냄을 뜻한다."

구조의 세 가지 커다란 형태

가장 널리 알려지고 수학적으로 제일 중요한 한 가지인 군의 구조를 통해서 구조에 대한 개념을 그려보자. 상자 1에서는 그것을 정의하는 공리들을 설명하였다. 이 추상적 구조로부터 수많은 구체적인 것들이 존재한다. 『수학의 건축』에서 제안한 세 가지 공리를 통해, 또 우리는 이러한 보기를 거의 무한히 만들어낼 수 있다.

1) 보통의 덧셈에 대한 실수의 집합
2) '7로 나눈 나머지'의 곱셈에 대한 정수 1, 2, 3, 4, 5, 6의 집합, 즉 두 정수 m과 n을 '7로 나눈 나머지'의 곱셈 결과는 보통의 곱 mn을 7로 나눈 나머지이다(한 보기로, 이 7에 대한 나머지의 경우, 4곱하기 5의 결과는 6인데, 그 이유는 20을 7로 나눈 나머지가 6이기 때문이다).
3) 변환의 합성에 대한 유클리드 평면 위의 이동의 집합(평면에 속한 점들의 회전이동과 평행이동).

중고등학교에서 배운 것을 기억하는 사람들이라면, 위에 쓴 군의 구조 공리들이 각각 증명된다는 사실을 알고 있을 것이다. 첫 번째 경우부터 거의 명확하다. 임의의 실수 x, y, z에 대해서, $x+(y+z)=(x+y)+z$는 당연하고, 항등원은 0이며(왜냐하면 $x+0=0+x=x$이므로) 덧셈에 대한 x의 역원은 $-x$이다(왜냐하면 $x+(-x)=0$이므로). 두 번째 보기에서, 항등원은 정수 1이고, 1, 2, 3, 4, 5, 6의 역원은 차례대로 1, 4, 5, 2, 3, 6이다. 세 번째 보기에서, 항등원은 평면 위의 각 점을 그 자리에 두는 '항등' 변환이고, 회전이동(또는 평행이동)의 역원은 각을 거꾸로 한 회전이동(또는 벡터를 뒤집은 회전이동)이다.

부르바키는 구조의 커다란 세 가지 형태를 구별한다. 마치 군처럼 원소들의 모든 쌍을 다른 원소와 연결시키는 연산이 들어 있는 구조는 대수적 구조이다. 대표적인 것으로는 군은 물론이고, 고리, 아이디얼, 체(field), 벡터 공간 등이 있디(상자 2와 3 참조). 구조의 두 번째 형태는 순서관계이다(상자 4 참조). 집합의 여러 원소들을 서로 비교해서 순서를 정하는 것을 허락하는 관계(반드시 모든 원소일 필요는 없다)가 들어 있는 구조로 이루어져 있다. 마지막으로 부르바키가 찾아낸 구조의 세 번째 형태는 "근방, 극한, 연속의 직관적인 뜻에 대한 추상적인 수학적 체계를 세우는" '위상적 구조'이다(그중 몇 가지는 앞으로 살펴볼 것이다).

공리적 방법과 구조의 커다란 세 가지 형태와 함께—대수적 구

1936년 샹세의 회의에서, 슈발레 (등을 보이며), 망델브로, 델사르트, 디외도네, 베유(서 있다).

2 | 고리 구조와 아이디얼 구조

'고리' 란 그 안의 모든 원소를 서로 더하고, 빼고, 곱할 수 있는(하지만 반드시 나눌 수 있어야 하는 것은 아니다) 집합으로, 이 연산들은 관계된 양수 또는 음수에 익숙해져 있는 규칙을 따른다. 정확한 정의는 다음과 같다.

만약 공집합이 아닌 집합 **A**가 다음과 같은 ⊕와 ⊗의 두 개의 내부적 연산에 따라 모은 집합일 때 **A**는 고리다.

1) 연산 ⊕는 **A**를 가환군으로 만들고, 그에 대응되는 항등원을 0이라 한다.
2) 연산 ⊗의 결합법칙이 성립하고 그 항등원을 **1**이라 한다. 즉 **A**의 임의의 원소 x, y, z에 대해서 $x \otimes (y \otimes z) = (x \otimes y) \otimes z$와 $x \otimes 1 = 1 \otimes x = x$가 성립한다.
3) 연산 ⊗의 연산 ⊕에 대한 분배법칙이 성립하는데, 그것은 **A**의 임의의 원소 x, y, z에 대해서 $x \otimes (y \oplus z) = (x \otimes y) \oplus (x \otimes z)$와 $(x \oplus y) \otimes z = (x \otimes z) \oplus (y \otimes z)$의 등식이 성립한다는 뜻이다.

만약 곱하기인 ⊗의 교환법칙이 성립하면 고리 **A**도 교환법칙이 성립한다. 교환법칙이 성립하는 고리의 잘 알려진 보기로 보통의 더하기 +와 곱하기 ×를 할 수 있는 정수의 집합 **Z**가 있다. 교환법칙이 성립하는 두 번째 보기로, 한 변수 x와 실계수로 이루어진 다항식의 집합($a_0 + a_1x + a_2x^2 + \cdots a_nx^n$의 형태를 갖는데, 여기서 n은 다항식의 차수를 나타내는 양의 정수이고, a_1, a_2, ⋯ a_n은 주어진 실수이다)은 항상 보통의 덧셈과 곱셈에 대해 교환법칙이 성립한다. 교환법칙이 성립하지 않는 고리의 보기로, 실수로 이루어진 행렬—네 개의 숫자의 두 개의 행과 두 개의 열로 이루어진 표, 예를 들어 평면 위의 벡터의 선형변환을 나타내는 경우—을 들 수 있는데, 여기서 연산 ⊕와 ⊗는 행렬의 덧셈과 곱셈이다(아래 그림 참조).

주어진 고리 **A**가 있을 때, **A**의 부분집합 **I**를 생각해 보자. 아래와 같은 경우 **I**는 '왼쪽 아이디얼' 이다.

1) 연산 ⊕에 대해서 **I**는 **A**의 부분군이다.
2) **A**의 모든 원소와 **I**의 모든 원소 x에 대해서 곱 $a \otimes x$는 **I**에 속한다(오른쪽 아이디얼에 대한 해석적 정의는 $a \otimes x$ 대신에 $x \otimes a$를 사용한다).

보기: 정수의 고리에서, 짝수의 집합은 아이디얼(왼쪽과 오른쪽에서)인데, 왜냐하면 짝수의 곱은 항상 짝수이기 때문이다.

$$A = \begin{pmatrix} a_1 & a_2 \\ a_3 & a_4 \end{pmatrix} \quad B = \begin{pmatrix} b_1 & b_2 \\ b_3 & b_4 \end{pmatrix} \quad A + B = \begin{pmatrix} a_1+b_1 & a_2+b_2 \\ a_3+b_3 & a_4+b_4 \end{pmatrix} = B + A$$

$$AB = \begin{pmatrix} a_1b_1 + a_2b_3 & a_1b_2 + a_2b_4 \\ a_3b_1 + a_4b_3 & a_3b_2 + a_4b_4 \end{pmatrix} \quad BA = \begin{pmatrix} b_1a_1 + b_2a_3 & b_1a_2 + b_2a_4 \\ b_3a_1 + b_4a_3 & b_3a_2 + b_4a_4 \end{pmatrix} \neq AB$$

조, 순서 구조, 위상적 구조—부르바키는, 주요 순서가 단순한 것에서 복잡한 것으로, 일반적인 것에서 특별한 것으로 움직이는 계층구조인 수학적 우주를 보여준다. "그 한가운데에는 구조의 커다란 형태들이 있는데, (…) 그것을 어미〔母〕구조라 부를 수 있을 것이다. 각각의 형태마다 하나의 커다란 다양함이 주도하고 있는데, 그것은 가장 적은 수의 공리를 써서 그 형태의 가장 일반적인 구조를 구별해내야 하기 때문이며, 각각의 형태가 새로운 결과의 수확으로 얻어낸 보조공리들을 써서 앞서 구별해낸 구조를 풍요롭게 만든다. (…) 그 첫 번째 중심부 앞에는, 배수라 말할 수 있는 구조들이 나타나고, 큰 어미구조들이 한 번 또는 여러 번 교차하는 곳, 단순히 옆에 놓여 있는 것이 아니라 (…) 그들을 다시 이어주는 하나 또는 여럿의 공리를 통해 유기적으로 연결되어 있다. (…) 더 나아가서 끝내는 특별한 이론을 적절하게 말하기 시작하는데, 여태까지는 일반적인 구조 속에서 하나도 정해지지 않았던 고려 대상인 집합의 원소들이, 그 이론에서는 더 특성화된 개성을 부여받는다. 이 지점이 바로 우리가 고전수학 이론과 만나는 곳이다"라고 부르바키는 설명한다. 또 다른 예로 함수론, 미분기하, 대수기하, 정수론처럼 이제 그 독립성을 잃어버린 분야들이, 이후 '하나의 수학적 구조가 다른 수많은 더 일반적인 구조들 위에서 움직이고 마주치기 시작한 교차로'가 되기 위함이다.

1975년 7월 메쉬기에르에서, 피에르 카르티에와 베르나르 테시에.

이러한 수학의 비전을 묘사하면서, 『수학의 건축』을 쓴 저자는 무엇보다 이러한 시각이 개략적이고 이상적이어서 "그것은 수학의 현 상황의 대단히 엉성한 어림잡기일 뿐이라고 여겨져야만 한다"고 강조한다.

샤를 에레스망(1905-79)

수학의 통일, 공리적 방법, 구조가 부르바키의 순수한 창작물은 아니다. 항상 던져졌던 질문인 수학의 통일을 하느냐, 마느냐의 문제는 바로 대수학과 기하학의 관계를 이해하려는 시도일 것이다(예를 들어, '실수의 집합을 어떻게 선의 연속된 점으로 표현하는 것이 가능할 것인가?' 와 같은). 유클리드에 의해 시작된 공리적 방법은 19세기 말에 현대적 수학으로 바뀐다(예를 들어 힐베르트의 작업 등과 함께 리하르트 데데킨트 또는 주세페 페아노의 노력에 의한 정수 계산의 공리화를 들 수 있다). 적어도 대수적 구조의 경우, 우리가 보았듯이 부르바키는, 1900~30년대 독일의 대수학을 대표하는 인물인 판 데르 바에르덴의 『현대 대수학』의 영향을 강하게 받았다.

부르바키들은 수학의 통일, 공리적 방법, 구조, 이 세 개념을 강조하고 연결하면서 독일 대수학자들의 업적에서 드러나는 구조의

고등과학원의 세미나. 이야기를 하고 있는 사람이 그로텐디크. 첫째줄 왼쪽부터 오른쪽으로 드마쥐르, 브뤼아, 사뮈엘, 창문가에 디외도네가 있다.

3 | 체(field)의 구조

체는 그 원소들을 서로 더하고, 빼고, 곱하고, 나눌 수 있는(0으로 나누는 정의되지 않는 경우를 빼고) 집합을 말하며, 일반적인 성질을 갖는다. 만약 덧셈연산 ⊕와 곱셈연산 ⊗을 할 수 있는 집합 **K**가 아래의 성질을 따른다면 **K**는 체다.

1) **K**는 연산 ⊕와 ⊗에 대해서 고리이며, 한 개 이상의 원소를 갖는다.
2) **K**의 0이 아닌 모든 원소 x는 곱셈에 대한 역원 x^{-1}, 즉 $x \otimes x^{-1} = x^{-1} \otimes x = 1$을 만족하는 한 원소 x^{-1}(덧셈에 대한 항등원으로 정의되는 영은 예외이다)을 가진다.

(교환법칙이 성립하는) 체의 예: 유리수, 즉 정수 p와 q를 가지고 p/q로 쓸 수 있는 수의 집합 **Q**. 실수집합 **R**. 복소수, 즉 x와 y는 실수이고 i는 $i^2=-1$을 만족하는 기호일때 $x+iy$로 써지는 수의 집합 **C**. $a+b\sqrt{3}$의 모양을 가진 실수의 집합, 이때 a와 b는 유리수이다(이것은 **R**의 부분체이다).

개념을 수학의 모든 분야로 확대시켰다. 하지만, 수학을 향한 부르바키의 목표가 완벽하게 구성되고 일관성 있는 하나의 이론을 그려냈다고 말하기는 힘들다. 게다가 그 목표와 『수학원론』의 세부적 내용이 늘 맞아떨어지는 것도 아니었다.

부르바키가 못 본 체할 때

손더스 맥레인(1909년에 태어남)은 범주이론을 만든 인물 가운데 하나이다.

수학에 대한 부르바키의 목표와 『수학원론』 내용의 차이를 보여주는 주된 특징 중 하나는 집합론의 공리화와, 좀더 넓게는 수학의 근본적인 문제를 마주 대하는 부르바키의 태도이다. 집합론의 기초 위에 모든 수학을 올려놓고자 하는 것이 20세기 초 수학자들의 바람이었는데, 이런 집합론에 대한 만족스러운 공리체계를 얻는 것은 어려운 작업이었다. 이는 수학의 기초 위에 많은 논리학자와 수학자에 의해서 태어났다. 그들은 기초 공리로부터 세워진 수학이 앞뒤가 잘 맞고, 그래서 앞으로도 오류가 생기지 않도록 애썼다. 많은 부분이 힐베르트로부터 시작되었던 이 모든 일들은, 단숨에 이해하기 어려운 놀라운 결과들을 끌어냈다(특히 1930년쯤 논리학자 쿠르트 괴델이, 선택된 임의의 공리체계 속에서 그 공리들만을 이용한 결과로는 절대로 수학적으로 모순이 없음을 보일 수 없음을 증명한 것).

1900~30년에 수학에 타격을 준 이러한 '근본 위기'에 처했을 때, 부르바키는 논리학자들을 괴롭히던 초수학(metamathematics) 문제에 대해 수학자로서 다루지 않기로, 그리고 마치 관심이 없는 듯 보이기로 결정했다. 그렇지만 공리이론의 논리적 정당성 문제

4 | 순서관계

순서관계의 개념은 '크거나 같은' 또는 '작거나 같은' 관계 등의 비교도구를 일반화한다. 좀더 정확히 말해, 주어진 집합 E가 있을 때, 다음의 세 조건을 만족하는 두 원소 사이의 모든 관계 R을 순서관계라고 부른다.

1) 반사성(reflectivity) : E의 모든 원소 x에 대해서 xRx를 가진다.
2) 추이성(transtivity) : E의 모든 원소 x, y, z에 대해서 만약 xRy와 yRz가 있을 경우 xRz를 가진다.
3) 반대칭(antisymmetry) : E의 모든 원소 x, y에 대해서 만약 xRy과 yRx이 있을 경우 x=y이다.

순서관계의 가장 직접적인 보기는 실수 집합들에 대한 '크거나 같은' 관계를 생각해보는 것이다. 다시 말해, 기호 R을 잘 알려진 ≥으로 바꿀 수 있으며, 반사성, 추이성, 반대칭의 공리가 성립함을 쉽게 보일 수 있다. 순서관계의 다른 보기는 포함인데, 이것은 한 주어진 집합 E의 모든 부분집합을 생각하는 것이다. 만약 A의 모든 원소가 B에 들어 있을 경우 집합 A는 집합 B에 들어 있고 그것을 A⊂B라고 쓴다. 예를 들어 만약 A⊂B이고 B⊂A이면 A와 B는 반드시 같음을 보일 수 있다.

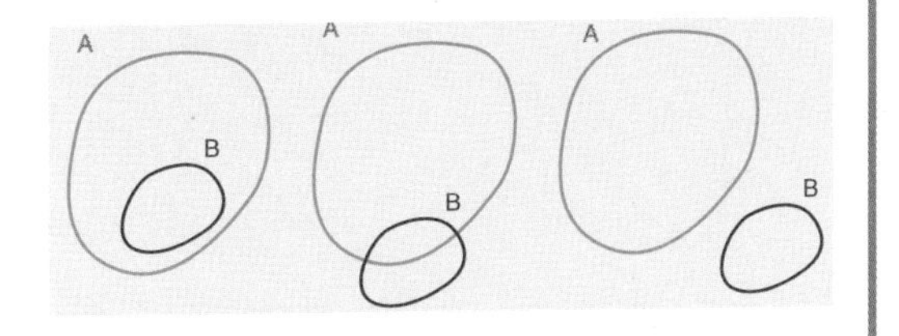

첫번째 보기에서는 모든 실수가 관계 ≥(전체 순서라고 부른다)에 의해 비교될 수 있지만, 두 집합 A와 B는 포함관계에 의해 반드시 비교 가능한 것은 아니다. A와 B는 서로소이거나 단순히 몇 개의 공통된 원소가 있고 나머지 원소들은 공통되지 않을 수도 있는데, 이런 경우 A⊂B도 B⊂A도 성립하지 않는다(부분 순서라고 부른다). 순서관계의 보조 예로, 양의 정수의 집합에서 '나누기' 관계(b/a가 정수인 경우, 정수 a는 정수 b를 나눈다고 말한다)가 있다. 이것 역시 부분 순서 관계의 문제이다.

가, 부르바키같이 공리적 방법을 그토록 중요하게 여기는 수학자에게 흥미없는 문제가 된다는 것은 이해하기 어렵다. 부르바키의 약간 정신분열증에 걸린 듯한 이러한 태도—대부분의 수학자들은 부르바키 자신의 학문적 터 위에서 곧바로 연구하지 않는다—는 『수학원론』의 집합론에도 잘 드러나 있다. 이 책은 누구보다도 논리학자들에 의해서 그들의 관점이 지나치게 제한적이라는 점과 근본적인 문제를 슬쩍 지나쳤다는 점을 신랄하게 비판받았다(9장 참조).

부르바키식 구조에 대항하는 범주이론

만약 부르바키의 교재가 구조에 대한 많은 예제를 담고 있었다면, 그 개념이 아직까지 희미한 상태로 남아 있지는 않을 것이다. 대수학을 구조의 위계질서라고 표현한 판 데르 바에르덴의 『현대대수학』 책에서조차도 구조 개념을 이론화하지 않았다. "판 데르 바에르덴은 수식적이든 수식적이지 않든 겉으로 설명을 할 필요를 깊이 느끼지 않았는데, 사람들은 '대수적 구조' 나 '대수학에서의 구조적 연구' 라는 이름으로 그 설명을 들어야 했다." 텔아비브 대학교의 역사학자 레오 코리는 자신의 책에서 이렇게 설명한다. 심지어 부르바키의 경우에도 구조를 이론화한 것이 집합론 책의 네 번째 단원에 나오기는 하지만, 사실 이 내용이 교재의 나머지 부분—'해석학의 근본적 구조' 라는 이름으로 불렸던 처음 여섯 권에 해당하는 첫 부분—에서 사용되지는 않았다. 19세기 이후의 대수적 구조의 개념에 대한 위기에 대해서 꼼꼼히 분석한 책을 쓴 코리의 말을 인용해보자. 다음과 같이 분석한다. "(부르바키의)

'집합론', 특히 그 안에서 정의된 구조라는 개념은 『수학원론』에 꼭 들어가야 하는 내용이 아니다. 우리는 '구조' 이론을 미리 배우지 않고도 각각의 부르바키 교재를 읽고 이해할 수 있다. '집합론'은 원칙적으로 이 시리즈에서 빠져도 되는데, 왜냐하면 그것은 새로운 내용을 담은 것도 아니고, 실제로 부르바키가 가장 관심 있었던 그 책들에 들어 있는 이론을 위한 논리적 중요성도 그다지 가지고 있지 않기 때문이다." 활동이 활발한 수학자들에게 기본적 도구를 만들어주자는 목적에서 봤을 때, "구조의 개념은 의도적이며 자연스럽지 않다." 부르바키의 회원이었던 피에르 카르티에조차도 "우리의 결론은 다시 어떻게 할 수 없다. 부르바키는 구조의 수학 이론을 만들어내지 않았고, 아마 그것을 가지고 있지도 않았을 것이다"라고 수학에서의 구조주의에 대한 한 연구에서 확신한다.

부르바키 회의에서 코스줄.

오늘날 '범주이론(category theory)'을 빼고 수학의 구조를 말하기는 어렵다. 미국인 새뮤얼 에일렌버그(나중에 부르바키의 회원이 됨)와 손더스 맥레인에 의해 소개된 이 이론은 수학의 많은 상황 사이의 관계 등을 설명하는 데 쓰이는 추상적이고 일반적인 틀로 구성된다. 사물은 빠른 속도로 기술적이고 추상적이 되었지만, 우리는 범주이론이 무엇을 담고 있는지 대충 알 수 있을 뿐이다.

범주는 주어진 대상 A, B, C 등의 분류에 의해 정의되며, 대응되는 집합으로 대상들의 모든 쌍(A, B)을 A에서 B로의 동형사상(morphism)이라 한다. 예를 들어, '집합의 범주'에서는, 대상들은 집합이며, A에서 B로의 동형사상은 집합 A에서 집합 B로 가는 모든 가능한 사상이다. '군의 범주'에서, 대상들은 군이며, 군 A에서 군 B로의 동형사상은 A에서 B로의 모든 '준동형사상'으로, 이때 준동형사상 f란 군의 연산의 구조를 보존하는 사상으로, 즉 함수 f는 A의 모든 원소 x와 x'에 대해서 f(x*x') = f(x) ◆ f(x')이 되고, 이때 *는 군 A의 내부적 연산자이고 ◆는 군 B의 내부적 연산자이다. 게다가, 범주이론은 또한 두 개의 범주 사이의 대응도 연구하게 되는데, 이 대응은 작용소(fonteur)라고 불린다.

1960년대에, 범주와 작용소의 언어는 널리 알려졌다. 에일렌버그는 물론이고, 샤를 에레스망과 특히 알렉산더 그로텐디크와 같은 몇몇 부르바키 회원이 이 과정을 많이 도왔다. 그 일반성으로 볼 때, 범주와 작용소의 이론은 부르바키가 말한 구조보다 훨씬 넓은 범위에 해당되었으며, 수학의 구조적 시각 면에서 중요한 위치를 차지했을 것이다. 하지만 부르바키는 그의 『수학의 건축』을 고치지는 않았다. 더 심각한 것은, 이 주제에 대해서, 그리고 초벌 원고에 대해서 수많은 논의가 있었음에도 불구하고 부르바키는 그의 교재에서 범주를 통합하려 하지는 않았다는 점이다. 이렇게 한 까닭 중 하나는 이미 출판된 교재의 여러 권을 너무 많이 고쳐야 한다는 점이었다. "부르바키는 책에서 범주에 관한 이야기를 하지 않고 조심스레 피하려 했다. 만약 교재를 다시 썼다면, 그들

1950년 프린스턴에서 논리학자 쿠르트 괴델과 물리학자 아인슈타인.

은 범주에서 시작했을 것이다. 하지만 범주이론과 집합론을 같이 두기에는 아직도 풀리지 않은 어려움이 있다"라고 피에르 카르티에는 분명히 말한다.

주디스 프리드먼은 부르바키에 대해 회상하면서 클로드 슈발레의 말을 되짚어보았는데, 모임의 창립자 가운데 하나인 그는 몇 년이 지난 뒤 부르바키가 했던 '수학의 부르주아화'를 더 비판하는 쪽으로 돌아섰다. "이러한 관점에서, 범주이론은 구조이론보다 부르바키 정신에 더 충실했다. 그들은 구조주의자들에 더 가까웠다! (…) 어떻게 보면, 범주이론을 부르바키가 외면한 것은 그의 정신이 변화하는 과정에서 가장 주목할 만한 대목이었다. 처음으로, 누가 보더라도 부르바키적인 어떤 것이 일을 진행시켜야 한다는 것 때문에 잘 살펴보지도 않은 채 첫 단추를 잘못 끼운 셈이었다." 여기서 짚고 넘어갈 것은, 슈발레는 이런 이유로 1960년 범주에 대한 책을 썼지만 그 책은 끝내 출판되지 않았다는 점이다. 에르망 출판사는 원고가 어디 있는지도 모르리라!

1950년대와 1960년대는 구조주의의 시대였다. 공리적 방법과 구조를 우선시했던 부르바키의 관점을 따르는 사람들이 많았다. 수학자들 사이에서뿐 아니라 문학, 울리포(Oulipo) 운동도 그 영향을 받았다. 또 인류학이나 심리학 같은 다른 여러 분야에도 영향을 미쳤다. 한편 부르바키에 의한 수학의 건축술에는 비판이 잇따랐다. 오늘날에는 이것이 수학 활동 전체를 충실하게 반영하지 못했음이 오늘날 명확하게 드러났다(11장 참조). 하지만 그것이 시작되고 발표됐던 그 시대에는, 충분히 시대의 흐름 속에 있는 듯했고 새로운 세계를 여는 듯이 보였다.

Bourbaki

6
부르바키가 이룬 업적의 흔적: 필터

니콜라 부르바키는 새로운 수학을 만든 것에 대해서 보다는 그 시대의 수학을 파고든 것에 대해 자랑스러워했다. 그러는 동안, '필터' 와 같은 몇몇 새로운 개념이 부르바키라는 용광로에서 펄펄 끓었다.

해석학 교재를 만들면서 부르바키가 스스로에게 맡겼던 역할은 수학을 "한바탕 뒤집어엎는 것"이었다. 이 역할은 기초 개념 다지기, 그 개념을 명료하게 하기, 용어를 세심하게 정의하기, 주제들을 재구성하기, 여러 가지 견해가 존재할 때(수학에서 이런 경우는 종종 있다) 그 가운데 하나를 선택하기 등을 뜻했다. 이것은 새로운 수학을 만들어내는 문제가 아니었다. 그리고 정확히 말하자면 부르바키의 교재는 새로운 발견을 담고 있지 않았다. 하지만 이 문장은 제한된 의미로만 쓰여져야 한다. 부르바키 회원은 각각의 이름으로 수학의 발전과정에서 새로운 발견을 하는 데 이바지했다. 더욱이 부르바키가 이룬 집단적 업적은 새로운 수학적 개념을 만드는 데 영감을 주었다. 여기서 그중 기술적 지식을 많이 필요로 하지 않는 한 사례를 살펴보기로 하자. 바로 '필터' 라는 개념이다.

'필터'는 1937년 9월, 앙리 카르탕이 투르 근처 샹세에 있는 클로드 슈발레의 부모님 댁에서 열린 부르바키의 회의 동안에 만들어냈다. 이 회의의 참가자들은 위상수학의 몇 가지 문제에 대한 논의를 했고, 특히 수렴의 정의가 셀 수 있음이라는 개념을 사용하지 않을 수 있는 방법을 찾아보려 했다. 벨리외는 1990년 한 기사에서 "토론이 시들해지면, 틈틈히 쉬기로 결정했다"라고 쓰고 있다. 하지만 앙리 카르탕은 생각을 멈추지 않았고 마침내 한 가지 발상을 떠올렸는데, 돌아갈 때 동료들에게 이에 대해 말하였다. 동료들의 첫 평가는 회의적이었지만, 슈발레는 카르탕의 생각에 흥미를 느꼈고 그것을 발전시켜 보자고 제안한다(여기서 '극대

1937년 샹세에서 있었던 부르바키 학회. 서 있는 사람은 시몬 베유. 앉아 있는 사람, 왼쪽에서 오른쪽으로 앙드레 베유, 앙리 카르탕, 숄렘 망델브로, 클로드 슈발레. 맨 오른쪽에 장 델사르트의 머리가 살짝 보인다.

필터(ultrafilter)'가 탄생한다). 모든 이의 동의를 얻자 어떤 이가 돌파구가 보인다는 뜻에서 "쾅(boum)!"이라고 소리쳤다—이것은 일종의 부르바키의 버릇이었다. 카르탕의 발견에는 쾅(boum)이라는 별명이 붙었고, 그것과 관련된 모든 것은 '쾅 이론(boumologie)'이 되었다. 카르탕은 자신이 몇 주 지나서 파리 과학회의 연구 결과 보고서에 보냈던 논문 두 편에서 상세 회의 동안 발견했던 것들을 인용했다. 학회 사람들은 품위 있어 보이기를 좋아하기 때문에, 사람들은 여기서 '쾅'이 '필터'로 바뀌었을 거라고 생각한다.

물론 카르탕의 발명은 물론 부르바키의 일반 위상수학 책에 실렸고, 이는 다른 것들(특히 앙드레 베유가 만든 '균일한 구조(uniform structure)', 장 디외도네가 만든 '패러컴팩트 공간')과 함께, 그 시대 모두에게 사랑받는 최고의 책인 『수학원론』의 명성을 높이는 데 기여했다.

필터란 무엇인가? 이해를 돕기 위해, 해석학과 위상수학의 몇 가지 개념 사이를 잠깐 산책하려 한다. 공통된 부분은 위상수학이 근방, 극한, 연속의 개념에 관한 모든 것을 다룬다는 것이다. 다른 점은 위상수학은 기하학적 대상이나 수학적으로 좀더 추상적인 대상을 연속적으로(뜯어내지 않고) 바꾸어주었을 때 변하지 않는 성질을 다룬다는 것이다. 그렇다 하더라도, 연속의 의미, 좀더 자세히는 연속적 사상의 의미는 이 수학 분야들의 주춧돌이다. 그런데 연속을 엄밀하게 정의하는 것은 극한을 엄밀하게 정의하는 것과 같다. 그리고 필터를 이해하는 것은 바로 그러한 것들을 이해한다는 것이다. 그것은 추상적이고 매우 일반적인 수식을 요구한다.

수학적 분석의 기본 대상인 '연속함수'를 먼저 공부해보자. 실수집합 **R**에서 정의된 함수로 그 함수값이 **R** 안에 있는 함수 f, 다르게 말하자면, x와 f(x)가 실수인 경우를 생각해보자. 우리 모두는 이와 같은 모양의 그래프를 x축, y축과 원점으로 이루어진 좌표계에 그리는 법을 배웠다. 함수 f의 그래프는 $y=f(x)$인 점(x, y)의 집합이다. 우린 언제 그와 같은 함수 f가 연속이라 말할 수 있는가? 직관적으로 처음 떠오르는 생각은 색연필을 떼지 않고 그 그래프를 그릴 수 있을 때 함수가 연속이라고 정하는 것이다(그림 1 참조). $f(x)=x^2$이나 $f(x)=\sin x$처럼 우리가 만나는 함수의 대부분은 이런 경우다. 하지만, 예를 들어 $x \leq 0$일 때는 $h(x)=o$이고, $x \geq 0$일 때는 $h(x)=1$인 함수 h는 $x=0$에서 연속이 아니다. 함수값은 그곳에서 빠르게 바뀐다(불연속, 그림 2 참조). 우리가 그리지 못하는 함수도 있다. x가 유리수일 때는 0이고 x가 무리수일 때는 1인 함수가 그런 경우다. 이것은 전혀 연속이지 않다! 또 하나 고전적이면서 매우 흥미있는 보기로 x가 무리수일 때 $f(x)=0$이고, x가 0이 아닌 유리수($x=p/q$, p와 q는 서로소인 정수)일 때 $f(x)=1/q$이며, $f(0)=1$인 함수가 있다. 이 함수는 모든 무리수 점에서 연속이고, 모든 유리수 점에서 불연속이다!

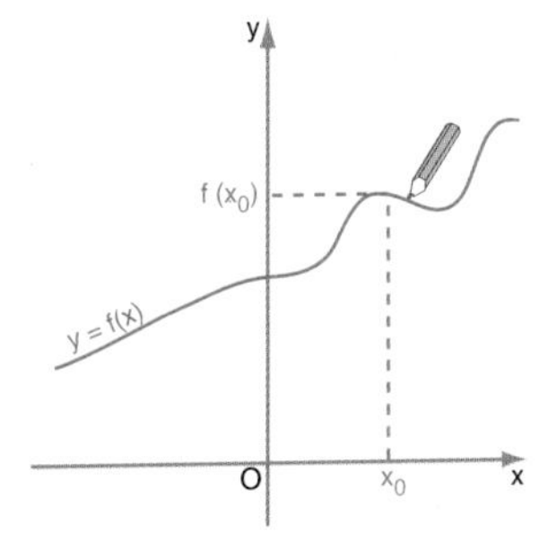

1. 연속함수 y=f(x) 그래프

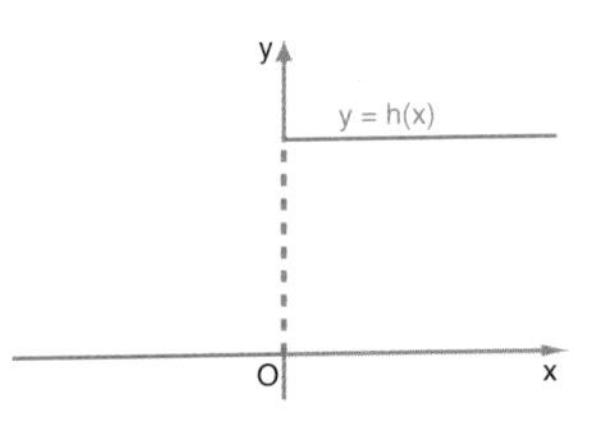

2. x=o에서 불연속인 함수 h

위의 연속에 대한 정의는 수학자에게는 물론 너무나 모호하다. 그러므로 좀더 명확한 것이 있다. 움직이지 않는 점 x_0에서 만약 x가 x_0으로 다가갈 때 f(x)가 $f(x_0)$로 다가가면 함수 f는 점 x_0에서 연속이다. 또 x가 x_0로 다가갈 때 f(x)의 극한이 $f(x_0)$라고도

1 | 거리의 공리

집합 E가 있다. E 위에서의 거리(또는 '계량')는 E의 모든 점 X, Y, Z에 대해서, E의 점의 각 쌍(X, Y)에 0보다 크거나 같은 하나의 실수를 대응시켜 주고, 다음의 공리를 만족하는 함수 d이다.

1) 분리 : X=Y이면, 그리고 그럴 때만 d(X, Y)=0이다.
2) 대칭 : d(X, Y)=d(Y, X)
3) 삼각부등식 : $d(X, Y) \leq d(X, Z)+d(Z, Y)$

한 거리함수에 따른 집합은 '거리공간'이라고 불린다. 그 보기로, $d(x, y)=|x-y|$로 정의된 거리에 따른 수 집합 **R**은 거리공간이다. 유클리드 거리에 따른, 또는 $X=(x_1, x_2)$이고 $Y=(y_1, y_2)$일 때 $d(X, Y)=|x_1-y_1|+|x_2-y_2|$로 정의된 거리에 따른 집합 $\mathbf{R}^2$의 경우도 마찬가지다.

말하며 $\lim_{x \to x_0} f(x)=f(x_0)$이라고 쓰기도 한다. 개략적으로 이것은 x가 x_0에 가까워질수록, $f(x)$는 $f(x_0)$에 가까워지고, 결국엔 $f(x_0)$가 될 것이라는 뜻이다. 그림 1에 있는 함수는 모든 점 x_0에서 이 성질을 만족하지만, 그림 2에 있는 함수 h는 불연속점인 $x_0=0$에서 x가 x_0에 가까워질 때보다 더 큰 값을 가지므로 이 성질을 만족하지 않음을 쉽게 볼 수 있다.

극한을 이용해서 연속을 정의할 경우 그 정의가 완벽하게 엄밀하고 연산 가능하려면, 극한 그 자체가 엄밀하게 정의되어 있어야 한다. "x가 x_0에 가까워진다", "$f(x)$ 또한 $f(x_0)$에 가깝다" 등의 표현은 정확히 무엇을 말하는가? 우리는 보통 부르바키가 생각하듯이, 일반적인 성질에서 특수한 것으로 진행시키지 않고, 그 반대로 함으로써 반(反) 부르바키적 방법을 써서 설명할 것이다.

의심할 바 없이 제일 쉬운 것은 무엇보다 실수로 이루어진 연속된 수열 $u_0, u_1, u_2, \cdots u_n, \cdots$의 극한을 말하는 것이다. 이런 수열을 간단히 $(u_n)_{n \geq 0}$라고 쓰고, u_n은 그 수열의 일반항이라 불린다. 예를 들어 수열 1, 1/2, 1/3, 1/4, 1/5, …1/n… 은 $(1/n)_{n \geq 1}$로 쓰

2 | 위상공간, 열린 집합 그리고 근방

만약 E의 부분들의 한 모임(family, 즉 무한하거나 유한한 수의 E의 부분집합)이 주어지면, 그 부분들이 열려 있으며 아래의 공리들을 만족하면 집합 E를 위상 공간이라 부른다.

1) E 그 자신과 공집합 ϕ은 열려 있다.
2) 임의의 두 열린 집합의 교집합은 열린 집합이다.
3) 임의의 열린 집합의 한 모임의 합집합은 열린 집합이다.

이 공리들을 따라 정의된 구조를 위상이라 부른다. 기하학의 공간의 유사성으로부터 위상공간의 원소들을 점이라 부른다.

한 위상공간 E가 주어졌을 때, 만약 V가 그 자신은 열려 있으며 점 a를 포함한다면 E의 부분 V를 '점 a의 근방'이라 부른다.

위상공간, 열려 있음과 근방은 위상수학의 근본적인 중요성을 가지는 개념들이다. 이것이 위상수학의 첫걸음이다.

고, 수열 0, 1, 4, 9, 16, 25,…n^2 … 은 $(n^2)_{n\geq0}$로 쓴다. 자, 이제 $(1/n)_{n\geq1}$을 살펴보자. n이 커질수록 1/n은 작아지는 것을 쉽게 볼 수 있고, 그러므로 n이 무한대로 가는 '극한'에서 1/n은 0으로 간다. 또한 (2n+1)/(n+1)을 일반항으로 가지는 수열 1, 3/2, 5/3, 7/4, …는 n이 무한대로 갈 때 수열의 값은 2로 다가감을 쉽게 볼 수 있다. 반대로 수열 $(n^2)_{n\geq0}$은 n이 무한으로 갈 때 어떤 유한한 수로도 다가가지 않는다. 이럴 때 우리는 이 수열은 극한값을 갖지 않는다고 말한다. 이는 직관적으로 명백하지만, (게다가 19세기가 되어서야 나타난) 엄밀한 수식으로 존재한다. 무한수열에 대한 극한의 엄밀한 정의는 다음과 같다.

실수로 이루어진 주어진 수열 $(u_n)_{n\geq0}$에 대해서, 임의의 양수 ε(입실론)에 대해서, $|u_n-L| < \varepsilon$을 만족하며 $n\geq n_0$인 한 자연수 n_0(선험적으로 ε에 의존하는)가 존재하면, 이 수열은 n이 무한대에 가까워질 때 L에 가까워진다(또는 수렴한다). 그것을 $\lim_{n\to+\infty} u_n = L$이라 쓴다.

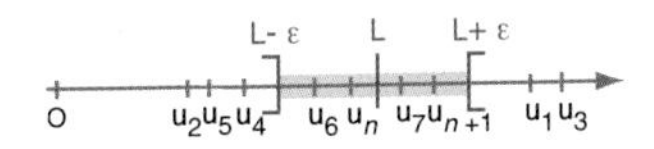

3. 수열 u_n이 L에 수렴한다는 것은, 어떤 정수 ε에 대해서도 자연수 k가 존재하고, $n\geq k$이면 $|u_n-L| < \varepsilon$가 되는 것을 뜻한다.

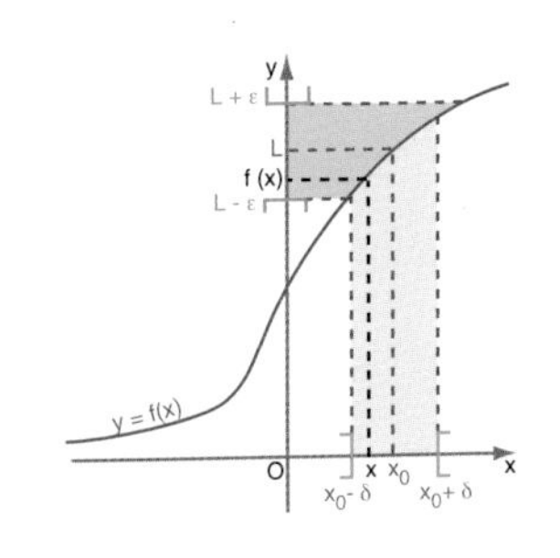

4. x가 x_0로 갈 때, 함수 f가 극한 L을 가지는 것은, 임의의 $\varepsilon > 0$에 대해서 $\delta > 0$이 존재하고, $|x-x_0| < \delta$를 만족하는 모든 x에 대해서 $|f(x)-L| < \varepsilon$이 되는 것을 뜻한다.

언제나 이 같은 수식은 그에 익숙하지 않은 사람에게는 이해하기 어렵다. 그러나 이 개념은 사실 비교적 단순하다. 매우 작은 ε이 있을 때, 어떤 순서 n_0에 대해서 그 수열에서 n_0보다 뒤에 있는 모든 원소 u_n은 ε보다 작은 차이로 L의 이웃이다(그림 3 참조)(그러므로 n_0 뒤로 모든 u_n은 열린 구간 (L-ε, L+ε) 안에 들어 있다). 한 보기로 $(1/n)_{n\geq 1}$을 살펴보자. 만약 ε=0.1을 고른다면, $n_0=15$를 취하면 충분하다. 1/15, 1/16, 1/17, 1/18 등은 모두 0(이 수열의 극한값 L인)으로부터 0.1보다 작은 거리로 떨어져 있다. 또한, 만약 ε=0.01을 고른다면, n_0를 100보다 큰 값을 취함으로써 충분하다. 사실 선택된 ε의 모든 값에 대해서 n_0를 1/ε보다 큰 정수를 택함으로써 n_0 뒤에 오는 모든 1/n이 0에 대해서 ε보다 더 가까운 이웃임을 보이는 데 충분하다.

한 변수가 어떤 주어진 값 x_0로 갈 때의 함수 f: **R**→**R**의 극한을 정의하기 위해 (그것이 존재할 때) 실수 수열의 극한 개념을 우리는 쉽게 일반화할 수 있다. 다음과 같이 말한다.

x가 x_0로 갈 때, 만약 임의의 양수 ε에 대해서, 모든 $x \neq x_0$에 대해서 $|x-x_0| < \delta$일 때 $|f(x)-L| < \varepsilon$이 되는 양수 δ(선험적으로 ε에 의존하는)가 존재하면, 함수 f의 극한값은 L이다.

다른 말로 하면 f(x)는 L의 (ε만큼 떨어진) 이웃으로, 이때의 조건은 x가 x_0에 충분히 (δ만큼) 가깝다는 것이다. 또 다른 말로, 만약 x가 열린 구간 $(x_0-\delta,\ x_0+\delta)$에 들어 있다면 f(x)는 열린 구간 (L-ε, L+ε)에 들어갈 것이다(그림 4 참조). 여기 쓴 이것은 함수의 연속에 대한 엄밀한 뜻을 얻게 한다.

함수 f: **R**→**R**에서, 만약 f가 x가 x_0로 갈 때 극한값 L을 가지고

3 | 필터의 공리

임의의 한 집합 E가 있다. 공집합이 아닌 E의 부분들로 이루어진 한 집합 F가 아래의 세 공리를 만족하면 이 집합을 'E 위에서의 필터' 라고 부른다.

1) 공집합이 F에 들어 있지 않다.
2) 만약 A가 F의 한 원소이고 그것이 E의 부분집합 B에 들어 있으면, B 또한 F의 원소이다.
3) 만약 A와 B가 F의 원소들이면, 그 교집합 $A \cap B$ 또한 F에 들어 있다.

필터의 보기: 위상 공간에서 주어진 한 점 x의 근방들의 집합. 이것은 실제로 다음을 쉽게 만족시킨다.

1) 공집합은 x의 근방이 아니다.
2) 만약 A가 x의 근방이라면 A를 포함하는 모든 집합 B 역시 x의 근방이다.
3) 만약 A와 B가 x의 근방이라면, $A \cap B$ 또한 x의 근방이다.

또 이 극한값 L은 f에 x_0를 넣어서 얻는 $f(x_0)$와 같으면, 이 함수는 x_0에서 연속이다.

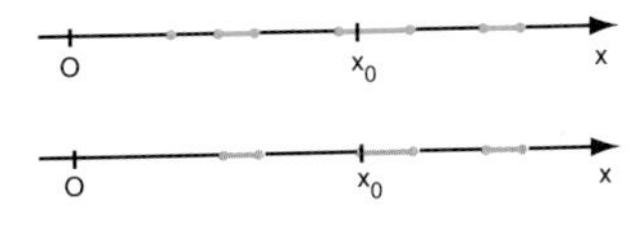

5. 초록색으로 표시된 부분집합 R은 x_0의 근방이지만, 붉은색으로 표시된 부분집합은 x_0의 근방이 아니다.

극한의 개념을 좀더 일반화하기 위해서, 위의 함수의 극한에 대한 정의를 약간 다른 어휘 '근방(voisinage, neighborhood)' 을 가지고 수식화하는 것은 유용하다. 근방은 무엇인가? x_0가 실수일 때, **R**의 한 부분(부분집합과 같은 말) V는 만약 이 부분집합 V가 x_0를 포함하는 열린 구간을 가지면 이것은 x_0의 근방이다(그림 5 참조). 열린 구간이란, (a, b)의 형태를 가진 구간으로 (엄밀한 부등식) $a < x < b$를 만족하는 실수 x의 집합이다. 함수 $f: \mathbf{R} \to \mathbf{R}$의 극한의 개념을 살펴보면 다음과 같이 수식화하는 것이 동치임을 보인다.

만약 L의 임의의 근방 V에 대해서, 모든 $x \neq x_0$이고 U에 들어가는 x에 대해서 $f(x)$가 V의 원소임을 만족하는 x_0의 근방 U가 존재한다(그림 6 참조).

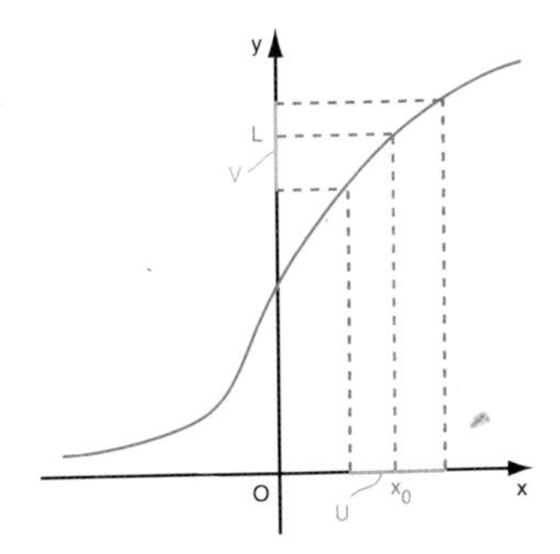

6. L의 임의의 근방 V에 대해서, x_0의 근방 U가 존재하고, $x \in U$이면 $f(x) \in V$가 된다.

이런 수식화 과정의 장점은 실수 **R**에서 **R**로 결정되는 함수에

만 적용하지 않는다는 점이다. 여기까지 우리는 단지 각각의 실수 x를 하나의 f(x)에 대응시키는 함수 f만을 생각하였다. 하지만 수학뿐만 아니라 그 응용에서도 **E**와 **F**가 **R**과는 다른 집합일 때의 함수 f: **E**→**F**에 대한 작업을 종종 하게 된다. 평면에서만 움직이는 물체의 경로를 시간 t의 함수로 나타내고 싶다고 가정해보자(그림 7 참조). 주어진 순간에, 물체의 위치는 좌표의 한 점(x, y)으로 표시된다. 이 좌표는 시간 t가 지남에 따라 바뀔 것이므로 시간 t에서의 물체의 위치는 좌표의 한 점 (x(t), y(t))로 나타내지거나, 또는 **R**에서의 값을 갖는 함수 x(t)와 y(t)로 나타내진다. 만약 각각의 시간 t에 대해서 위치(x(t), y(t))를 대응시키는 함수 f를 생각한다면, 이 함수는 **R** 위에서 정의되고 $\mathbf{R}^2$에서 값을 가지는데($\mathbf{R}^2$은 실수의 쌍으로 이루어진 집합을 뜻한다), 이것을 f: **R**→$\mathbf{R}^2$으로 쓴다. 같은 방법으로, $\mathbf{R}^2$에서 **R**로의 함수(실수의 모든 쌍을 각각 어떤 하나의 실수에 대응시키는), $\mathbf{R}^3$에서 $\mathbf{R}^2$으로의 함수(세 개의 실수로 이루어진 모든 묶음〔x_1, x_2, x_3〕을 각각 어떤 하나의 실수의 쌍〔y_1, y_2〕에 대응시키는), 그리고 더 일반적으로 m과 n이 정해진 양의 정수일 때 $\mathbf{R}^m$에서 $\mathbf{R}^n$으로의 함수(이 함수는 모든 m개로 이루어진 묶음〔x_1, x_2,… x_m〕을 각각 하나의 n개로 이루어진 묶음〔y_1, y_2,… y_n〕에 대응시킨다)을 생각해볼 수 있다.

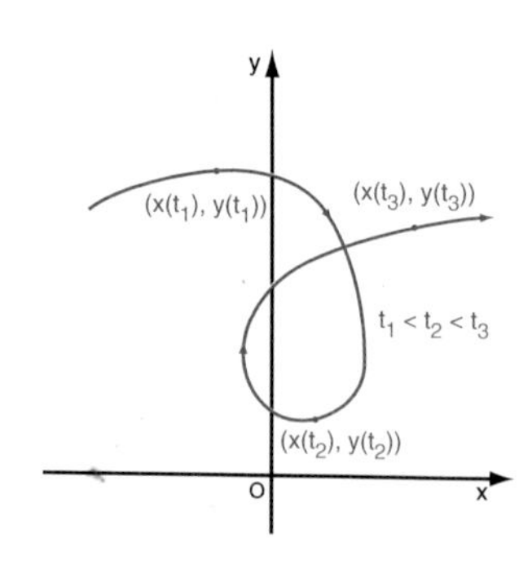

7. 평면 위에 있는 한 물체의 이동경로는, 각 시간 t를 위치 (x(t), y(t))에 대응시키는 R에서 R^2로의 함수 f로 나타내진다.

이런 함수에 대해서 극한과 연속의 개념을 정의할 수 있을까? 그것은 위에서 정리한 정의들을 다시 가져옴으로써 할 수 있다. $\mathbf{R}^n$공간에 대해서 근방의 개념과 동치인 것을 찾으면 된다. **R**에서 점 a의 근방은 a를 포함하는 열린 구간으로 이루어진 **R**의 부분집합이다. 그러므로 우리는 열린 구간과 동치인 것을 찾아야 한다.

우선 평면 위에 그릴 수 있는 $\mathbf{R}^2$의 경우를 보자. 여기서, 열린 구간과 동치는 '열린 원판'이다. 중심이 C이고 반지름이 r 〉0인 열린 구간의 정의는 C로부터 거리가 r보다 작은 점 $X \in \mathbf{R}^2$의 집합이다(즉 반지름이 r인 원의 안쪽에 있는 점들의 집합). 만일 평면 위의 점 A와 B 사이의 거리를 d(A, B)라고 쓴다면, 중심이 C인 열린 원판은 d(X, c) 〈 r인 점 X의 집합이다(그림 8 참조). 거리 함수 d는 일반적인 유클리드 거리가 될 수 있다. 만약 X가 (x_1, x_2)에 있고 C는 (c_1, c_2)에 있으면, $d(X, c) = \sqrt{(x_1-c_1)^2+(x_2-c_2)^2}$이다. 하지만 사실, '거리 함수'가 가능한 다른 값도 존재한다. 함수 d가 거리가 되기 위해서는, 간단히 몇 가지 공리를 만족해야 한다(상자 1 참조).

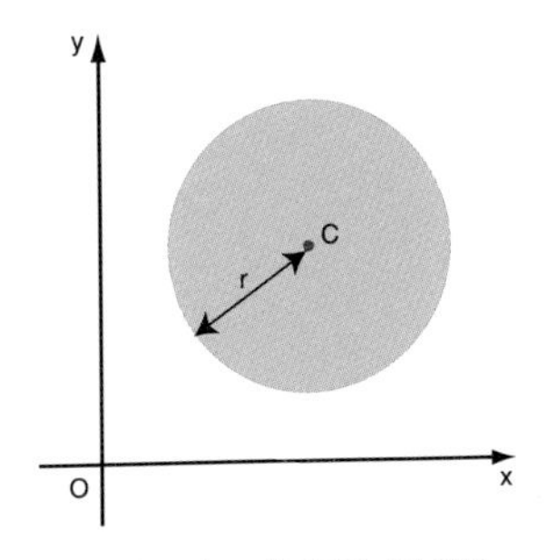

8. 중심이 C이고 반지름이 r인 원판.

열린 원판이 정의된 가운데, 만약 부분집합 A의 모든 점 X에 대해서, 양의 반지름을 가지고 중심이 X인 A에 완전히 들어 있는 열린 원판이 적어도 하나 있으면 $\mathbf{R}^2$의 부분 A는 '열려 있다'고 말한다. 결국, 만약 V가 P를 포함하는 열려 있는 것이라면 $\mathbf{R}^2$의 한 부분 V는 점 P의 '근방'이다(그림 9 참조). 그렇다면 앞에서 주어진 함수의 극한의 정의는 함수 $f:\mathbf{R}\rightarrow\mathbf{R}^2$의 경우로 바로 옮겨진다(또는 만약 문제에서의 x와 x_0가 $\mathbf{R}^2$의 점이라면 $f:\mathbf{R}^2\rightarrow\mathbf{R}^2$).

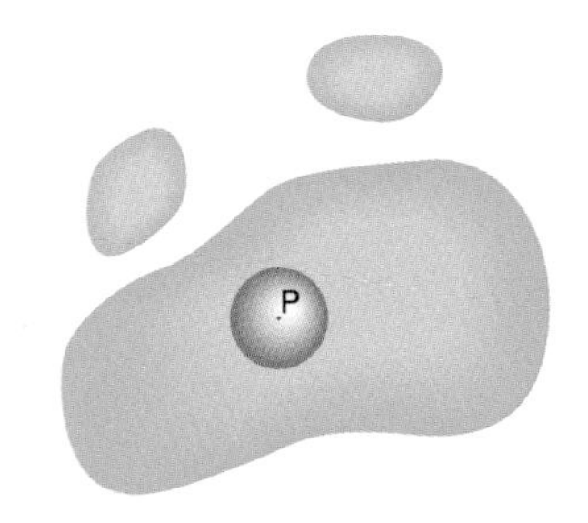

9. 초록색으로 표시된 영역은 점 P의 근방이다. 이 영역은 중심이 P이고 반지름이 0이 아닌 원판을 적어도 하나 이상 포함한다.

$\mathbf{R}^2$에서 $\mathbf{R}^n$으로 일반화하기는 쉽다. $\mathbf{R}^n$의 두 점 X와 Y 사이의 거리 d(X, Y)의 구체적 표현과, '열린 원판'이라는 용어를 '열린 공'으로 쓰기를 선호하게 된다는 점 말고는, 앞의 정의에서 하나도 바뀌지 않는다. 예를 들어, $\mathbf{R}^3$에서 중심이 $V=(c_1\ c_2,\ c_3)$이고 반지름이 r인 열린 공은 d(X, C) 〈 r인 점 $X=(x_1\ x_2,\ x_3)$의 집합으로, 즉 만약 유클리드 거리를 선택한다면,

$\sqrt{(x_1-c_1)^2+(x_2-c_2)^2+(x_3-c_3)^2} < r$인 점 $X=(x_1\ x_2,\ x_3)$의 집합이다.

앞의 모든 내용은 거리를 가지고 있는 임의의 한 집합에 대해서 똑같이 일반화할 수 있는데, 왜냐하면 열려 있음과 근방을 정의할 수 있도록 만드는 것은 바로 거리의 개념이기 때문이다. 거리로 묶인 그런 집합들은 '거리공간'이라 불리며, $\mathbf{R}^n$은 그것의 보기일 뿐이다. **E**와 **F**가 거리 공간일 때 함수 f:**E**→**F**에 대한 극한과 연속의 정의를 되풀이해보자.

함수 f:**E**→**F**(**E**와 **F**는 거리공간)는 만약 L의 임의의 근방 V에 대해서, U에 들어 있는 $x \neq x_0$인 모든 x에 대해서 f(x)가 V의 원소임을 만족하는 x_0의 근방 U가 존재한다면, 이 함수는 $x(\in E)$가 $x_0(\in E)$로 갈 때 극한 $L(\in F)$를 갖는다(그림 10 참조).

만약 f가 x가 x_0로 갈 때 극한 L을 가지고 그 극한이 x_0에서의 f 값인 $f(x_0)$와 같다면 함수 f:**E**→**F**는 x_0에서 연속이다.

물론 여기서 x, x_0, L, f(x), $f(x_0)$의 기호들은 반드시 단순한 숫자일 필요는 없다. x와 x_0는 공간 **E**의 원소이고, 그때 L, f(x), $f(x_0)$는 공간 **F**의 원소이다.

하지만 추상화와 일반화로의 질주는 여기서 멈추지 않는다. 수학자들은 때로 계량이 아닌 집합, 즉 거리에 대한 어떤 개념도 세워져 있지 않은 집합에 대해 연구를 하게 된다. 이런 집합 위에서의 위상수학을 하기 위해서는, 우리가 말했던 개념들보다 더 나아가는 일반화를 가져오게 된다. 이것은 공리적 방법으로, '위상 공간'이라 불리는 집합들을 위한 거리의 모든 개념과 '열려 있음', '근방'의 독립적인 정의를 만들어내며, 거리 공간은 단지 그것의 특별한 경우일 뿐이다. 이 공리는 거리 공간에서 쓰이는 열려 있

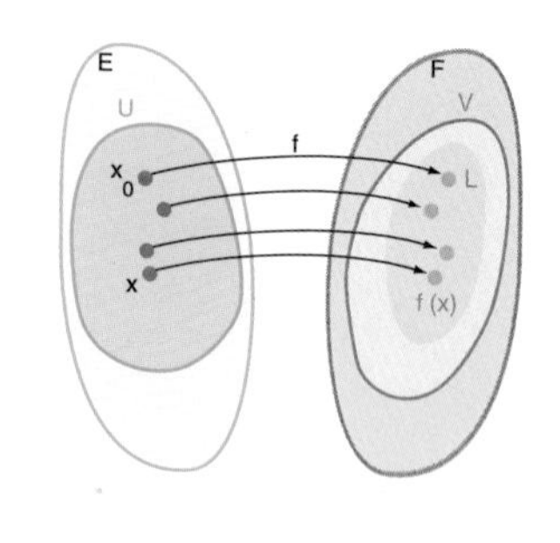

10. E에서 F로의 함수 f는, 만약 L의 임의의 근방 V에 대해서, $x \in U$이면 $f(x) \in V$인 x_0의 근방 U가 존재하면, x가 x_0로 갈 때 극한 L을 가진다.

음과 근방의 몇 가지 성질의 핵심을 이끌어냈다(상자 2 참조).

자, 이제 우리는 우리가 노력한 목표에 다다라서, 드디어 이름 높은 필터를 파헤쳐 보려 하고 있다. 만약 **E**와 **F**가 위상 공간이라면, 함수 f: **E**→**F**의 극한과 연속은 앞에서 거리 공간에서 했던 것과 똑같이 정의된다. 함수 f가 공간 **E** 전체에서가 아니라 **E**의 한 부분 A에서만 정의될 때는 몇 가지 복잡함이 장난을 걸어온다. 예를 들어, **R** 전체가 아니라 유한한 구간 위에서만 정의되는 수치적 일반 함수 f를 생각하는 경우가 종종 있다. 그렇듯이, $f(x)=\sqrt{(1-x^2)}$로 주어진 함수 f는 구간 [-1, 1]에서만 정의되는데, 이는 제곱근을 가지기 위해서는 $1-x^2$가 양이거나 0이어야 하기 때문이다. 그런데 만약 그 정의된 집합의 양 끝, 즉 x=-1과 x=1인 점에서 이 함수의 극한과 연속을 알고 싶다면, 원칙적으로는 이 점들의 근방을 고려해야 한다. 하지만 근방은 정의된 집합을 넘어가서는 안 되는데, 즉 이 경우 근방은 왼쪽으로는 x=-1 오른쪽으로 x=1까지 늘어날 수 있다. 그러므로 정의된 구간과 겹치는 근방의 부분만을 취해야 한다. 말하자면, 만약 U가 x=1의 근방이라고 놓는다면, 넘지 않음을 확실히 하기 위해서 사실 $U'=U\cap[-1, 1]$로 제한해야 한다. 단지 위상 공간 E의 한 부분 **A** 위에서만 정의된 함수의 일반적인 경우에는, 집합 U∩**A**을 고려해야 하며 넘어갈 위험이 있는 U의 단순한 근방을 고려하면 안 된다. 그러니 우리는 극한의 개념을 조금 바꾸어야 할 때에 이르렀다.

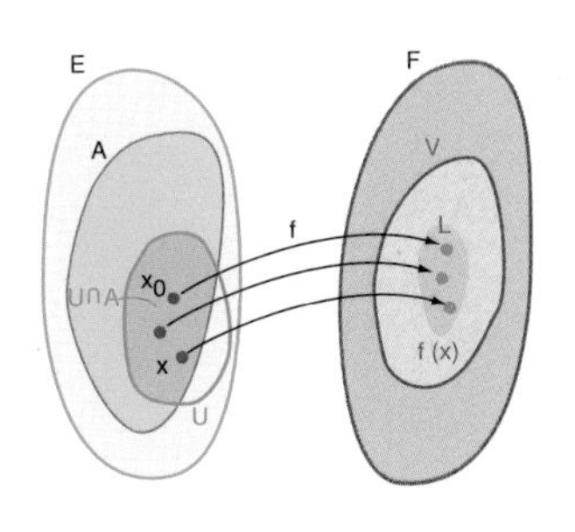

11. F에서의 A의 함수 f는, 만약 L의 임의의 근방 V에 대해서, 모든 x∈U∩A 에 대해 f(x)∈V인 x_0의 근방 U가 존재하면, x가 x_0로 갈 때 극한 L을 가진다.

E와 **F**가 위상 공간이고, **A**는 **E**의 부분집합이며, f: **A**→**F**인 함수가 있다. 만약 L의 임의의 근방 V에 대해서, f(x)가 V의 원소일

때 $x \neq x_0$이며 $U \cap \mathbf{A}$에 들어 있는 모든 x에 대해서 x_0의 근방 U가 존재하면, 함수 f는 $x(\in \mathbf{A})$가 $x_0(\in \mathbf{A})$로 갈 때 극한 $L(\in \mathbf{F})$를 갖는다(그림 11 참조).

만약 $U \cap \mathbf{A}$ 형태의 집합으로부터 보여진 일반적인 성질을 이끌어낸다면, 우리는 추상적이고 공리적인 방법으로, '필터 기저(filterbase)' 라는 용어를 써서 그것들을 정의하기에 이른다.

임의의 집합 **A**가 있다. 아래의 두 개의 공리를 만족할 경우 **A**의 부분들의 비어 있지 않은 모임 B는 **A**의 필터 기저이다.

1) 공집합은 B에 들어 있지 않다.

2) B의 임의의 두 원소의 교집합은 B의 한 원소를 포함한다.

만약 **A**가 위상 공간 **E**의 한 부분이고, a가 **A**의 한 점이면, U가 **E**에서 a의 근방일 때 $U \cap \mathbf{A}$ 형태의 집합들은 **A** 위에서 필터 기저를 이룸을 보일 수 있다. 지금 필터 기저에 의해 수식화된 극한 개념의 일반화를 나타낸다.

"임의의 집합 **A**와, **A** 위에 한 필터 기저 B, 그리고 위상 공간 **F**가 있다. 만약 L의 임의의 근방 V가 있을 때, f(x)가 V의 원소이고, B에 들어 있는 모든 x에 대해서 필터 기저 B 안에서 한 집합 B가 존재하면, 함수 $f: \mathbf{A} \rightarrow \mathbf{F}$는 필터 기저 B를 따르면서 $L(\in \mathbf{F})$로 간다."

이 정의는 추상적이고 어렵다. 우리가 고려해야 할 요점은, 이것이 바로 앞에 나온 모든 극한 개념을 포괄한다는 점이다. 또 기억할 것으로, 집합 **A**는 위상 공간일 필요조차 없다. 결국, 우리는 토론을 간단히 하기 위해 필터보다는 필터 기저를 이야기하고 있는데, 필터의 정의는 상자 3에 소개되어 있다.

앙리 카르탕 (1904년생)

앙리 카르탕

앙리 카르탕은 1904년 7월 8일 수학자였던 아버지 엘리 카르탕이 가르치던 곳인 낭시에서 태어났다. 1909년 소르본에서 주최하는 경시대회에서 입상한 뒤, 1910년 앙리는 파리에 있는 뷔퐁 중고등학교에 들어가고, 베르사유에 있는 오쉬 중고등학교로 옮긴다. 1923년 고등사범학교에 입학하여 1926년 학교를 마치면서, 논문 준비를 위한 장학금을 받고, 2년 뒤 끝마친다. 1928년 카앵 중고등학교 교사가 되며, 1929년 4월 스트라스부르 대학교에서 강의를 맡기 위해 그곳을 그만둔다. 릴에 있는 자연과학부에서 2년을 보낸 뒤 그는 1931년 스트라스부르로 돌아온다. 1935년, 자기학(磁氣學) 전문가인 물리학자 피에르 바이스의 딸 니콜 바이스와 결혼한다. 1939년 9월, 2차 세계대전 초, 앙리 카르탕은 스트라스부르 대학교가 피난해온 클레르몽 페랑에 다시 함께한다. 1940년 그는 소르본에 발령받아, 파리로 올라간다. 전쟁 동안 스트라스부르의 대학총장(그 지역 모든 대학을 운영하는 사람—옮긴이)에게 했던 약속을 지키기 위해 스트라스부르에서 보낸 1945~47년의 기간을 빼고는, 고등사범학교에서 1965년까지 지냈다. 그 뒤 앙리 카르탕은 개인적 목적으로 단과대학에서 가르치기 위해(그가 천천히 그러나 효과적으로 수학의 가르침을 개혁했던 곳인) 고등사범학교의 자리를 내놓는다. 1969년 오르세의 자연과학부 학장을 맡게 되며 1975년 은퇴한다.

그의 업적은 무엇보다 다중복소변수 함수론에 대한 것이지만(앙리 카르탕은 특별히 해석적[analytic] 공간의 기하학에 다발[flux]을 도입했는데, 이는 대수적 위상수학의 틀에서 장 르레이가 만든 개념이다), 그는 또한 위상수학(필터 개념은 그로부터 나온 것이다), 그리고 포텐셜(potential)이라 불리는 이론도 다루었다. 1980년 수학의 최고의 상 울프상을 받았다. 앙리 카르탕과 부르바키에 대해서, 아르망 보렐은 1998년 이렇게 썼다. "우리에게 앙리 카르탕은 부르바키의 이름을 가장 빛내는 거의 화신(化身)과 같은 존재였습니다. 고등사범학교에서 행정과 교육에서 많은 일을 맡았음에도, 그는 놀랄 만큼 생산적이었습니다. ……그의 모든 연구가 새롭거나 혁신적인 근본적 발상의 놀이 같지는 않습니다. 그보다는, 참으로 부르바키다운 접근 속에서 그의 연구는 당연한 보조정리(lemma)를 이어감으로써 이루어졌고, 갑작스레 커다란 정리들을 도출했습니다. 한 번은 세르와 함께 제가 카르탕이 한 일에 대해 언급했는데, 그는 이렇게 대답했습니다. '아, 그래, 부르바키와 함께 으스대느라 20년이 지났네, 그게 전부군.'"

또한 앙리 카르탕은, 그의 표현을 빌자면, 마음을 잡아끄는 일에 에너지를 쏟아부

엘리 카르탕(1869-1951). 앙리 카르탕의 아버지로 20세기 전반의 위대한 수학자들 가운데 하나다.

었는데, 그것은 유럽 사람들을 협력하도록 만드는 일이었다. 그렇기 때문에 그는 슬픈 사건(독일에 대해 저항운동을 하던 그의 동생 루이는 1943년 나치에게 잡혀 처형당했다)이 있었음에도 불구하고 2차 세계대전이 끝나고부터 독일과의 협력을 이어갔다. 그는 1956년 파리에 세워진 유럽교육자협회의 중심에서 열성적으로 일했는데, 특히 수학교육을 통합하는 방법에 대한 연구와 교환학생제도를 다시 가능하게 하기 위한 목적으로 1960년 유럽의 8개 국이 모인 첫번째 수학모임을 주도했다.

마지막으로, 필터는 어디에 쓸모가 있는가? 이들은 극한의 대단히 넓은 개념을 구축할 수 있도록 해주는데, 거의 추상적인 집합들 위에서 정의된 함수들에 적용된다. 우리는 일반성을 얻었는데, 즉 평균적인 극한(예를 들어 수열의 극한)에 의해 수식화된 이론들이 만약 필터라는 용어 속에서 기술한다면 덜 제한된 조건 아래서 쓸 수 있게 된다. 그렇게, 위상 공간 속의 거리(metric) 공간 **E**의 한 함수 f가 한 점 a에서 연속이기 위해서는, 필요충분조건으로 **E**의 점들로 이루어진 모든 수열 $(u_n)_{n\geq 0}$에 대해서 수열 $(f(u_n))_{n\geq 0}$가 f(a)로 수렴하면 된다는 것을 보여주는 정리가 존재한다. 거기에다 만약 필터에 의해 이 공리를 옮겨쓴다면, 계산 가능한 것(수열의 개념과 연결하여)으로부터 벗어날 뿐만 아니라, 그 정리는 (더 이상 거리공간에서만이 아니라) 어떤 위상공간 **E**에 대해서도 쓸 수 있게 된다. 그러므로 위상수학에서 필터는 거리공간에서 유용한 몇 가지 성질들을, 거리를 잴 수 없는, 즉 같은 위상적 구조를 재생산할 수 있는 거리함수가 존재하지 않는 위상공간으로 확장하게 한다. 게다가, 필터는 위상수학 외의 다른 분야, 특히 수학의 논리학에서 그 유용성이 발견되었다.

Bourbaki

7
부르바키 강연회

1948년부터 한 해에 세 번씩, 주말에 수학자 2백여 명이 부르바키 모임에서 다양한 강연자의 주제 발표를 듣기 위해 파리에 집결한다.

1999년 6월 12일 오후 2시, 토요일이다. 파리 카르티에 라탱에 있는 앙리 푸앵카레 연구소 마당에는 한낮이지만 사람이 없다. 아니, 사실은 그렇지 않다. 연구소 강당에는 20명 정도의 사람들이 모여 있는데, 이들 중 대부분은 한가한 사람들이다. 그들은 기다린다. 부르바키 강연회의 첫 번째 발표는 오후 2시 30분에 예정되어 있으니, 그들은 30분 미리 와 있는 셈이다. 몇몇은 벌써 65년 전 니콜라 부르바키 모임의 설립자들이 〈줄리아 강연회〉(144쪽 상자 참조)의 첫발을 내딛었던 다르부 강당으로부터 몇 미터 떨어져 있는 에르미트 강당에 자리를 잡았다.

수학자들의 모임에 조금씩 사람이 모여들기 시작한다. 젊은 사람, 나이 든 사람, 프랑스 사람, 영어, 독일어, 러시아어를 쓰는 외국 사람 등 다양하지만 '어려운' 과학의 대명사처럼 되어 있는 수학이나 물리학 강연회에서는 흔히 그렇듯이, 여성은 극소수다. 사람들이 서로 악수하고, 토론에 빠져들고, 웅성거림이 더해간다. 에르미트 강당으로 들어가는 출입구에, 프랑스 수학회와 수학 전문 출판사의 전시대가 자리하고 있다.

강연회의 격식

오후 2시 20분쯤, 자동차 한 대가 앙리 푸앵카레 연구소 앞에 멈춰선다. 차에서 내린 사람은 부르바키의 활동적인 회원이며 이 공과대학의 학장인 수학자 조제프 외스테를레이다. 그가 두툼한 강연자료를 들고 와, 강연장 입구에 놓아둔다. 포장을 뜯자 큰 술렁임이 일어난다. 그것은 1999년 6월의 부르바키 강연회 내용을 담아 무료로 나누어주는 안내책자다. 참가자들은, 가끔 오지 못한 친구들을 위해 여러 권을 가져가려고 달려든다(부르바키는 이 안내책자에 5백 개의 예제를 실었다).

몇 분이 지난 뒤, 대부분의 사람은 자리에 앉아서 토론을 하거나 조금 전에 받아든 책자를 훑어보고 있다. 조제프 외스테를레는 오른쪽 첫 번째 줄, 투영기(OHP) 앞자리에 앉아 있다. 그 주변으로 마르셀 베르제, 장 피에르 부르기뇽, 피에르 카르티에(전 부르바키 회원), 아드리앵 두아디(전 부르바키 회원), 젊은 막심 콘트세비치(1998년 필즈상 수상자) 같은 프랑스 수학의 중심에 있는 익숙한 얼굴들을 찾아볼 수 있다. 정확히 2시 30분이 되자, 검은색 탁자 앞에 서 있는 사람이 러시아 억양이 섞인 영어로 말하기 시작하고, 강연장을 채운 150여 명의 사람들은 조용해진다. 이렇게 해서, 강연회 주최자들에 대한 아무런 소개도 없이 본에 있는 막스 플랑크 연구소에서 일하는 러시아 수학자 유리 마닌의 '양자 전

니콜라 부르바키 강연회
앙리 푸앵카레 연구소 에르미트 강당
파리 5구 피에르와 마리 퀴리 가 11번지
1999년 6월 12-13일

강연 일정
1999년 6월 12일 토요일
· 오후 2시 30분 : Y. I. 마닌 – 고전전계산, 양자 전산, 그리고 쇼어의 인수분해 알고리즘
· 4시 : R. 브라이언트 – 홀로노미 이론과 관련한 최근의 발전

1999년 6월 13일 일요일
· 오전 11시 : J. 외스테를레 – (토머스 헤일스와 새뮤얼 퍼거슨에 의한) 3차원에서 구 쌓기의 최대 밀도에 대해
· 오후 2시 : C. 브뢰유–(콜만, 콜메즈에 의한) P진 다양체 위에서의 적분
· 3시 30분 : J.-P. 세르 – 리군의 유한한 부분군

(이 강연회의 자료집은 각 강연 직전에 나누어드릴 것입니다 이 기간 동안에는 총 5백 부가 준비되어 있습니다.)

부르바키 강연회 안내문, 1999년 6월, 파리의 앙리 푸앵카레 연구소.

1999년 6월 12일 앙리 푸앵카레 연구소에서 열린 유리 마닌의 양자 전산에 대한 발표(오후 2시 30분-3시 30분).

산'에 대한 발표가 시작된다. 강의 제목은 "고전적 계산, 양자 전산, 그리고 쇼어의 인수분해 알고리즘(Classical computing, quantum computing, and Shor's factoring algorithm)"으로, 마닌의 발표는 양자 전산 분야에 집중되었는데, 양자역학 원리에 근거한 새로운 컴퓨터 유형을 연구하는 최신 물리학 분야이다.

마닌의 발표는, 대부분의 과학학회에서처럼 투영기가 사용됐으며, 쉬운 수준에서 시작했지만 곧바로 아주 어려운 내용으로 옮겨갔다. 한 시간 후, 유리 마닌은 괘종시계만큼이나 복잡한 도끼의 날을 뜯어보고 있는 한 남자가 등장하는 만화를 보여주면서 발표를 마치려 하고 있다. 그는 이 그림에는 어떤 도덕도 존재하지 않으며, 그것이 바로 재미있는 점이라는 말로 강의를 마친다. 만면에 웃음을 띠고 있는 그에게 열광적인 박수갈채가 쏟아진다. 늘 그렇듯이 질문 시간이 끝나고 다시 한 번 박수를 받는다.

다음 발표를 기다리는 동안 사람들은 서로의 안부를 묻기도 하고 토의를 하기도 한다. 어떤 이들은 출판사 진열대에서 책을 사기도 하고, 사람들로부터 떨어져 진열대를 두리번거리기도 한다. 4시에는, 인사말 없이 듀크 대학교의 젊은 미국인 로버트 브라이언트의 발표가 다시 시작된다. 이 강의 역시 영어로 이루어지지만 투영기는 사용되지 않는다. 이 강연은 첫 강연에 비해 조금 한산하다. 발표자가 덜 유명한 탓일까? "홀로노미 이론(Theory of holonomy)의 최근의 발전(부르바키인 앙리 카르탕의 아버지 엘리 카르탕이 개척한 분야)"이란 주제가 호기심을 덜 자극했기 때문일까? 아니면 발표자료를 받아서 굳이 들을 필요가 없어졌기 때문일까?

브라이언트가 이날의 마지막 발표를 했다. 내일, 일요일 오후에는, 한 시간씩 세 명이 새로운 발표를 할 것이다. 이번엔 프랑스어로 한다. 조제프 외스테를레의 "〔토머스 헤일스(와 새뮤얼 퍼거슨에 의한〕 3차원에서 구 쌓기의 최대밀도"로 시작해서, 다음에는 남파리 대학교의 크리스토프 브뢰이가 "〔콜먼, 콜메즈에 의한〕 p진 다양체(p-adic varieties) 위에서의 적분"에 대해 말하고, 마지막으로 콜레주 드 프랑스의 교수이며 오랫동안 부르바키의 뛰어난 일원이었던 장 피에르 세르가 "리 군의 유한한 부분군"에 대해 강연할 것이다.

864회의 발표, 1만 쪽의 출판물…

1999년 6월의 부르바키 강연회 자료집에는, 장 피에르 세르의 이름에 864번이라는 번호가 붙어 있다. 이 강연회는 1947년 12월부터 시작되어, 한 해에 세 번씩(2월, 6월, 11월) 열렸다. 처음엔 앙리 카르탕이 가르치던 고등사범학교에 시작되었으나, 장소가 넓은 앙리 푸앵카레 연구소로 옮겼다. 1987년까지는, 강연회가 반나절 동안 세 번씩—토, 일, 월요일—여섯 개의 공식 발표를 하는 것으로 이루어졌다. 그러나 연구자들이 일해야 하는 시간이 점점 많아지면서 월요일을 포기하게 되었고, 발표도 다섯 개로 줄었다.

864회 동안 발표된 내용은 모두 정리되어서 1만 쪽에 달하는 인쇄물이 되었고, 또한 책으로도 출판되었다. 그렇지만 부르바키의 유일한 활동이라 할 수 있는 『수학원론』 출판이 중단된 지금, 부르바키 강연회의 특별한 점은 무엇일까? 요즈음은 그곳에 참석했다고 해서, 부르바키의 교재에서나 그 모임만의 짓궂은 농담 같은 '부르바키의 정신이 살아 숨쉬는 것' 을 볼 수는 없다. 다만 주최자의 이름을 찾는 조금 맥빠지는 숨바꼭질 같은 것만이 있을 뿐이다. 사람들은 금세 실제적인 주제에 대한 꽤나 고전적인 강의들이라고 느끼게 되는데, 그들이 참석한 작은 강의는 다른 과학들의 모임에서 보아오던 것과 마찬가지다. 그렇다면 무엇이 부르바키 강연회를 성공적으로 만들었나?

이런 질문을 받으면, 대부분의 수학자들은 부르바키 강연회가 프랑스에서 유일하게 비전공자들도 들을 수 있다고 대답한다. 실제로, 부르바키 강연회는 그 주제의 전문가가 아닌 수학자도 참여할 수 있는 거의 유일한 강연회다. '거의' 라고 말하는 이유는 몇 년 전부터, 프랑스 수학학회가 창립 기념일 오후에 일반적으로 흥미있는 주제로 두세 가지 발표를 하는 시간을 가지기 때문이다.

864회의 발표를 담은 부르바키 강연회가 출판되었다.

부르바키 강연회를 보다 친숙하게 만드는 것은 발표자를 선정하는 기준에도 적용된다. 사실, 발표자들은 발표할 주제에 대한

오후 3시 30분에서 4시까지 쉬는 시간의 연구소 입구.

전문가들이 아니다. 밖에서 바라보는 그들의 눈을 통해서, 첫 단계에서 넘어서야 할 어려움을 더 쉽게 이해한다. 전문가가 아닌 사람들을 고르는 것에는 또다른 이로움이 있다. 1947년부터 1971년까지 부르바키의 회원이던 피에르 사뮈엘은 "발표자를 찾기가 더 쉽습니다"라고 말한다. 거기에 덧붙여서 말하기를 "우리는 교육자 입장에서 생각합니다. 젊은이에게 그가 전문적으로 알지 못하는 주제에 대해 말하게 하는 것은 유익합니다. 그것은 대단히 생산성 높은 훈련입니다".

물론 강연회의 수준은 발표자를 고르는 것뿐 아니라, 어떤 분야를 주제로 정하느냐에도 달려 있다. 강연회의 명성과 여전히 많은 사람들이 변함없이 몰려들고 있는 것으로 보아 부르바키의 선택은 충분히 옳다고 보인다. 1997년 부르바키에서 은퇴한 아르노 보빌은 "부르바키 강연회는 프랑스 안팎의 수학자들이 모여드는 만남의 장이 되었습니다. 사람들이 부르바키의 선택을 믿도록 하

똑같은 크기의 공을 가장 밀도있게 쌓는 방법은 아래 그림에서 보듯이 '과일 가게 주인의 쌓는 법'이라고 케플러가 가정했다. 토머스 헤일스는 1998년 이 정리를 증명하였고, 조세프 외스테를레는 그 결과를 1999년 여름 부르바키 강연회에서 발표했다.

기 위해서는, 주제를 고르는 데에 심혈을 기울여야 합니다"라고 말한다. 부르바키에 한 번도 함께하지 않았던 장 피에르 부르기뇽의 말은 이를 뒷받침한다. "부르바키 강연회에서 어떤 주제가 다루어질 때는, 그 주제가 참으로 중요하고 재미있다는 뜻입니다." 그리고 덧붙이기를 "그곳은 세계 수학의 메카 가운데 한 곳이라 할 수 있습니다. 그 강연회에서 발표를 해달라는 부탁을 받은 젊은이라면 그에 대해 두 번은 깊이 생각해야 합니다. 자신에 대한 평판이 걸려 있기 때문이지요. 여기엔 지적으로 갖춰야 할 것들이 많기 때문에, 발표자는 심리적으로 큰 압박을 받게 됩니다." 부르기뇽은 그 자신도 1977년, 1985년, 1991년에 걸쳐 세 번이나 발표를 권유받았기 때문에 이를 잘 안다. 앙드레 베유, 클로드 슈발레, 앙리 카르탕, 알렉산더 그로텐디크 같은 위대한 학자들이 맨 앞줄에 앉아 있다는 것 자체가 부담임을 말해두어야겠다. "어떤 발표의 경우는 매끄럽게 진행되지 않습니다. 무엇보다도 디외도네는 어떤 것도 그냥 지나가게 두지 않습니다" 라고 부르기뇽은 말한다. "오늘날 그 맨 앞줄의 위엄이 약해졌다 하더라도, 강연자는 자신의 발표를 확실히 준비하는 것이 좋습니다."

만약 부르바키 강연회가 참여자들을 많이 끌어들여서 하나의 수학기관이 되었다면 —강연회는 국립과학연구소(CNRS)로부터 약간의 지원금을 받는다—그것 또한 비판의 대상이 된다. 사람들은 이 강연회가 특히 수학의 몇몇 분야에서 특권을 가진다는 점과 다른 분야들을 완전히 무시한다는 점을 비난했다. 이러한 비판은 강연회 주제를 고르는 부르바키의 선택권에 대해 가해졌는데, 순수수학을 유독 좋아하는 점을 공격했다. 1970년대까지 부르바키의 발표는 무엇보다 그 모임의 구성원들이 전문가인 분야에 대해서 이루어졌다. 특히 대수기하학(1950년대와 1960년대에, 프랑스 학계의 연구 덕분에 말 그대로 급격히 발전한 분야), 대수적 위상수학, 리 군론이 그것이었다. 디외도네의 책 『순수수학의 전망: 부르바키의 선택(Panorama des mathématiques pures: le choix bourbachique)』에 따르면, 부르바키 강연회에서 발표된 대부분의 주제는 "일반적인 이론을 둘러싸고 정리된, 풍부하고 살아 있는 문제들" 또는 "새로운 방법을 낳는 문제들"을 다룬다. 응용수학에 속하거나, 물리학이나 전산학 같은 다른 학문으로부터 시작된 모든 것은 거의 금지되었다. 이것은 그 모임을 이루는 사람들의 취향을 단적으로 보여준다. 부르바키의 구성원들은 모두, 우리가 아는 한 순수수학을 하는 사람들이었고, 그리 멀지 않은 한 세대 전까지 수학의 다른 부분에 대해서 거의 관심을 보이지 않았던 사람들이다. 하지만 세계적으로 수학이 진보하고, 물리학과 테크놀로지 등과 점점 교차하는 부분이 많아지자, 부르바키는 그 태도와 취향을 고쳐야 했고, 그들의 강연회는 1980년대부터 덜 '순수한' 주제에 대해서도 열리기 시작했다. '양자 전산'에 대한 유리 마닌의 발표가 그 증거다.

콜레주 드 프랑스의 교수인 장 피에르 세르. 그는 오랫동안 부르바키의 원동력이었다.

지나치게 특화된 발표, 몇 가지를 말한다

더 당황스러운 비판 하나는 오늘날의 발표들이 1950년대의 그것에 비해 덜 교육적이라는 점이다. 수학자이자 수학 역사가인 크리스티앙 우젤은 "강연회는 여전히 매우 재미있지만, 지난날과 같은 교육적 기능은 이제 없습니다. 고전적인 전문 강연회로 흘러가

피에르 사뮈엘

고 있고, 전문가가 아닌 이들은 가까이 가기 어려워지고 있습니다"라고 말한다. 또한 수학자 마르탱 앙들레는, 1988년 1월, 《수학자들의 이야기(Gazette des mathématiciens)》에 쓰여진 인터뷰 기사에서 B1, B2, 그리고 B3라고 이름 붙여진 부르바키의 세 구성원을 취재하여 다음과 같이 썼다. "1950년대의 발표들은, 훨씬 더 복잡한 오늘날에 비해, 훨씬 더 명료해 보인다." 주디스 프리드먼의 1977년 논문에 나오는 클로드 슈발레의 말에 따르면, 오늘날 사람늘은 유행을 따르게 된 듯하고, 그 가운데 극소수의 사람들만이 각각의 발표를 이해한다. 슈발레는 "그로텐디크 정도의 수학자도 결국에는 여기에 오기를 그만두었는데 (물론 그전에 그는 수학을 그만두지 않았었다) 이해하지 못하는 발표들을 들으면서 시간을 버린다고 생각했기 때문이다"라고 털어놓는다. 아무튼, 강연회는 쉽게 알아듣기 힘들었다. 1994년 디외도네에 관한 기억을 말하면서 로랑 슈바르츠는 부르바키 강연회에 대해서 말했다. "프랑스 각지의 과학자들이 이곳으로 온다. 모두들 알아듣는 척하고 있지만, 나는 그들 가운데 셋 중 하나만이 이해하고 있다고 생각한다. 이는 매우 안타까운 일이지만, 수준은 상당히 높아졌다. 디외도네는 모두 알아듣는 사람 중 하나이고, 나는 모두를 이해하지는 못하는 사람 중 하나다."

피에르 카르티에의 경우, 강연회가 전체적으로 매우 훌륭하다는 것은 인정하지만, "부르바키의 구성원이 대부분의 발표를 했다. 오늘날, 강연회는 모임 활동과 더 이상 깊은 관련이 없으며, 더 이상 큰 주목을 받지 못한다"라며 20년에서 25년 전을 그리워한다. 간단한 통계가 이러한 측면을 뒷받침한다. 1948년 12월부

알렉산더 그로텐디크는 예전 부르바키 회원이었다. 천재로 여겨지는 그는 30년쯤 전부터 세상과 동떨어져 지내고 있다.

터 1951년 5월까지 있었던 처음 49개의 발표들 가운데, 부르바키의 발표가 20개를 넘었다. 1972년 11월과 1975년 6월 사이에 53개의 발표가 있었는데, 그 가운데 24개는 부르바키의 것이었다. 반대로, 1995년 6월부터 1998년 6월까지 이루어진 50개의 발표에서 부르바키의 발표자는 겨우 6, 7명뿐이다. 그들의 강연회에서 부르바키의 직접적 역할은 지난날만큼 두드러지지 않는다. 크게 보아, 부르바키 강연회는 여전히 널리 사랑받고 있다. 그 강연회가 여전히 활발하다고 믿는 부르기뇽은 "나는 그곳에서 많은 것을 배웠고, 그 자료들을 정기적으로 사용한다"라고 말한다. "이 강연회의 발표자료 모음은, 다루어진 주제의 수와 정리된 문서로서의 질을 비교할 때 다른 것과 견줄 수 없는 보물이 됩니다." 또한, 사람들로 붐비는 것도 여전하다. 또 다른 측면에서 볼 때, 그 문이 순수수학이 아닌 다른 주제로까지 넓어졌다는 점 역시 긍정적이다. 그럼에도 강연회의 경향이 다른 곳에서 이루어지는 수학 강연회나 작은 학회들이 진행하는 것과 다를 바 없다고 비판하는 사람들이 있다면, 아마도 그것은 그들이 강연회를 통해 더 이상 살아 숨쉬는 부르바키 정신을 느끼지 못한다는 의미일 수도 있다. 짐작만을 가지고 한 강연회의 과학적 질을 평가할 수는 없다. 아마도 부르바키 정신이나 독창성이 부족한 듯하다. 무엇보다 심각한 것은, 이 강연회가 니콜라 부르바키 모임의 활동을 볼 수 있는 오직 하나뿐인 진열창이 되었다는 것이다.

부르바키 강연회의 아버지: 아다마르 강연회와 줄리아 강연회

1차 세계대전 뒤 프랑스에서 살아 있는 수학과 만날 수 있는 몇 안 되는 곳 중 하나가 아다마르 강연회였다. 이것은, 적어도 카를 구스타브 야코비(1804~51)를 중심으로 독일에서 시작된, 연구하고 가르치는 방식을 따른, 프랑스의 첫 수학강연회였다. 자크 아다마르는 호기심 가득한 수학자였으며, 앙드레 베유는 "그 긴 삶이 끝날 때까지 그는 정신과 성격 면에서 보기 드문 신선함을 지켰다"라고 기억했다. 자크 아다마르에 의해 1920년에 만들어진 아다마르 강연회는 1937년 그가 은퇴할 때까지 계속되었다. 일주일에 한 번씩, 다음에는 두 번씩 파리의 프랑스 대학에서 이루어졌고, 누구나 참석할 수 있었다.

자크 아다마르는 부르바키 사람들에게 널리 존경받았다. 그는 1896년에 소수(素數) 분포에 대한 정리를 증명했다.

목표는, 자료의 분석에 대한 여러 관점과 세계의 여러 곳에서 아다마르가 가져온 것의 부분을 끌어옴으로써, 당시 수학 연구의 큰 그림을 참가자들에게 보여주는 것이었다. 『배움의 기억』에서, 베유는 함께 일하는 사람들은 연초에 제13구(區)의 장 돌랑(Jean-Dolent) 거리에 있는 아다마르의 집에서 모임을 가졌다고 말한다. 이곳에서 아다마르(다른 이들의 제안을 받아들일 준비가 되어 있었던)가 앞장서서 분석한 자료들을 나누어주고 발표날짜를 잡는 일이 이루어졌다. 같은 강연회라지만 그것은 오늘날의 수없이 많은, 그리고 종종 덩치만 큰 학회들과는 전혀 달랐다. "아다마르는 마치 발표의 주된 목표가, 그 자신 아다마르를 가르치는 데 있는 것처럼 행동했다. 사람들은 그에게 신청했고 무엇보다 그를 위해 발표했다. (…) 발표가 명확하지 않으면, 그는 설명을 요구하거나, 스스로 그것을 풀어내기도 했다. 끝에는 그가 말하는 시간이 있었는데, 몇 마디 만 하기도 하고, 때로는 쉬는 시간을 넘기기도 하였다. 사람들은 그의 우위를 전혀 의식하지 않았다 (…)" 듣는 이들도 똑같이 사이에 끼여들곤 했다.

아다마르 강연회에는 잘 훈련된 수학자들인 에밀 보렐, 엘리 카르탕, 폴 레비, 가스통 줄리아 등만큼 입문자들(베유가 1922년 자주 드나들기 시작했을 때 중고등학교 학생이었다)도 있었고, 프랑스 사람들만큼 다른 나라 사람들(세르게이 베른스타인, 게오르크 비르크호프, 비토 볼테라, 에드문트 란다우 등)도 있었다. 이와 같은 국제적 수학 토론의 장은 "모든 파리의 수학이 만나는 자리를 제공했고 프랑스에서 일자리를 찾고자 방문한 수학자들에게 거의 의무적으로 지나야 하는 길이 되었다"고 볼리외는 자신의 논문에서 강조한다. 어떻든 아다마르 강연회는 부르바키를 세울 사람들을 모으는 데 지대한 공헌을 했다.

마지막 강연회는 1933년에 있었다. 베유, 슈발레, 그리고 그 동료들은 고등사범학교의 가장 젊은 선생인 가스통 줄리아에게 그들이 주최하고자 하는 모임을 지지해달라고 부탁했다. 줄리아의 중개는 모임방을 얻기 위해 반드시 필요했고, 그는 파리 대학교에 부탁했다. 1938년까지 "수학의 강연회"라고 불리던 줄리아 강연회는 보름에 한 번씩 월요일 오후에 앙리 푸앵카레 연구소의 다르부 강당에서 열렸다. 아다마르 강연회와 다른 점은, 매년 오직 하나의 커다란 주제(1933~34년에는 군론과 대수학, 1934~35년에는 힐베르트 공간, 1935~36년에는 위상수학, 1936~37년에는 엘리 카르탕의 업적, 1937~38년에는 대수적 함수론, 1938~39년에는 변분법)에 집중되었다는 점이다. 엄밀한 의미에서 이것은 활발한 주제의 문제가 아니었다. 사실상의 목표는 한 분야에 대해서 깊이있게 짚고 넘어가며 그 핵심을 자기 것으로 만들기였다. 각 발표를 맡은 이는 그것을 정리해야 했고, 그 다음에 그 문서는 40부 정도 복사되어 견본으로 배포되었다. 줄리아 강연회 참가자는 아다마르 강연회에 비해 훨씬 숫자가 적었다. 핵심 멤버는 부르바키(또는 1935년 이전에 앞으로 부르바키가 될 사람들)와 그 동료들로 구성되었지만 가스통 줄리아와 엘리 카르탕은 똑같이 자리를 지키는 듯했고, 때때로 다른 나라의 수학자들(존 폰 노이만, 카를 루드비히 시겔)이 발표를 하러 오기도 했다. 부르바키 회원들이 그들의 특성이 될 함께 일하기를 배우는 곳이 되었던 줄리아 강연회는 전쟁 속에서 살아남지 못하고 1939년에 끝난다. 하지만 1948년 다른 모습으로 다시 살아났다, 그것이 바로 부르바키 강연회다.

가스통 줄리아(1893-1978)는 1차 세계대전 동안에 다쳐서, 가죽 코를 달고 다녔다.

8
섬세하고 엄격한 학생들

부르바키는 야누스처럼 두 얼굴을 가졌다. 하나는 외부에 보여지는 심각하고 무미건조한 모습이고, 다른 하나는 농담과 익살을 즐기는 모임 안에서의 모습이다. 그 두 얼굴 사이에서 날카로운 재능은 그 역할을 다했다.

『수학원론』을 읽으면서 그 책을 쓴 저자가 명랑하게 웃고 유머를 즐기는 모습을 상상하기란 어려운 일이다. 세련됨, 진지함, 무미건조함, 엄격함, 객관적임, 근엄함. 이런 모습들이 부르바키가 쓴 책이 지녔던 특징이다. 언뜻 보기에 부르바키만의 창조적 상상력의 유일한 흔적은 독자가 놓치기 쉬운 책의 가장자리에 써 있던 모서리가 둥근 대문자 Z('위험한 모퉁이')뿐인 것처럼 보인다. 이 책을 좀더 주의깊게 읽는다면 당시로서는 낯설었던 수학용어들을 발견하게 될 것이다. 이런 용어들은 지금의 수학자들에게는 익숙할지 모르지만 1950년대의 수학자들에게는 새롭고 특이하게 느껴졌을 것이다. 읽는 이들은 이런 특이함을 재미있어 할 수 있지만, 실제로 이 모든 어려운 일을 웃으면서 했던 부르바키라는 이름의 수학자 모임이 있다는 사실을 알아차리기는 어렵다. 부르바키의 이러한 기본적인 특성을 이해하려면 그들이 만든 교재에

1차원, 2차원 3차원으로 표현된 공

서 벗어나, 모임의 소식지인《라 트리뷔》의 내용을 찾아보아야 한다. 부르바키의 특징이 잘 드러나는 곳은 바로 이 소식지이기 때문이다.

단어의 무게, 통의 충격

필터, 극대필터, 전사, 단사 또는 전단사 함수, 분리된 공간, 폴란드 공간, 통, 귀납적 · 사영적 극한, 공 등 수학을 개혁 하는 과정에서 부르바키는 엄청난 수의 용어를 도입했는데, 이는 새로운 것이거나 또는 일상적인 말에서 가져왔지만 수학적 관점에서 봤을 때 특별한 의미가 있는 말들이었다. 수학용어의 정리는, 부르바키가 하고자 했던 개념의 정리를 위해서는 반드시 필요한 일이었으며, 이렇게 용어를 정리하다 보면 자연스레 새로운 낱말을 만들어내야 한다는 사실을 인정하게 되었다. 무겁고 현학적인 은어보다는, 간결하면서도 운치 있고 효율적인 용어를 만들고 싶어했다. 장 디외도네는 1968년 루마니아에서 열렸던 학회에서 말하기를, 부르바키는 적합하지 않은 몇몇 용어들을 없애는 동시에 많은 새

On appelle *distance* de deux parties A, B de E le nombre $d(A, B) = \inf_{x \in A,\, y \in B} d(x, y)$; lorsque B est réduit à un point x, on écrit $d(x, A)$ au lieu de $d(\{x\}, A)$ et ce nombre est appelé la *distance du point x à l'ensemble* A ; la fonction $x \to d(x, A)$ est uniformément continue dans E. Pour tout $\alpha > 0$, l'ensemble $V_\alpha(A)$ (resp. $W_\alpha(A)$) des points x tels que $d(x, A) < \alpha$ (resp. $d(x, A) \leqslant \alpha$) est un voisinage ouvert (resp. fermé) de A ; l'adhérence d'un ensemble A est l'ensemble des $x \in E$ tels que $d(x, A) = 0$.

En particulier, pour tout point $x \in E$, l'ensemble $V_\alpha(x)$ (resp. $W_\alpha(x)$) est appelé la *boule ouverte* (resp. *fermée*) de *centre* x et de *rayon* α ; c'est un ensemble ouvert (resp. fermé). L'ensemble des $y \in E$ tels que $d(x, y) = \alpha$ est appelé *sphère* de centre x et de rayon α ; c'est un ensemble fermé (qui peut être vide).

『일반 위상기하학』에서 발췌된 내용으로 '공(boule)'이라는 단어가 처음으로 쓰였다.

로운 용어들을 고안해냈다고 발표했다. "필요할 때는 누구나가 그렇듯이 그리스어를 사용했지만 동시에 상당수의 일상용어를 사용했습니다. 이런 시도는 다른 때는 초회전타원체 또는 평행체라 부르던 것을 '공'이나 '벽돌'이라 부르는 것을 인정하기 힘들어 하는 전통주의자들의 심기를 아주 많이 건드렸습니다. (…) 이와 같이 부르바키는 알아보기 쉬운 용어를 사용했고, 영어로 된 글에서 자주 볼 수 있는 'B.S.F나 Z.D. 또는 A.L.V.와 관련이 있는 C.F.T.C'와 같이 줄임말로 된 전문용어를 잔뜩 써서 설명하기를 거부했습니다. 왜냐하면 이런 책은 10쪽쯤 읽고 나면 무엇에 대한 얘기였는지조차 잊어버리기 때문입니다. 우리는 제대로 된 어휘로 충분한 설명을 쓰기가 버거울 정도로 잉크값이 비싸다고 생각하지 않습니다."

전문용어에 대한 디외도네의 비평은 30년 이상이 지난 지금도 놀라우리만치 생생하며 오늘날 새로운 전문용어를 만드는 이들에게도 큰 영향을 미치고 있다.

용어정리에 대한 부르바키의 성공은 이제 더 이상 빛을 발하지 않는다. 하지만 만약 이러한 부르바키의 업적이 정점에 있었던 그때에 프랑스어 지킴이에게 주는 상(償)이 있었다면 그들은 당당히 그 상을 받았을 것이다. 한 예로, 크리스티앙 우젤은 부르바키 덕분에, 다른 뜻이지만 영어에서는 한 단어로 표현하는 '덮개(covering)'를 'recouvrement'와 'revetement'으로 구별하게 되었다고 말했다. "우리는 좋은 용어를 찾기 위해 엄청나게 노력하였으며, 각각의 새로운 용어마다 명사형과 형용사형을 부여하였다"라고 1985년까지 부르바키의 열정적 회원이었던 미셸 드마쥐르는 말했다. 부르바키 회원들은 'isojection' 이나 'équimorphe' 같이 라틴어와 그리스어가 섞여 있는 용어들을 없애면서까지 언어의 정확성을 추구하였다. "앙드레 베유가 그 점에 있어서는 틀림없었지"라고 피에르 사뮈엘은 회상했다. 이러한 부르바키 회원들의 용어선택 노력이 많은 열매를 맺었다는 것은 누구나 인정할 만한 사실이다. 어휘를 혁신시키기 위해서는 많은 장애물을 넘어야 했지만, 이러한 노력 중 대다수가 불가피한 것이었다고 평가된다. 이것은 프랑스어뿐 아니라 영어나 독일어 등에서도 마찬가지다(물론, 번역을 한 다음의 얘기이다).

앞에서 언급했던 보기 중에서 '공' 이라는 용어를 살펴보자. 3차원에서 중심이 O이고 반지름이 r인 공은 점 O로부터 r보다 짧은 거리에 있는 점들의 집합을 말한다(n차원에서의 공도 정확히 같은 방법으로 정의한다). 이 용어를 사용함으로써, 부르바키는 껍데기와 알맹이를 모두 뜻했던 구(球)라는 용어의 모호함을 지워버렸다. 그때부터 중심이 O이고 반지름이 r인 구(球)는 점 O에서의 거리가 r과 같은 점들을 뜻하게 되었다. 달리 말하면, 공은 부피 전체를 말하는 반면, 구(球)는 그 표면만을 뜻한다.

두 번째로 살펴볼 용어는 전사(surjectif)-단사(injectif)-전단사(bijectif) 삼총사로, 1960년대 말기, '새로운 수학' 시대에 초등학교에서 가르치던 개념들이다. 집합 A에서 B로의 전사사상(혹은 전사)은 집합 B의 모든 원소 y가 집합 A의 적어도 하나 이상의 원소 x에 짝지워지는 A 위에서 정의된 사상(mapping) f이다. 다시 말해, 집합 B의 모든 y에 대해서 $y=f(x)$가 되는, 적어도 하나의 집합 A의 원소 x가 존재한다는 말이다. 이에 반해, 집합 B의 원소

y 모두가 집합 A에서 대응되는 원소 x를 오직 하나만 지닐 때 그 함수를 단사라 부른다. 이것은 A에 있는 서로 다른 x_1과 x_2에 대응되는 B에 속한 $f(x_1)$과 $f(x_2)$가 항상 다를 때 이 f를 단사사상이라고 말하는 것과 동일하다. 따라서 $f(x)=x^3$로 정의된 사상 $f:\mathbf{R}\to\mathbf{R}$은 단사함수이다. 만약 x_1이 x_2와 다른 수라면 $(x_1)^3$의 값은 당연히 $(x_2)^3$의 값과 다를 것이다. 반면에, 함수 $g(x)=\sin x$로 정의된 사상 $g:\mathbf{R}\to[-1,1]$은 단사사상이 될 수 없는데, 이것은 서로 다른 많은 x의 값들이 같은 g(x)값을 가지기 때문이다. 한 예로, 만약 x가 $n\pi$값들 중 하나이고 그때 n이 정수라면 사인함수는 매번 같은 값인 0을 갖게 된다. 마지막으로, 사상 $f:\mathbf{A}\to\mathbf{B}$가 전사사상인 동시에 단사사상이기도 하면 전단사사상이라고 지칭한다. 이것은 A의 모든 원소 x에 대해 B의 원소 y가 각각 하나씩 대응되어서 $y=f(x)$가 될 때를 의미한다. 따라서 $f(x)=x+5$라고 정의된 사상 $f:\mathbf{R}\to\mathbf{R}$은 당연히 전단사사상이다. 한편, $g(x)=x^2$로 정의된 사상 $g:\mathbf{R}\to[0,+\infty]$은 전단사사상이 아니다(g는 단사사상이 아니다. 왜냐하면 한 예로, $2^2=(-2)^2$가 되기 때문이다). 이렇게 한 집합에서 다른 집합의 대응관계를 특징짓기 위해서는 전사사상, 단사사상, 전단사사상이라는 개념이 중요하고, 그렇기 때문에 각 개념마다 명사형과 형용사형을 지닌 것은 매우 유용했다. 부르바키가 사용한 과잉(sur-), 무(in-), 중복(bi-)과 같은 접두어들은 각 개념의 정의들을 쉽게 기억할 수 있게 해주었다. 이 용어들은 프랑스어에서 보편적으로 사용되었다. 용어들은 영어에서는 프랑스어만큼 성공을 하지 못했지만, 그래도 많이 통용되었다.

부르바키가 만들어낸 신조어들이 모두 살아남은 것은 아니다.

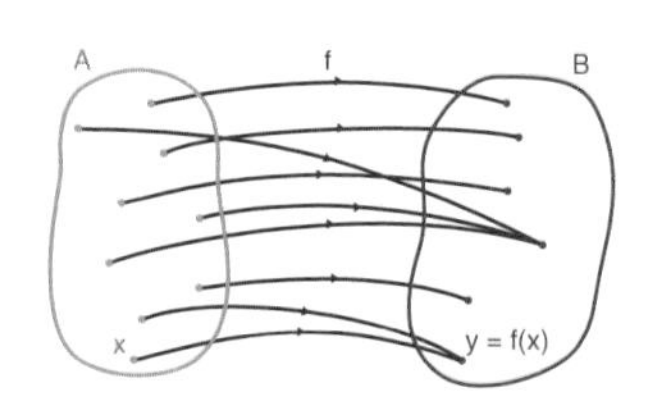

만약 B에 있는 모든 y가 A에 있는 x를 적어도 하나 가지면, A에서 B로 가는 함수 f는 '전사'이다.

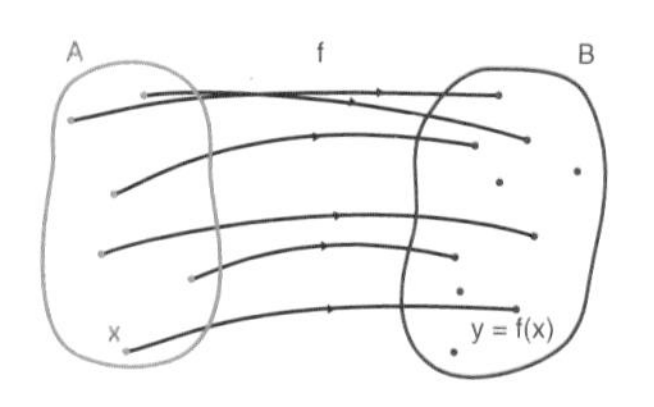

만약 B에 있는 모든 y가 A에 있는 x를 많아야 하나까지만 가질 수 있으면, A에서 B로 가는 함수 f는 '단사'이다.

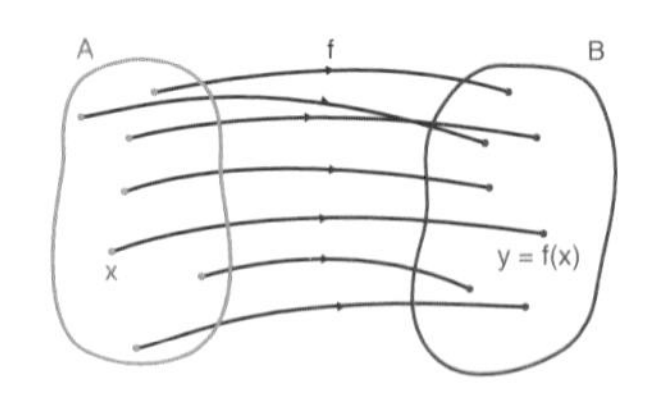

만약 B에 있는 모든 y가 A에 있는 x를 반드시 하나만 가지면, A에서 B로 가는 함수 f는 '전단사'이다.

1975년 7월 그라스 가까이에 근교 메슈기에르에서. 드마쥐르, 브뤼아, 레노.

아르노 보빌은 한동안 'C*-대수학'—영어식으로 '시-스타-대수학'이라고 발음하던—같은 못생긴 용어에 대신하여 '별의 대수학'이라는 예쁜 이름을 붙여주었다고 회상한다. 피에르 사뮈엘은 주어진 어떤 정수와도 '서로소'인 관계가 될 수 없는 '이방인' 정수에 대해 언급한다(1만을 공약수로 가지는 두 정수를 서로소라고 한다. 가령 10과 21은 서로 소이다).

'전사(surjectif)', '자기준동형사상(endomorphisme)' 혹은 '패러컴팩트(paracompact)'와 같은 특정 낱말들이 학술적인 것처럼 보인다면, '필터(filter)', '벽돌(pavé)', '씨(germe)', '크기(encombrement)', '분쇄(cocassage)'와 같은 낱말들은 일상의 언어에서 가져왔다. 이들은 개념에 대한 시각적 이미지를 보여주는데, 『수학원론』에는 도형과 도식이 부족하여 뚜렷한 대조를 나타낸다. 부르바키식 유머는 이런 종류의 낱말들을 통해 가끔씩 드러난다. 유명한 예로, '위상적 벡터 공간'을 소개하는 책에서 도입된 '통(tonneau)'이라는 용어를 들 수 있다. 부르바키 회원들은 위상 벡터공간에 대한 '통(tonneau)'이라는 낱말이 쓰인 곳.

§ 7. — **Principaux types d'espaces localement convexes.**

Espaces tonnelés.

1. Dans un espace localement convexe E, on appelle *tonneau* tout ensemble convexe équilibré, fermé et absorbant. Un tonneau absorbe toutes les parties convexes bornées et complètes (chap. III, § 3, *lemme* 1). Si E est quasi-complet, un tonneau absorbe toutes les parties bornées de E.

이 단어가 등장하자 무척 기뻐했다. 왜냐하면 수학적 통은 "닫혀 있고 볼록하며 균형 잡히고 흡수성이 있는 부분집합"으로, 이 모든 수식어는 분명한 수학적 의미가 있다. 반면, 머릿속에서는 부르바키 회의에서 와인, 아르마냐크 브랜디, 샴페인이 커다란 역할을 다하고 있는 술통을 떠올리게 한다. "[부르바키는] 자신의 용어 발명을 너무나도 자랑스러워한 나머지, 이렇게 단어를 암송하는 일이 모임의 결합을 견고하게 하고 (…) 정체감을 형성하게 해 주었다."라고 피에르 카르티에는 적었다. 한편, 그는 글의 마지막 부분에 부르바키에서 만든 단어들의 또 다른 유머스러운 면에 대해 언급하였다. "부르바키가 다루지 않을 수 없었던 몇몇 이론의 경우에, 거의 전통적이지 않은 용어들을 씀으로써, 부르바키가 그 이론들을 경멸하고 있었음이 공공연히 드러났다. 그런 까닭에 측도이론—확률해석학의 가까운 수학적 조상—에 들어 있는 선량한 σ 대수집합들은 '씨족, 부족 그리고 씨족 집단'이 되었다."

부르바키는 스스로 난독증에 걸렸나?

레이몽 크노는 자신의 책 『주변(Bords)』에서 부르바키가 쓴 책이 말장난의 사례들을 담고 있다고 지적했다. "왼쪽과 오른쪽에서 걸러낸(filtrant) 집합"이라는 매우 정확한 수학적 표현이 있어야 할 자리에 부르바키는 "왼쪽과 오른쪽에서 장난치는(flirtant) 집합"이라고 써두었다. 이 유명한 오자는 디외도네의 경계망에 들어가는데, 그는 대부분의 경우 편집과정에서 최종적으로 고치고 다시 읽어 확인하는 일을 맡았으며, 부르바키를 떠난 다음에도 꽤 오랫동안 그 일을 계속했다. 1994년에 로랑 슈바르츠가 한 말에 따르면, 사실 이것은 편집자가 동의한 가운데 피에르 사뮈엘이 자발적으로 만든 오자였다.

하지만 《라 트리뷔》에서는 이런 우스갯소리가 훨씬 더 노골적으로 오갔다. "전 세계에 퍼진, 정기적이지 않은, 부르바키의 소식지"라는 부제가 붙은 첫호는 1940년에 나왔지만, 《라 트리뷔》는 1935년부터 1937년까지 나온, 당시 모임의 서기인 장 델사르트가 맡고 있던 부르바키 학술지 《저널 드 부르바키》의 뒤를 잇는 것뿐이었다. 보통의 경우에 《라 트리뷔》는 부르바키 회의를 정리하는 역할을 했다. 앞부분은 일반적인 가벼운 설명에 할애하는 반면, 소식지의 나머지 부분은 다양한 교재의 편집에 대한 기술적 문제를 논의하고 결정하는 과정으로 채워져 있었다. 앞부분은 매우 초현실적이었고, 말장난으로 가득했으며, 고등사범학교에서 쓰이던 은어, 회의 중에 갑작스레 일어난 사건들(즐겁든 즐겁지 않든)에 대한 유머스러운 암시 따위가 많이 곁들여져 있었다. 《라 트리뷔》는 부르바키가 만들어낸 신화 이야기와 회의하는 동안에 느껴지는 분위기를 호의적으로 표현하고 있다. 한편 역사가들에게, 그 문서들은 『수학원론』의 서로 다른 단원들을 만들어가는 과정을 되짚어주는 역할을 한다.

《라 트리뷔》 각 호는 연극대본처럼 시작된다. 릴리안 벨리외는 1998년 그의 글에서 《라 트리뷔》의 해설(narration), 특히 1950년대와 1960년대의 해설들은 매년 고등사범학교 학생들이, 동료나 졸업생들, 특별한 손님 등의 청중 앞에서 발표한 '연극'을 많이 생각나게 한다고 지적했다. 《라 트리뷔》의 모든 내용은 똑같은 기본 구조를 따른다. 예를 들어, 37호는 "달에서의 회의 기록"을 담았다. 회의에 붙여진 이름은 틀림없이 편집자의 상상에 따른 것이다. 그리고 모임에 자리한 사람들(보렐, 카르탕, 슈발레, 고드망, 그로텐디크, 코스쥘, 슈바르츠 그리고 탁자)과 실험용 쥐(말그랑주)를 나열했다. 38호에서는, "잡다한"이라는 제목을 붙이면서 연극과 장식에 쓰는 소도구들을 나열했다. "칠판, 지우개, 자동차 세 대, 역사적 기념비 마흔일곱 개, 문." 이런 발표는 회의의 간결한 '차례'로 이어진 다음, 실제와 상상 그리고 시를 섞은 설명의 글이 이어진다. 37호의 내용을 읽어보자.

"그 회의는 1955년 10월 23일부터 29일까지 퐁텐블로 가까이의 마를로트에 자리한 마르 오 카나르 호텔에서 열렸다.

적당히 부드러운 햇빛, 바람을 타고 떠다니는 금갈색 나뭇잎들, 요정이 없는 작은 연못, 끝이 없는 가군(module), 소화되지 않는 돌멩이와 구멍난 술통, 모두가 흥미를 잃은 충신들의 졸음에 한몫하고 있다. '하지만 그들은 심각하다'고, 호텔 주인은 말했다. 저 모든 돌멩이들을 가지고 저들이 무엇을 할지 저는 모르겠습니다. 하지만 그들은 열심히 연구하고 있습니다. 아마도 달로 떠나는 여행을 준비하는 듯합니다. (…)"

거기에서 뽑아낸 이 짧은 글 속에서도 부르바키식의 독특한 문

펠브 르 포에 회의(1951)에서 있었던 내용을 담은 《라 트리뷔》에서 발췌.

> 위원회의 관리를 벗어나서, 부르바키는 산길을 걷는 쪽과 틀어박혀 있고 싶어 하는 쪽으로 분열되는 위기에 처했다. 알프스의 높은 골짜기들을 바라보면서, 어떤 사람은 공포에 떨며 열대지방으로 달음질친다. 다른 사람은 "이 끔찍한 산, 거대한 형태도 구조도 없는 영혼"에 반항한다. 차에 타고 있는 세 번째 사람은 산길을 걷는 사람들이 왜 골짜기 아주 깊은 곳으로 데려가서 슬픈 운명을 만나게 내버려두었는지 이해하지 못했다. 한편, 모든 나이와 계층을 대표하는 한 사람은 빙하와 만년설을 둘러보면서 갈라진 얼음과 험한 산세를 무릅쓰고, 3,160미터에 있는 카롱 산장에 부르바키의 깃발을 꽂는다. 산 공기가 좋고 격렬한 토의를 하니, 베유의 정신은 맑아지고 신랄함을 그대로 유지할 수 있었다. "술에 사로잡힌" 카르탕 교수는 말장난에 대단한 능력을 발휘했는데, 종종 외설적이었다.

체를 볼 수 있다. 수학의 용어('가군')를 보통의 언어 속에 끼워넣기, 회의에서 토론하였던 질문 속에서 또는 동음이의어를 섞어 말장난하기, 그 모임에서만 쓰이는 특별한 어휘('돌멩이'는 방대하고 문제 가득한 글쓰기를 뜻한다) 사용하기, 모임을 위대한 주인님을 따라 모인 '충신들'에 비유하고, 노력과 연구에 대해 거짓으로 평가절하하기('흥미를 잃은 충신들의 졸음'), 그와 반대로 우습거나 시끌벅적한 사건들 강조하기(구멍난 술통은 당연히 술에 대한 암시이다).

1951년 7월 4일, 빙하 위에서 슈바르츠, 베유, 카르티에, 사뮈엘, 세르, 그리고 안내자와 함께 찍은 사진. 배경은 에크랭 산이다.

좀더 나아가, 《라 트리뷔》 같은 호에는 "코스쥘의 경고에도 아랑곳하지 않고, 모든 원고를 하루에 끝내려고 결심했고, 그 때문에 우리는 아르마냐크의 브랜디 증류기술자와 포도수확협회의 엄중한 경고를 받았다. 그들은 우리가 하루에 1인당 알코올 6리터를 소비해야 한다는 법령을 지지하려 했다. (…)." 게다가 "슈발레는 자동차 정비에 대해서 잘 알고 있었다. 스물다섯 명의 신도는 더듬더듬 숲과 들을 지나가는데, 놀랍게도 자신들이 마를로트 타운센터에 와 있는 것을 발견한다. 배의 시험항해에서 우리의 선장의 뛰어난 재주를 기꺼이 인정했다. 또 슈바르츠는 느무르 가까이에서, 전류의 흐름을 알려주는 표지를 보았다." 부르바키의 유머를 완전히 이해하기 위해서는 수학을 제대로 아는 것이 필요하다. 사실 로랑 슈바르츠에 대한 부분에서는 슈바르츠가 '분산(흩

1956년 6월 살리에르에서 있었던 부르바키 학회에서 피에르 사뮈엘과 세르주 랭이 자리스키의 '주정리(Main Theorem)'에 대해 토론하고 있다.

어짐)' 이론을 만든 사람이라는 것을 알지 못하면, 재미가 없고, '전류'는 이와 관련 있는 용어이다.

글은 "나는 당신들이 생각하는 방식대로 정신나간 사람이 아닙니다", "이것이 그것임을 기억하지만, 내가 우선적으로 생각하는 것은 언제나 그 이외의 것입니다", "우리는 증명되지 않은 쪽을 참조하도록 해야 합니다" 따위의, 회의 중에 나온 귀중한 말들을 만들어내면서 다음으로 이어진다. 좀더 나아가, "편집의 상태"라는 제목으로, 다음과 같은 표현을 볼 수 있다. 여기에는 "머뭇거리던 바람이 강해지고, 대수학에는 아름다운 맑은 하늘이 많아지고, 변수들 위의 천둥번개, 국소적 대수학 위의 아침안개, 눈에 띄게 줄어든 저작권료"라는 표현이 있다. 그 다음에는 앞으로 해야 할 일들, 다음 회의일정과 날짜, 내용, 그리고 현재 초고에 대한 상세한 보고와 수정방향과 함께 더 길고 심각한 부분이 나온다.

대체적으로, 《라 트리뷔》 연재물에는 말장난이나 머리글자 바꿔놓기로 가득하다. 측도의 라돈(le radon de la Mesure, 원소 이름—옮긴이)' 처럼, 적분이론에서 라돈이라 불리는 측도를 참고한 '메두사의 뗏목(le radeau de la Méduse)'을 떠오르게 한다. 또 다른 예로 '변환행렬(Matrice de passage)' 대신 마사지의 귀족(Patrice de massage)이라고 쓰는데, 선형대수학의 대상이다. 고등사범학교 사람들의 은어(거짓말로부터 나온 동사 '속이다' 같은), 외설적인 말장난("우리는 모든 부록을 사뮈엘에게 매달아둔다"처럼), 흔한 표현 흉내내기("작용소를 심으면 구조(structure)를 거둔다('바람을 심으면 폭풍우를 거둔다'라는 말에서 왔다—옮긴이)", 또 부르바키만의 어휘나 표현이 사용되었는데, 사람들이 편집자에게 고비를 넘기도록 마음을 쓸 때 "요령 있는 편집자(redactor demerdetur)"라고 부른 것, 회의에 참석하라는 공문을 가리켜 '강제 조약(Diktat)'이라고 한 것 따위가 그것이다. 다른 재미있는 표현으로, 피에르 사뮈엘이 사용한 "종종걸음 치는 당나귀"라는 것이 있는데, 이는 수학의 발전이 쉽고 "저절로 된다"는 것을 나타내기 위한 표현이다. 심지어 부르바키는 그들의 교재에서 당나귀를 나타내는 기호와 함께 쉬운 예제들을 써넣을 것을 고려하기도 했다.…… 부르바키 멤버 중 몇몇 구성원이 미국에 오랫동안 산 사람들이 있어서 영어식의 단어도 눈에 띈다. 그들은 그처럼 '제출하기(reporté)' 대신에 '늦추거나(délayé)' 또는 '미루었고(postponé)', '방해하기(dérangé)' 대신에 '분열시켰고(disrupté)', '복잡하게(compliqué)' 대신에 '뒤얽히게 했다(intriqué).' 마침내, 부르바키 사람들은 시(詩)도 지었는데, 그 예로는 앙드레 베유가 1937년 샹세에서의 회의 때 만든 시를 들 수 있다. 베유는 그 시에 대해서 "우리가 한 토의 중 하나를 매우 성실하게 정리한 것"이라 쓰고 있다. 또 다른 시로는 《라 트리뷔》 8호에 실린 피에르 사뮈엘이 쓴 시가 있는데, 그는 말라르메의 시 〈백조(Le Cygne)〉를 흉내내어 그 시를 지었다.

> 말라르메의 시 〈백조(1945)〉를 흉내낸 피에르 사뮈엘의 시
>
> 필터(filter)
>
> 아 강하고, 격식있고, 명백한 부르바키여,
> 너는 위기에서 우리들을 구해줄 것이냐
> 복잡하게 얽힌 구르사, 해석학의 거울,
> 달아나버린 지난날의 뒤처진 수호자를?
>
> 작년의 수열은 스스로가 무한하며,
> 쓸모 없는 것을, 쓰임새를 이해하지 못한 채
> 서투른 새내기, 발리롱이 그를 혼란스럽게 만드는
> 우울한 수업시간에 불쌍한 영혼을 당황케 한다.
>
> 위상수학의 비밀을 모른 채
> 주어진 공간에, 당신이나 당신의 연구주제도 모른 채
> 그는 신비로움이 가득한 언어의 바다를 떠나닌다.
>
> 놀라서, 마치 마법의 약(philtre)에 취한 듯,
> 절대 이해되지 않는 한 외투를
> **필터**에 의해 움직이지 않는 컴팩트 공간 위에 걸친 외투를.

그들 스스로에게 무례하다

부르바키는 모임의 구성원들 스스로를 풍자하거나 웃음거리로 만들기도 했다. 그들 중 다수는 이름이 괴상하게 바뀌었다. 디외도네(Dieudonné)는 듀돈(Dewdon)으로 불렸는데, 이는 미국에서 보낸 탓인지 또는 아이작 뉴턴을 흉내냈을 수도 있다. 하지만 그는 또한 '규칙을 따르는 잔소리꾼' 이라고도 불렸는데, 이는 그가 찢어지는 목소리와 늘 화가 난 듯한 표정으로 동료들에게 스트레스를 주었기 때문이다. 코코(Koko)는 장 루이 코스쥘을 뜻했다. 새뮤얼 에일렌버그는 세 가지 이상의 별명으로 불렸다. 보통은 쉽게 새미(Sammy)라고 했지만, 그가 그의 관점이 가치 있다고 말하며 사용했던 주장을 빈정대는 말로 줄리 타피(Zouly-Tapis)라고도 불렸으며, 때때로 하일 랑베르그 (Heil Lemberg, 랑베르그 만세)라고도 불렸다. 사람들은 앙리 카르탕의 빈정거리는 말투를 빗대어 '모기(moustique, 무스티크)' 또는 '간섭쟁이(mouche du coche, 무슈 듀 코쉬)' 라고 불렀고, 장 델사르트를 '주교' 라 불렀다. 《라 트리뷔》 39호(1956년 6월과 7월 드롬에 있는 살리에르 레 뱅에서 열렸던 '양탄자 회의')는 부르바키의 몇몇 회원에 대한 아주 엉뚱하지만은 않은 풍자를 담고 있는데, 이것은 프랑스 수아르(France-Soir)에서 출판된 프랑스의 개성 있는 글투의 한 목록에서 따왔다(옆쪽 상자 참조).

약삭빠름	슈바르츠
투덜이	고드망
자유로운 정신	코스쥘
똑똑함	ϕ
용기 있음	ϕ
일꾼	디외도네
욕심쟁이	새미
개인주의자	슈발레
충성스러움	카르탕
수다쟁이	카르티에
아껴쓰기	딕스미에
밖에 안 나가기	ϕ
회의적임	델사르트
촐랑거림	세르
감성적임	랭
논리적임	그로텐디크
침착함	사뮈엘

또 부르바키는 세대 사이—'창립 회원', '중간시대 회원', '신입 회원' 들 사이—에 실제 있었던 재미있는 일을 웃음거리로 만들기도 한다. 한 예로 《라 트리뷔》 39호(앙보아즈에 있는 브레쉬 호텔에서 1956년 3월 11일부터 14일까지 열린 '세 개의 평각 회의')에는

"다시 한번 부르바키는 개인 소유지에 불법으로 침입해 당국의 주의를 들었다. 소르본 대학의 준엄한 교수들이 격렬하게 항의하여 감옥살이를 겨우 피할 수 있었다. 우리는 부르바키가 빨리 젊은 부랑자 같은 행동을 끝내기를 바란다. 그렇지 않으면 우리는 일류 교수가 아닌 사람들은 모두 퇴출시킬 것이다. 어쨌든 정장을 입고 넥타이를 매는 것과, 소르본 대학교와 콜레주(collège)의 각 분야 책임자를 부를 때는 '선생님' 이라는 말을 쓸 것을 의무화하는 규정이 확정되었다. 회원들은 서로 높임말을 써야 하며, '실험용 쥐' 는 자기보다 나이가 많은 사람을 부를 때는 3인칭 표현을 쓰게 될 것이다"라고 씌어 있는 것을 볼 수 있다.

나이든 사람을 높여주는 이런 호칭방식은 불합리한데, 왜냐하면 현실에서는 부르바키 안에 어떤 위계질서나 차이를 나타내는 표시도 존재하지 않기 때문이다. 그들은 대부분 모임 밖에서 쓰이던 것들을 흉내내서 재미있게 만들기도 했다. 반대로 구성원들 사이에는 격식을 차리지 않았다(베유는 다른 사람들보다 조금 더 존중을 받는 것 같기는 하지만). 수학을 논의할 때, 그들은 자유롭게 서로를 비웃으며, 짓궂게 장난치고, 서로에게 가혹하게 욕설을 퍼붓는다. 하지만 그 소동은 오래가지 않으며 언제나 잘 단합한다. 로랑 슈바르츠가 자서전에 쓴 한 짤막한 이야기는 토의의 격렬함을 잘 그리고 있다. "알프스에 있는 펠부 르 포에에서 수학학회가 있던 6월 말, 매력적인 여인 롤랑이 운영하는 작은 호텔에 머무는 사람은 우리뿐이었다. (…) 무슨 내용이었는지는 기억하지 못하지만 격렬한 논쟁이 벌어졌다. 논쟁이 뜨겁게 달구어졌을 때, 앙드레 베유는 어떤 원고뭉치로 앙리 카르탕의 머리를 쳤다. 상황은

샹세에서 있었던 학회에서
앙드레 베유가 쓴 시 (1937년 9월)

벡터의 집합을 눈여겨보라.
추상적이며 가환적으로 체(field)는 혼자서 작용한다.
쌍대(dual)는 멀리 외로이 그리고 구슬프게 남아서,
동형을 찾아헤매지만 달아나버린다.

난데없이 겹선형의 불똥이 튀고
둘로 분배하는 작용소가 태어났다.
모든 벡터는 곱의 그물에 붙잡혀버린다.
더 아름다운 구조를 영원히 축하하려한다.

하지만 그 기저(basis)는 공기처럼 가벼운 성가(聖歌)를 어지럽혔다.
의기양양한 벡터들은 좌표를 가지게 되었다.
카르탕은 무엇을 해야 할지 모르고 더 이상 아무것도 이해하지 못한다.

그리고 끝난다. 작용소도 벡터도쓰러져있다.
타락한 행렬은 죽었다. 벌거벗은 체(field)는 스스로 만든 법칙의 품속으로 혼자서 들어간다.

돌이킬 수 없어 보였다. 어찌할 바 모르는 롤랑 씨는, 대단히 놀라서 나에게 속삭였다. "다 끝났다면, 나가주시겠습니까?" 나는 왜 그러냐고 물었다. "당신들이 싸우는 걸 보니 틀림없이 곧 갈라서겠군요." 나는 그녀를 안심시켰다. (…) 10분이 지나 다시 조용해졌다는 것은 굳이 말할 필요도 없다.

잠깐 짚고 넘어가자면, 아르망 보렐은 베유가 1961년에 쓴 〈수학 속의 조직화와 조직해체〉라는 제목의 글에서 제안한 것처럼, 그들이 그 토의의 권위적 성격과 격렬함까지 일부러 원했다는 점에 주목하였다. 보렐에 따르면, 베유가 가지고 있던 생각은, 실제로 새로운 발상은 잘 조직된 토의보다는 싸움 속에서 태어날 가능성이 많다는 것이다. "(그런 발상이) 드러날 때, 부르바키 사람들은 '재능이 숨을 쉬게 되었다'고 말하고, 이 재능은 종종 차분한 토의에서보다는 '서로 치고박는' (또는 '천둥치는 듯한'이라고 할 수도 있는) 토의 후에 숨을 쉬곤 한다"고 보렐은 쓴다.

부르바키가 즐기던 농담 가운데는 디외도네를 흥분시킨 뒤 그의 전설적인—그리고 일시적인—떠남을 부추기는 내용도 있었다. 로랑 슈바르츠는 이렇게 이야기한다. "주장이 강한 디외도네는 회의에서 토의를 주도했다. 그는 규칙적으로 그가 떠날 것에 대해 큰소리로 말했다. 별로 대단한 의미는 아니지만 그는 그처럼 말하기를 계속했다. (…) 사실 디외도네는 어떤 주제들 때문에 자동적으로 나가기도 했다.

예를 들어, 그는 위상적 벡터 공간을 적분론보다 앞에 다루고 싶어했는데, 적분론을 설명할 때 사용하려 했기 때문이다. 누군가가 적분론을 위상적 벡터 공간 앞에 놓으려 하자 디외도네는 그의

전설적인 떠남을 선언했다. 수학자 로제 고드망의 아내인 소니아 고드망은 그 같은 장면을 보면서 회의와 의구심을 느꼈다. 사람들은 그녀에게 10시 정각에 있는 그 다음 회의에 올 것을 권유했는데, 그때 우리는 장난을 살짝 치기로 했다. 3분 전, 몇 명이 조용히 일을 벌였다. '적분론은 반드시 위상적 벡터 공간 앞에 들어가야 합니다.' 그 즉시 디외도네는 화가 나 떠나버렸고, 바로 그때 소니아 고드망이 들어왔다."

또 다른 그들만의 농담으로 '야자나무'가 있다. 벨리외에 따르면, 이 허풍은 폴리네시아의 풍습에서 왔는데 그 풍습에 따르면 늙은이는 야자나무에 기어올라가서 그 나무가 흔들리는 동안 좋은 것을 따와야 한다. 성공하면, 그가 이 사회에 남을 수 있다. 부르바키에서 이런 풍습은 다음처럼 변형되었다. 몇몇 회원들은 다른 회원들에게 수학의 덫을 놓는다. 만약 연장자들이 속으면, 사람들은 "야자나무!"라고 소리친다.

부르바키가 딸을 시집보낼 때, 그리고 죽을 때…

부르바키의 익살은 종종 모임 외부로 향하기도 했다. 부르바키의 이름에 관한 몇 가지 이야기는 앞에서 몇 번 언급되었다. 오늘날 작은 전설처럼 전해지는 다른 이야기도 있다. 베티 부르바키와 엑토르 페타르의 결혼이 그것이다. 1938년 랠프 보아스와 프랭크 스미디스와 함께 있던 미국 프린스턴의 수학자들은 부르바키가 있다는 것을 슈발레와 베유로부터 듣고 재미있는 장난을 계획했다. '페타르' 또는 '에르사츠 스타니슬라스 폰디체리'라는 가명을 선택하여 월간 《미국 수학(American Mathematical)》에 사자 사아드리앵 두아디가 부르바키 학회 어떤 한 논문을 읽고 있다. 서류를 잃어버리지 않기 위해 발에 묶어 놓은 실이 눈길을 끈다.

냥과 관련이 있어 보이는 수학에 대한 글을 실었다(게다가 이 유명한 사자 사냥은 1965년과 1985년 사이에 발간된 한 연작 기사 전부를 만들어낸 원인이 되었다). 1939년 봄, 영국 케임브리지 대학교를 방문했을 때, 앙드레 베유는 랠프 보아스와 프랭크 스미디스를 만났다. 그의 아내 에블린과 부르바키의 새 회원인 클로드 샤보티와 함께, 베유는 베티 부르바키와 엑토르 페타르의 결혼 청첩장을 작성해서 인쇄하기로 결정했다. 부르바키 회원들과 프린스턴의 수학자들, 그리고 다른 몇몇 사람들에게 보낸 이 청첩장은 지체 높은 사람들의 것을 모방했는데, 거기에는 각 이름 앞에 명예로운 수식어구가 지루하게 나열되어 있었으며 전문적 의미를 비유적으로 사용한 수학 용어들로 가득했다('고른(uniform)', '필터', '일대일의(biunivoque)', '유도된 구조(induced structure)', '유체(class field)', '덮개(covering)', '정렬', '가군(module)', '왼쪽 아이디얼' 등 모두 수학 용어였다. 엔리코 베티(1823~92)의 이름을 딴 베티 수들은 대수기하학에서 쓰인다).

아드리앵 두아디

1968년 비슷한 말장난이 생겨났는데, 이번엔 부르바키를 노린 것이었다. 만든 이의 이름은 알 수 없지만(아마도 울리포 문학운동의 회원이던, 수학자이자 작가인 자크 루보일 것이라 생각된다), 그는 청첩장의 형식을 본따서 니콜라 부르바키의 부고장을 퍼뜨렸다. 당연히 글쓴이의 바람과 비판을 담고 있는 이 문서는, 부르바키 역사의 또 다른 보석이다.

이제 부르바키가 웃음과 익살을 매우 좋아했다는(지금도 좋아한다는) 것을 알게 되었을 것이다. 자기 스스로를 웃음거리를 만들기도 하고, 중고등학생처럼 악의 없는 말장난을 하거나 시시한 사건들을 시적으로 과장해서 웃기기도 하며, '충신들'로 둘러싸인 '주인' 니콜라 부르바키를 의인화하기도 한다. 부르바키의 해학은 다양한 모양의 옷을 입는데, 예의를 벗어난 비아냥도 종종 있

베티 부르바키와 엑토르 페타르의 결혼 청첩장(1939).

폴데비 왕립학회의 정회원이자, 컴팩트의 기사단의 위대한 지도자이자, 통합을 지키는 분이자, 필터를 수호하는 니콜라 부르바키 씨와 비위니보크(biunivoque, 대응이 양 방향에서 모두 일어나는) 출신인 그 부인은, 그들의 딸 베티 양과, 귀납적 구조학회의 대표 책임자이자, 유체(class-field) 고고학 연구소의 종신회원이고, 사자(獅子) 복지재단 서기관으로 있는 엑토르 페타르 군의 결혼을 발표하는 영광을 누리게 되었습니다.

제1급(class) 복소체에서 은퇴하였고, 약하게 수렴하는 것들을 재교육하는 사업의 회장이자, 4U 기사단 단원이며, 쌍곡선 모임의 큰 연산자이며, 황금비 전체 순서의 기사단 단원이자, L. U. B., C. C., H. L. C.인 에르사츠 스타니슬라스 폰디체리 씨와 콤팍탕소아(compactensoi, 컴팩트한) 출신의 그 부인은, 아들 엑토르 페타르 군과 베스 정렬 수도회 학생이었던 베티 부르바키 양의 결혼을 발표하는 영광을 누리게 되었습니다.

그 둘에게 자명한 동형사상은, 디오판토스 교단의 아디크 신부(神父)의 주례로, 종합적 다양체의 주된 코호몰로지에서, VI년 카르탕브르(Cartembre)* 3일, 일상적인 시간에 있을 것입니다.

오르간은, 그라스만 다양체 소속의 단체 조교인 모듈로(modulo)** 씨가 연주합니다.
기부금은 모두 가난한 추상자(抽象者)들에게 주어집니다. 수렴은 보증합니다.

합동(congruence)***이 끝나면,
부르바키 씨와 그 부인은 그들의 기본적인 정의역에서 손님맞이를 할 것입니다.
일곱 번째 몫체(quotient field) 연주단의 연주로 무도회가 열립니다.

* 카르탕(Cartan)과 -tembre로 흔히 끝나는 달 이름(9월, 10월 따위)을 흉내낸 것—옮긴이

** 어떤 수로 나눈 나머지가 같은 것끼리 모은 것—옮긴이

*** 두 수가 같은 모듈로 값을 가지면 이를 합동이라 부른다—옮긴이

반부르바키자들이 흉내낸 부고(訃告)

칸토어, 힐베르트, 뇌터 가족(families, 모임 또는 족—옮긴이).
카르탕, 슈발레, 디외도네, 베유 가족.
브뤼아, 딕스미에, 고드망, 사뮈엘, 슈바르츠 가족.
카르티에, 그로텐디크, 말그랑주, 세르 가족.
드마쥐르, 두아디, 지로, 베르디에 가족.
오른쪽 필터 가족 및 엄격한 위쪽 준동형사상들.
아델과 이델(더해서 아이디얼—옮긴이) 아가씨는
니콜라 부르바키의 부고를 여러분들께 알립니다.

그는 이들의 아버지이자, 형제, 아들, 손자, 증손자, 그리고 사촌입니다.
경건하게 1918년 11월 11일(빅토아르가 태어난 날)로 정해졌으며, 난카고의 그의 집에서 있을 예정입니다.
발인은 1968년 11월 23일 토요일에 하며, 장지는 확률 함수 공동묘지입니다(지하철 역은 마코브와 괴델역).
사영적 분해(projective resolution)의 네거리(그 전에는 코스췰 광장이었던)에 있는 술집 '직접 곱에서' 앞에서 다시 모일 것입니다.
고인의 바람을 따라, 기수 알레프 1씨의 주재로, 모든 동등한 계급(class)에 해당하는 이들과 구성된 (대수적으로 닫힌) 체가 함께 자리한 가운데, 우리의-통합적-문제의-어머니 교회에서 미사가 열립니다. 고등사범학교와 셰른의 학급 학생들에 의해 침묵하는 1분의 시간이 지켜질 것입니다.
꽃이나 화환은 받지 않습니다.
"왜냐하면 하나님은 세계의 알렉상드로브의 컴팩트함이기 때문입니다." 그로스. IV. 22.

다. 이 모임에서 웃음의 중요성이 우연한 일이 아님은 의심할 바 없다. 물론 부르바키의 성격 또한 이러한 이유로 존재한다. "준엄하거나, 딱딱하거나, 해학에 대한 감각이 없는 수학자에게는 아무것도 받아들여지지 않겠지요"라고 로랑 슈바르츠는 말한다.

웃음은 틀림없이 그들의 결속을 다지는 역할을 했다. 그것은 하나의 정체성을 세우고, 내부적 위계질서를 무너뜨리며, 구성원들 사이의 대립을 제거하고, 수학의 논의에서 생겨난 지적인 강한 긴장을 늦추는 데 도움을 주었다. 만약 부르바키가 웃을 줄 몰랐다면, 모임은 아마 오래가지 못했을 것이며 중요한 업적을 출판하는

데까지 미치지 못했을 것이다. 그들이 만들어낸 그 해학과 전설이 없었다면, 그들의 매력은 분명히 덜했을 것이다.

9
“인류 지성의 영광을 위하여?”

부르바키가 늘 찬사만을 받은 것은 아니었다. 사실 그들의 스타일, 선택, 권력, 그리고 순수수학에 대한 비전 외에는 흥미있어하지 않는 데 대해 따끔한 비판이 있었다. 비판은 때때로 매우 가까운 이들로부터 오기도 했다.

‘순수’ 수학자, 구스타브 야코비

1830년, 독일 수학자 카를 구스타브 야곱 야코비는 프랑스 수학자 아드리앵 마리 르장드르에게 프랑스어로 쓴 한 편지에서, 후세에 길이 남을 명구절을 남겼다. “(…) 푸리에는 수학이 보편적인 선(善)을 섬기고 자연현상을 설명하는 주요한 목표를 갖고 있다고 주장했다. 하지만 그와 같은 철학자는 과학이야말로 인류 정신의 영광을 위한 유일한 것임을 알았어야 했다. 그러므로 숫자에 대한 질문은 세계에 대한 질문만큼 중요하다.” 수없이 인용된 야코비의 이 거침없는 문장은 순수수학을 옹호하는 상징적인 문장이 되었다. 장 디외도네는 일반 대중을 상대로 쓴 저서에 『인류 지성의 영광을 위하여(Pour l' honneur de l' esprit humain)』라는 제목을 단 후, 야코비의 문장을 떼어와 책의 서두에 붙였다. 유명한 부르바키의 전(前)회원이 야코비의 견해를 그와 같이 선택한 것은 우연이 아니다. 부르바키는 무엇보다도 순수수학에 관심을

페르낭 레제의 작품 〈맥주잔이 있는 정물(1921)〉. 20세기 초, 추상화는 수학뿐만 아니라, 미술에서도 늘어났다. 이 두 가지 영역에서, 수학적 혹은 미적 연구에 대한 특징들을 이해하기 위한 노력들을 많이 찾아볼 수 있다.

가진 순수수학자들의 모임이었고, 이후에도 계속 그랬다.

그런데 사람들은 부르바키가 이와 같이 순수수학에 묶여 있다는 이유로—그리고 무엇보다도, 순수수학의 특정 형태로—부르바

처음에는 '응용' 수학자였던 아드리앵 마리 르장드르.

키를 옹호하는 사람들만큼, 부르바키를 높이 평가하지 않았다. 사실 많은 수학자들이 부르바키를 매우 싫어했다. 그들의 스타일, 선택, 그리고 태만, 수학에 대한 그들의 세계적인 비전, 그들이 끼친 영향, 이 모두가 가끔씩은 난폭하기도 했던 비난을 불러일으켰다. 이 모임이 수학의 세계에서 더 이상 우월한 자리를 차지하고 있지 않은 오늘날, 논쟁의 열기는 분명 옛날보다 식었다. 하지만 일부 비평들은 아직도 남아 있다. 이런 비평들을 살펴봄으로써 수학계에서의 부르바키의 위치를 더 잘 확인할 수 있을 것이다.

순수수학에만 한정된 교재 내용을 선택한 점을 부르바키를 비난할 단서가 될 수 있을 것이다. 사실, 그들이 모든 것을 할 수는 없다. 각자 나름대로 취향과 고유한 영역이 있는 것이다! 부르바키는 한 번도 수학의 모든 영역을 다루려고 시도하지 않았다. 그들은 다만, 모든 수학자들에게 유용할 만한 기초 수학과 관련된 개론들을 편집하려고 했던 것이다. 부르바키는 특정 사람, 혹은 특정 영역에만 국한된 이론들에 대해 설명하기를 원치 않았다. 따라서, 부르바키에게 불평을 하는 것은 부당할지도 모른다.

비판해야 할 부분은 다른 데 있다. 하나는 부르바키 구성원들이 어떤 수학자나 주제에 대해 논할 때 한 가지 관점만을 선택하도록 강요했다는 것과(사실, 같은 주제에 접근하는 데는 다양한 방법이 항상 존재한다), 『수학원론』에서 보인 부르바키의 선택이 모두 긍정적이었던 것은 아니라는 점이다. 또 다른 면으로는, 부르바키가 순수수학과 직접적인 관련이 없는 분야에 대해서는 전혀 관심—심지어는 멸시조차—을 두지 않았다는 데 있다. 이런 점들은 이 모임이 엄청난 지적 · 제도적 권력을 얻지 못했다면 이런 유감스러운 결과도 없었을 것이다. 하지만, 부르바키의 영향력은 그들의 강연회를 통해 볼 수 있듯이 너무나 강했고, 프랑스 수학의 방향이 부르바키에 의해 정해질 정도였다. 많은 과학 영역들이 부르바키 때문에 손해를 봤다. 돌아보면, 부르바키 덕분에 프랑스 수학이 부흥하여 현재 세계에서 3～4위를 차지할 수 있게 된 것은 명백한 사실이지만, 부르바키가 자신들의 재능이 편협함을 보였던 것도 사실이다.

부르바키의 선택은 논리학도 응용수학도 아니다

부르바키는 특히 어떤 면에서 비난을 받았는가? 부르바키가 외면하거나 무시한 분야에는 응용과 연결되는 모든 수학 분야를 포함한다. 구체적으로 든다면, 수치해석학(방정식과 그와 같은 모든 문제들의 수치적 계산과 구체적 해답을 숫자 형태로 다루는 모든 것), 확률론, 전산 이론, 놀이 이론, 최적화 이론 등이 있다. 여기서 말해두어야 하는 것은 응용수학이라 말할 수 있는 주제의 대부분은 부르바키가 격찬한 공리적 방법과 구조적 시각에는 적합하지 않다는 점이다. 이 분야에 대해 부르바키가 무관심했기 때문에 프랑스에서 그 분야의 발전이 대단히 늦어졌는데, 미국과 소련에서는 1940년대가 시작되면서 응용수학이 2차 세계대전에 맞물려 눈부신 발전을 이룬다.

심지어 부르바키의 열성 회원이었던 장 디외도네는 말년에 응용수학에 대해 잘못 대처했다고 시인했다. "푸앵카레 이후, 40년 동안, 프랑스에는 제대로 된 응용수학이 없었다고 해도 과언이 아니다. 심지어 순수수학을 유행처럼 따르는 분위기까지 있었다. 재능 있는 학생을 발견하면, 이렇게 말했다. '재능이 있으니 순수수학을 해라.' 반대로, 평범한 학생에게는 응용수학을 하는 쪽이 좋겠다고 말했는데, 속으로는 '그가 할 수 있는 것은 이게 전부야!' 라고 생각했던 것이다." 그는 1990년 슈미트에게 이렇게 말했다. '하지만 사실은 그 반대입니다. 순수수학을 잘 모른다면 응용수학을 잘 할 수 없습니다.' 그렇지만 이 역시 순수수학을 칭찬하는 꽤나 솜씨 좋은 방법이다.

확률론의 경우가 특히 논의할 만한 가치가 있는데, 부르바키가 이 이론에 관심이 별로 없었기 때문에, 부르바키는 오늘날 잘 어울리지 않는다고 여겨지는 『수학원론』 중 한 권을 선택하게 되었다. 1930년쯤의 안드레이 콜모고로프의 연구 덕분에 확률론이 꽤 추상적인 수학이론이 되었다. 특히, 확률론을 엄밀하게 세워주는 공리체계를 생각해낸 이가 바로 이 러시아의 수학자이다. 이 이론은 20세기 초에 주로 에밀 보렐과 앙리 르베그에 의해 세워진 측도이론과 적분이론에 매우 가깝게 이어져 있음이 밝혀졌다(180쪽 상자 참조). 그러나 부르바키는 적분이론을 논할 때 르베그의 방법을 쓰지 않는다. 대신 앙드레 베유의 영향을 받아 확률 이론이 전혀 들어가지 않은 다른 관점—"국소적으로 컴팩트한 공간에서의 라돈의 측도"—을 따른다. 수학자이며 역사가인 크리스티앙 우젤이 설명하기를, "확률 이론은 국소적으로 컴팩트하지 않은 집합들 위에서 정의된 측도에 대한 수많은 경우에—예를 들어 브라운 운동에 대한 연구에서—필요하다. 이런 빈틈에 일시적으로 대처하기 위해, 부르바키는 그 책에 국소적으로 컴팩트하지 않은 공간에 대한 단원을 적분을 다룬 책에 추가해 마무리짓지만,

현대 확률론의 아버지, 안드레이 콜모고로프(1903-87).

이러한 상황은 그 전의 단원들은 거의 쓸모없다는 사실을 인정하는 것과 같다".

만약 부르바키가 확률에 관심이 있었다면, 아마도 적분이론에 대해서는 다른 선택을 했을지도 모른다. 그러나 현실은 그렇지 않았다. "부르바키는 확률을 외면하고 무시했으며, 엄밀하지 않은 것으로 여겼으며, 그 가공할 영향력을 발휘하여 젊은이들을 확률로부터 멀어지게 했다. 프랑스에서 확률론의 발전이 늦어진 데에는, 부르바키에게도 책임이 있으며, 나에게도 그 책임의 일부가 있다"라고 로랑 슈바르츠는 이렇게 자서전에 쓰고 있다. 부르바키가 확률을 경시한다는 사실은 몇년 전 파리에서 있었던 학회에서 슈바르츠가 했던 말 때문에 알려지게 되었는데, 미국의 유명한 확률론 학자, 조지프 둡은 이렇게 말한다. "학회에 참가한 부르바키 사람들은 꾸준히, 요란스럽게 그리고 예의 없이, 그들의 공간은 국소적으로 컴팩트하지 않으며 '의미가 없다'는 핑계를 대며 확률에 관한 논의를 중지시켰다. 나는 그들의 태도에 매우 혼란스러웠고 그들의 무례함에 화가 났다."

부르바키는 기초에 그다지 관심이 없었다

수학적 논리학에 대한 부르바키의 태도도 모범적이진 않았다. 그 시대에, 논리학이라는 과학 분야가 응용과 지나치게 가깝다고 해서 그것을 비난할 수는 없었다. 하지만 부르바키에게 논리학은, 수학 밖의 어떤 것이었다. 신랄한 수식을 대단히 좋아했던 장 디외도네는 (〈공허한 수학과 의미심장한 수학〉이라는 이름의 기사에서) 수학자의 95퍼센트는 수학적 논리학을 "열렬히 비웃으며", "첫 번째 그리고 두 번째 순서, 반복적인 함수와 모형, 주목할 만한 결과가 나오는 매우 점잖고 아름다운 이론에 대해서 말하려고 오면, 사람들이 왜 이 주제들을 연구하지 않는지에 대해 알아보려 하지 않는데, 조금도 끌리지 않는다"라고 말했다. 자신의 학문 분야에서 폭넓은 지식을 가진 한 수학자로서는 놀랄 만큼 근시안적인 사고이며, 그가 빈정거리며 언급한 개념들이 이제는 특히 전산학의 발전과 더불어 수학의 한 중요한 자리를 차지하게 되었다는 점도 놀랄 만하다. 하지만 사람들이 그렇게 응용 쪽으로 슬그머니 옮겨가고 있는 것만은 사실이다.

1948년 《수학의 내일(L' avenir des Mathématiques)》에 실은 글에서 앙드레 베유는 매우 진지한 견해를 보인다. "(…) 만약 논리학이 수학자들의 건강을 위한다 해도 먹거리를 제공하지는 않는다. 커다란 문제는 수학자가 살아가는 데 늘 필요한 빵과 같다." 말하자면, 베유에게는 논리학자들이 연구하는 어떤 문제도 수학자들에게 '큰' 문제가 되지 않는다고 생각했다. 수학 안에서의 연결에 대한 질문에 대해서조차 베유는 냉담했다. "우리가 쓰는 합리적인 방식 속에서 경험이 쌓임에 따라, 지금 우리가 보지 못하는 모순의 씨앗을 어느 날 발견하게 될 수도 있다. 그렇게 되면 수학을 수정해야 할 필요가 있을 것이다. 이러한 상황이 주제의 핵심에 영향을 주지는 않을 것이라는 점은 확실하다." 베유는 아마도 1930년 즈음의 쿠르트 괴델에 의한 증명을 암시하는 듯한데, 문제에 해당하는 공리만을 증명이 사용한다면, 수학에 기초한 공리체계가 모순이 전혀 없다는 것을 증명하는 것은 불가능함을 보여준다. 이상하게도, 많은 수학자들이 괴델과 그를 잇는 다른 논

시어핀스키의 『초한수에 대한 가르침』

COLLECTION DE MONOGRAPHIES SUR LA THÉORIE DES FONCTIONS
PUBLIÉE SOUS LA DIRECTION DE M. ÉMILE BOREL

LEÇONS

SUR LES

NOMBRES TRANSFINIS

PAR

WACLAW SIERPIŃSKI

PARIS
GAUTHIER-VILLARS ET Cie, ÉDITEURS
Quai des Grands-Augustins, 55.

1928

1975년 7월, 메쉬기에르에서 장 루이 베르디에, 베르나르 테시에,앙드레 그라맹, 에망 바스.

리학자들의 눈부신 결과들에 난처해하지 않았다. 그들은 실용적인 자세를 받아들이기 좋아했고 그들의 학문에 깊이 있게 영향을 미칠 수도 있는 세밀한 논리적 흐름까지 꼬치꼬치 캐물으려 하지 않았다. 이러한 시각은 이해할 만한데, 수학의 기초에 대한 질문이 수학자들의 매일매일의 연구에 거의 영향을 미치지 않았음을 경험적으로 보여준다. 하지만 이런 관점을 부르바키가 받아들였다는 것은 의아한데, 왜냐하면 그 모임은 그들의 형식논리학 위에 놓인 공리주의가 할 수 있는 기초에 기초에 수학을 다시 세웠음을 자랑스러워했기 때문이다.

또, 수학의 논리학에 대한 부르바키의 무관심은 형식논리학의 단원으로 시작하는 그들의 집합론 책에도 영향을 주었다. 부르바키조차도, 이 책은 "고통스럽게, 아무 즐거움 없이, 그러나 해야

부르바키는 수학에 대한 권력을 쥐고 있었나?

부르바키는 프랑스 수학계를 독점적으로 차지했나? 부르바키가 1950년대부터 1970년대까지 주목할 만한 지적 권력을 얻은 것은 의심할 여지가 없다. 부르바키의 여러 구성원들이 수학계에서 중요한 역할을 하고 있었던 것도 사실이다(대학교 총장, 고등사범학교 수학과 학장, 프랑스 수학회 회장, 마르세유의 국제수학모임 회장, 과학회의 회원 등). 그러나 부르바키의 권력이 그 기관의 위치를 이용해 영향을 끼쳤는지는 확실하지 않다. "부르바키의 정치력 탓으로 모두 돌리는 것은 잘못이다. 수학 분야 바깥에서 보면, 부르바키는 공통된 입장을 취하기에는 너무나 다양한 사람들이 모인 집단이었다. 내가 부르바키에서 보낸 20여 년 동안, 나는 대학에서 정치력을 발휘하는 것에 대해서 이야기하는 것을 실제로 들어본 적이 한 번도 없다"라고 미셸 드마쥐르는 단정짓는다. 부르바키 멤버가 아니었던 장 피에르 카안 역시 부르바키가 권력을 쥐고 있었다고 믿지 않는다. "부르바키가 가졌던 것은 지적 권위이지 정치적 권위가 아니다. 그 구성원들은 특별히 권력의 자리를 차지하지도 않았고, 누구도 델사르트나 디외도네 같은 사람들을 그들이 가졌던 권력 때문에 비난하지 않았다. 반대로, 그들은 어떤 도덕적 엄밀함에 의해 구별되고 싶어했다." 장 피에르 부르기뇽은 1960년대에는 부르바키가 그 구성원들을 통해 "좋게 말해서 압력단체"로서의 역할을 했는데, 부르바키 멤버들이 수학계 전체의 이익을 위해 행동했기 때문이다.

하지만 이 의견은 부르바키 창립 회원 가운데 한 사람인 클로드 슈발레의 말과 뚜렷이 대조를 이룬다. 1981년 출간되었던 드니 귀에와의 인터뷰에서, 슈발레는 대학교수 문제에 대해 이 모임이 했던 역할을 비판한다. "전쟁 이전에 있었던 모든 회의 때, 대학교수직에 대해 물어보지 않는다는 것을 암묵적으로 이해하고 있었다. (…) 안타깝게도, 전쟁 이후 그러한 논쟁은 설득력을 얻어갔다. 왜냐하면 젊은 수학자들이 모임에 합류하게 되었고, 자연스럽게 우리는 그들이 직업을 구하리라고 확신하고 싶어했다. 이것은 치명적인 소용돌이의 시작이었다. 조금씩 조금씩, 우리는 모든 사람의 직업에 대해 이야기했다. 이것은 전적인 쇠퇴였다." 그는 명예로운 직업을 대하는 태도가 바뀌는 것에 대해서도 비판했다. "그것이 우리 중—나는 그 주제에 대한 대화를 완벽하게 기억한다—어떤 회원도

앙보아즈에서 있었던 부르바키 회의, 1956년 10월, 클로드 슈발레와 프랑스아 브뤼아.

과학회(프랑스 학술원 소속)에 들어가지 않기로 합의하였다. 그런데 우리 대부분은 거기에 들어 있다."

모든 이가 부르바키의 지적 영향력이 강했음을, 때론 숨막힐 정도였음을 기억한다. 부르기뇽은 대수기하학 쪽으로 가라는 압력을 많이 느꼈다고 말한다. 하지만 그는 마르셀 베르게의 가르침 아래 미분기하학 쪽으로 쏠렸고, 나중에 그가 미국에서 지낼 때에야 비로소 이 분야에서 프랑스에서의 업적이 그렇게 나쁘지 않았음을 알게 되었다. 마르셀 베르게와 그 제자들은 부르바키 학파의 곁가지로 존재하는 프랑스 수학 학파를 만들었다. 게다가, 부르기뇽이 설명하길, 부르바키와 유사한 익명의 그룹은 1974년에 결성되었다고 한다. '아르튀르 L. 베스(Arthure L. Besse)'라는 이름을 가진 이 그룹은 세미나를 열고, 특정 주제에 대한 책을 네 권이나 출간했다. '아르튀르 L. 베스'라는 별명은 이 모임의 회의가 '둥근 탁자'라고 불렸던 사실에서 유래되었다. '아르튀르'는 거기에서 왔고, L.은 란슬롯(Lancelot)을 의미하며, 베스는 그 첫 번째 모임이, 부르바키의 창립 회의와 마찬가지로, 베스 앙 샹데스에서 시작었기 때문에 붙여진 이름이다. '아르튀르 L. 베스'를 제외하면, 다른 중심 활동은 다 부르바키와는 별 상관이 없었다. 구스타브 쇼케의 해석학파를 포함하여, 1960년대 말 자크 루이 리옹이 만든 응용수학파, 앙드레 리히네로비츠의 학파(이론물리학에 관련된 미분기하학 문제들)가 있었다. 또한 위대한 수학자이지만 제자를 거의 두지 않았던 장 르레이를 들 수 있다. 어쨌든 부르바키는 프랑스에서 유일한 학파는 아니었지만, 1970년대 즈음까지 최고의 자리를 차지하고 있었다. 부르바키의 회원이었던 아르망 보렐은 1998년에 이렇게 썼다. "수학적 분위기는 다른 기질과 접근방식을 가진 수학자들에게 우호적이지는 않았다. 대단히 안타깝지만, 그렇다고 그것을 부르바키 회원들의 탓으로 돌릴 수만은 없는 것이, 그들은 누구에게도 자신들의 연구방식을 강요하지 않았기 때문이다."

만 했기에" 만들었다고 증언한다. 논리학자들은 그 결과물을 비난했다. 그 보기로, 1992년 《수학적 지성(The Mathematical Intelligencer)》에 실린 〈부르바키의 무지〉라는 글에서, 영국의 수학자 마티아스는 부르바키의 집합론을 읽다가 크게 충격을 받았다고 말한다. "이것은 힐베르트와 아케르만의 『수학의 기초(Grundzüge der Mathematik)』와 시어핀스키의 『초한수에 대한 가르침』을 읽은 어떤 사람이, 그 두 책이 출판되었던 1928년 이후로는 그 어떤 책도 읽지 않은 것처럼 보였다." 마티아스는 논리학에 대한 부르바키와 그 구성원들의 글은 대부분 괴델의 이론과 업

마티아스는 〈부르바키의 무지〉를 맹렬히 공격했다.

적을 빼놓은 채 씌어 있는데, 논리학자의 눈으로 볼 때 이것은 잘못되었음을 강조한다. 파리의 한 논리학자는 적어도 마티아스와 같은 정도로 심각하게 비판한다. "그 단원들은 쓰레기통에 들어가야 합니다.……부르바키 사람들은 해당 주제에 대한 관심이 없었으며, 그 시대 논리학자들의 업적을 잘 모릅니다. 그들은 자신들만의 논리학 체계를 소개했는데, 쓸모없는 것으로 드러났습니다. 문제는, 그 책이 프랑스에서 수학적 논리의 참고자료로 오랫동안 인정되었다는 점입니다. 이는 그 학문 분야에 엄청난 왜곡을 가져왔습니다. 논리학은 재미없는 주제라는 생각이 굳어졌고, 이러한 시각은 여전히 프랑스 수학계에 남아 있습니다".

부르바키가 관심을 두지 않았던 또 하나의 분야는 물리학이다. 20세기 이전에만 해도, 물리학과 수학은 서로에게 굉장한 영향을 미쳤다. 수학은 물리학에서 대단히 쓰임새가 많고, 또 반대로 물리학의 문제는 수학의 발전과 발견에 종종 영감을 불어넣곤 했다. 예를 들어, 푸리에가 그의 유명한 삼각함수 급수를 만든 것은 바로 열(heat)의 진행에 대한 방정식을 연구하던 중이었다. 20세기 초의 위대한 수학자인 다비드 힐베르트와 앙리 푸앵카레조차도 물리학에 큰 관심을 보였고, 어떤 주제를 명확히 하는 데 큰 공헌을 했다. 부르바키의 설립자들이 대단히 존경했던 독일의 대수학 학자들인 바르털 판 데르 바에르덴이나 에미 뇌터의 경우도 마찬가지였다. 하지만 부르바키는 그렇지 않았는데, 적어도 최근까지도 그랬다. 앙드레 베유의 보기에서 그 예를 찾을 수 있다. 1926년에 베유가 살았던 괴팅겐은 1920년대에 양자물리학의 중심 중 하나였는데, 베유는 이러한 발전을 눈치채지 못했다. "내가 나중

고등과학원 교수인 다비드 뤼엘은 '혼돈 이론'의 개척자 가운데 하나이다.

에 확실히 알게 된 것처럼, 그때 물리학자들의 세계는 괴팅겐에서 한참 끓어오르며, 양자역학을 탄생시키고 있었다. 내가 그것을 짐작조차 못했다는 것은 상당히 의미하는 바가 크다"라고 『배움의 기억』에서 베유는 말하고 있다.

부르바키를 변호하는 입장에서 말하자면, 1930년대부터 1960년대까지는 수리물리학—수학자들과 상호 교류를 가장 많이 하는 경향이 있는 물리학 분야—연구가 왕성하지 않았던 시대임을 알아두어야 한다. 파리 가까이에 있는 고등과학원에서 일했던 수리물리학자 다비드 뤼엘은 "양자역학의 출현은 그 이유 중 하나다"라고 말한다. 연구자들은 발견할 것들로 가득한 이 새로운 분야에 대거 매달렸는데, 적어도 그 당시에는 적절히 잘 정리된 수학만을 요구했다. 더군다나 많은 물리학자들은 부르바키식 수학에 대한 불만을 표시했는데, 이들의 수학은 원래 그랬던 것보다, 또 그들이 필요하다고 생각하는 것보다 더 형식적이었다. 이러한 생각들은 아마도 1991년 노벨 물리학상을 받은 피에르 질 드 젠 또는 교육부 장관을 지낸 지질화학자 클로드 알레그르 같은 사람들이 수학을 비판하는 원인이 되었다. 한편, 수학자들은 자신들만의 문제를 만들 수 있을 만큼 풍부한 자료를 이미 가지고 있었다. 그리고 수학의 내적인 에너지가 물리학자들의 보살핌에서 벗어나 특히 대수기하학과 대수적 위상수학 같은 성장하는 분야로 이동했다. 베유가 《수학자들의 이야기》 1991년 10월 호에 이야기한 것처럼 "그렇지만 그때는 수학의 위대한 발전이 물리학에서 시작하지 않았던 시대였다".

정리하자면, 대체로 부르바키는 순수수학의 심장부가 아닌 분야는 상대하지 않았다. 하지만 두 가지만은 확인해두는 것이 좋겠다. 첫째로, 부르바키 모임과 그 구성원을 동일시해서는 안 된다. 예를 들어, 모임에서 가장 철학적이었던 클로드 슈발레는 그의 친구 자크 에르브랑의 영향을 받아 논리학에 매우 관심이 많았다. 교재에 형식논리학을 집어넣자고 주장한 것도 바로 슈발레이다. 게다가 그는 집합론에 대한 부르바키의 책에 긴 머리말을 쓰기도 했는데, 모임에 의해 거절되었다. 또한 로랑 슈바르츠, 장 루이 베르디에 또는 피에르 카르티에 같은 회원들도 응용수학이나 물리학에 대해 굉장히 열려 있었다. 슈바르츠(그 업적이 물리학과 응용수학에 영향을 미쳤던)는 "물리학의 수학적 방법"을 몇 년 동안 강의하였고, 다른 종류의 이론물리학의 수학적 문제들에 흥미를 갖고 있었던 카르티에는 수리물리학의 발표를 부르바키 강연회에 처음으로 집어넣었다.

알렉산더 그로텐디크(등을 보이고 서 있는). 그 왼쪽에 장 디외도네, 오른쪽에 클로드 슈발레.

두 번째로 확인할 것은, 부르바키가 주변의 과학 분야에 대해 폐쇄적이었다 해도, 부르바키의 취향과 방식은 응용수학과 수리물리학, 그리고 그 밖의 분야에 종사하는 연구자들에게 꽤나 직접적인 영향을 주었다는 점이다. 이러한 영향의 한 예로 프랑스에 현대 응용수학 학교를 세운 자크 루이 리옹(1928~2001)을 언급할 수 있다. 이 고등사범학교 졸업생(1947년 입학)은 로랑 슈바르츠의 제자였고, 한 번도 부르바키에 함께하지 않았지만, 그의 수학을 보면 어느 정도 부르바키의 흔적이 들어 있다. 또 경제학자 제라르 드브뢰도 빼놓을 수 없는데, 그는 경제 이론 분야에서 새로운 해석방법을 소개하고 일반 평형 이론을 엄밀히 재구성한 이론으로 1983년 노벨상을 받았다. 드브뢰 또한 고등사범학교 출신

(1941년 입학) 수학자이다. 그는 공부를 마친 후 경제학으로 전공을 바꿔 미국으로 갔고 부르바키의 영향을 받아(그는 앙리 카르탕에게서 배웠다), 공리주의 방식을 경제학에 소개했다. 드브뢰는 경제 이론은 물리학 같은 실험과학이 아니므로, 경제학의 이론적 모형의 내적 논리는 서로 유기적으로 연결되어 있다고 생각했다—그래서 리옹은 공리주의적 방식이 경제학 이론에 필요하다고 믿었다.

보편화에 약한 초공리주의자들?

부르바키에 대한 비판을 다른 곳으로 옮겨 그 교재의 스타일(넓은 뜻에서)을 비교해보자. 독자들에게 가장 먼저 떠오르는 것은, 형

측도, 적분 그리고 확률

적분은 여러 각도에서 바라볼 수 있는 수학 개념의 전형적인 보기이다. 구간 〔a b〕 위에서 정의된, 양의 실수값을 갖는 함수 f의 경우를 보자. 그 적분은 $\int_a^b f(x)$로 쓰고, 그 값은 f가 그리는 곡선의 아래쪽과 가로축의 위쪽에 있는 부분의 넓이다. 어떻게 보면 f의 적분은 그 넓이를 '측도' 하는 것이다. 적분이론은 앞에서 말한 것과 함수의 가능한 한 가장 넓은 분류인 그것에 정해진 의미를 줌을 목표로 한다. 가장 오래된 관점은 코쉬와 리만의 관점으로, 그것은 이처럼 결국 적분을 정의하는 대강의 방법이다. 구간 〔a, b〕를 길이가 $\Delta x_1, \Delta x_2, \cdots \Delta x_N$인 N개의 작은 구간으로 나눈 다음, 그 합인 $S_N=f(x_1)\Delta x_1+f(x_2)\Delta x_2+\cdots+f(x_N)\Delta x_N$을 구하는데, 이때 x_i는 구간 Δx_i의 한 점이며, 합을 구한 뒤 N을 무한대로 보낸다. 달리 말하자면, 문제 속의 넓이는 그것을 매우 작은 N개의 직사각형의 넓이로 가져간 다음 N을 무한대로 보냄으로써 계산된다(90쪽 상자 7 참조).

르베스그가 만든 현대적 관점은 '측도이론' 이라고 불린다. 간단히 그리고 엄밀히 따지지 않는 범위에서, 실수집합 **R** 위에서 정의된 측도는 **R**의 모든 부분집합 A에 대한 연산 m으로, 이것은 m(A)라고 표시되는 0 또는 양수이며, 부분집합 A_1과 A_2가 서로소(공통된 원소가 없는 경우)일 때 $m(A_1 \cup A_2)=m(A_1)+m(A_2)$이 성립한다. 양수라는 것과 덧셈에 대한 성질은 '측도' 를 직관적으로 길이, 넓이, 부피라고 부르는 것에 대응시킬 경우에 반드시 필요하다. **R** 위에 m(〔a, b〕)=b-a를 만족하는(즉, 구간 전체에 대한 측도가 그 길이와 같은) m은 하나만 존재한다. 이런 특별한 측도를 '르베스그 측도' 라고 한다.

그렇다면, 르베그에 따라, 〔a, b〕 구간에서 실수값

을 갖는 것으로 정의된 함수 f의 적분을 어떻게 정의할 것인가? 리만 방식을 따른 적분에서처럼 가로축의 구간 〔a, b〕를 잘게 쪼갠 자리에서, 반대로 함수 f에 의해 얻어진 모든 값으로 이루어진 세로축의 구간 〔ymin, ymax〕를 잘게 쪼갠다. 그렇게 N개의 연속적인 작은 구간을 얻는다:

I_1= 〔y_{min}, y_1〔, I_2 = 〔y_1, y_2 〔, I_3, = 〔y_2, y_3 〔,⋯, I_{N-1}=〔y_{N-2}, y_{N-1}〔, I_N=〔y_{N-1}, y_{max} 〕

각각의 구간 I_p에 대해서 $f(x) \in I_p$인 x의 집합을 A_p라고 하자(예를 들어, A_2는 f(x)가 y_1과 y_2 사이에 있도록 만드는 x의 집합이다. 일반적으로, A_p는 단순한 하나의 구간이 아니라, 서로소인 구간들의 모임일 경우가 많고, 더 복잡한 어떤 것일 경우가 많다). 이때 각각의 p에 대해서 곱 $z_pm(A_p)$를 만들게 되는데, 여기서 m은 르베그 측도이며 z_p는 I_p의 한 점이다. 그 다음에 합을 구한다.

$S_N=Z_1m_1(A_1)+z_2m(A_2)+\cdots+z_Nm(A_N)$, 이 값은 함수 f를 나타내는 굽은 선의 아래쪽에 자리한 표면의 넓이를 어림한다. 구간 〔y_{min}, y_{max}〕를 잘게 쪼개감에 따라, 즉 N이 무한대로 감에 따라, 위의 합은 보통의 경우 하나의 특정한 값으로 수렴한다. 이 값은 정의에 따라 (르베스그 방식에서) 구간 위의 함수의 적분이다.

르베그의 적분이 리만의 적분에 비해 좋은 점이 많이 있는지 보기 위해서는 정확한 정의와 정리의 세부적인 부분을 깊이 살펴보아야 한다. 르베그 적분은 훨씬 더 일반적이다. 리만 방식에서의 적분 가능한 모든 함수는 르베그 방식에서도 똑같이 적분 가능하지만(그리고 적분의 값도 똑같다), 반대로 르베그 방식에서 적분 가능하지만 리만의 이론을 따라서는 적분할 수 없는 함수들이 존재한다(예를 들어 x가 유리수일 때는 g(x)=1이고 x가 무리수일 때는 g(x)=0이라 정의된 함수 g의 적분값은 0인데 왜냐하면 유리수 집합은 0을 그 측도로 갖기 때문이다). 게다가, 르베그의 관점, 다시 말해 보다 더 복잡한 집합으로 개념을 확장할 수 있는 측도 이론의 관점은 확률을 다루는 수학자들에게는 편리한 도구였다. 사건의 확률을 계산하는 것은 그 사건에 대응되는 기초적인 발생 가능성(elementary eventuality)의 집합을 '측도하기'로 돌아오게 한다. 이처럼, 확률의 측도라 불리는 것은 더 높은 수준에서 정의된 측도 개념의 특수한 하나의 경우이다. 이것은 p(Ω)=1인 측도 p로서, 이때 Ω는 모든 기초적인 발생 가능성의 집합이다 (어떤 또는 다른 발생 가능성이 현실화될 것을 확신하는데, 그러므로 사건 Ω의 확률은 1의 값을 가져야 한다).

부르바키는 르베그의 관점을 택하지 않았고, 다른 것을 발전시켰는데, 여기에서는 두 마디로만 말하겠다. 부르바키는 연속함수의 공간에서 정의된 '선형 형태(linear form)'에서 출발한 적분을 소개했다. 그 '선형 형태'는 모든 연속함수 f에 대해 어떤 값 L(f)를 대응시키는 한 사상 L이다. 선형적 방법이란, 연속함수 f_1과 f_2 그리고 숫자 a와 b가 있을 때, $L(af_1+bf_2)=aL(f_1)+bL(f_2)$가 되는 경우다(선형성은 적분의 특징적 성질 가운데 하나이다). 이 방법은 "그 당시 위상수학을 필요로 하지 않았던 적분에서 위상수학적 개념—연속—을 쓴다는 이유로" 반대에 부딪혔다고, 파리 남부 대학교의 수학자인 장 피에르 카안은 설명한다. 거기에 더해서 "아르노 당주아는, 부르바키 창립 회원들보다 조금 나이가 많았고 꽤나 복잡했던 적분이론을 처음으로 만들어 냈는데, 부르바키의 대우에 의해 뒤틀려졌다." 하지만 공정하려면, 부르바키의 관점이 겪었던 때맞은 추락도 강조되어야 하는데, 그 뒤로 로랑 슈바르츠가 분산이론을 창조해내도록 이끌어갔다(이것은 연속함수의 그것보다도 더 제한된 함수의 어떤 계급(class)에서 정의된 선형 형태이다. 분산은 함수의 개념을 일반화한다).

식적이고 추상적인 성격을 띤 텍스트이다. 문장의 간결함, 수학 기호의 남발, 매우 드문 그림 등의 특징이 교재의 성격과 부딪혔다. 또한 사람들은 부르바키가 극도로 형식주의적이고 보편적이라고 비난했다. 이런 비판은 오늘날 정당성을 얻지 못한다. 어떤 대학의 수학 도서관을 휙 둘러보아도 부르바키의 책보다 훨씬 더 형식주의적인 책들, 1cm² 속에 수많은 기호들이 다 잘 정돈되어 있는 책들을 찾을 수 있다. 보편성에 대해서는, 부르바키 회원이었던 아르망 보렐이 1998년에 출간한 글에서 설명하기를 "나의 첫 느낌과는 반대로 (…) 교재의 목표가 가장 큰 보편성을 얻는 데 있다기보다는, 가장 효과적인 보편성, 다양한 분야의 잠재적 사용자들의 필요에 가장 잘 조응하는 보편성을 획득하는 데 있었다. 무엇보다 적용의 분야를 실제적으로 눈에 띄게 넓히지 않은 채, 전문가들을 귀찮게 하는 듯 보였던 세련된 정리들은 대부분 버려졌다. 물론, 뒷날의 연구들은 부르바키가 가장 좋은 것을 고르지는 않았음을 보여주기도 한다. 그렇지만, 이 원리는 길잡이 노릇을 했다." 부르바키의 구성원이 아니었던 크리스티앙 우젤도 비슷한 의견을 보인다. "부르바키는 절대로 최대한의 보편성을 찾지 않았다. 반대로 부르바키 사람들은 그것을 알고 있는 사람들을 하나로 묶어낼 수 있는 최소한의 보편성을 노렸다. 더구나 이는 보편성의 수준이 교재의 새로운 편집으로 진화했기 때문이다".

지나친 보편성에 대한 지각은 아마도 부르바키의 설명 방식—일반적인 것에서 특별한 것으로 나아가는—에서 유래할 것이며, 여럿이 함께 글을 썼기 때문에 그 책 속에서 보편성이 좋아지지는

부르바키를 향한 적대감의 한 보기로 미국인 수학자 아널드 시켄이 프랑스 수학에 대해서 쓴, 논란의 여지가 많은 시 두 편을 들 수 있다.

숭고함

뒤죽박죽
앙리 푸앵카레는
우아한 정리를
호들갑 떨지 않고 증명하였네.

다양체를 분류하였네
미분동형적으로
이중성을 써서
그리고 천재성 또한 써서.

다른 한 사람

뒤죽박죽
니콜라 부르바키는
죽은 이들 사이에서 다시 살아났네
수학을 구하기 위해.

지루한 교재들을 늘어놓았네
대단한 운동에너지를 일으키며,
그가 무덤 속에서
나오지 말았어야 했음을 증명하면서.

The Mathematical Intelligencer, 1995

않았다. 이 마지막 측면은 알렉산더 그로텐디크조차 비판했었는데, 하지만 그는 '보편화에 취약한 초공리주의자들'—부르바키 가운데서 지나치게 추상화와 보편화의 방향으로 밀고 가는 이들에게 부르바키가 붙여준 별명이라고 피에르 사뮈엘은 말한다—의 한 사람이었다 그로텐디크는 그의 지루한『거둬들임과 씨뿌림(Récoltes et semailles)』에서 이렇게 쓴다(1985년경). "규칙에 짜여진 글 속에서는 살아 숨쉬는 발상을 거의 찾아볼 수 없었다. 내가 볼 때 부르바키의 글들이 무자비하고 엄격한 규칙에 대해 무조건적인 충성을 맹세하는 것과는 틀림없이 다른 무엇인가로 엮여 있는 사람들에 의해 씌어지지 않았는지 추측하게 만드는 것은 때때로 볼 수 있는 익살스러움이 아니라, 바로 그 글들 사이에 나타나는 이러한 주된 차이점인 것 같다."

구스타브 쇼케

부르바키의 멤버는 아니지만 대학교의 수학교육을 바꾸는 데 크게 이바지했던 구스타브 쇼케의 비판은 더 심각했다. 1990년에 책으로 나온, 슈미트와의 이야기에서 그는 이렇게 말했다. "우리 세대 대부분의 수학자들은 부르바키 덕분에 그들의 수학교육에서 많은 것을 얻었다. 부르바키는 프랑스 수학자들의 스타일과 연구 방식에 영향을 미쳤으며, 장점과 단점도 전해주었다. 단점도 있었다고? 오랫동안 고립되어서 일한 모든 집단은 독단적이라는 비난을 받을 수 있다. 내가 보기에 이것은 부르바키에 대한 가장 큰 비난이다. 기본적인 정의와 정리는 정당화나 발전적인 설명 없이 소개되었다. 맛 좋은 살코기는 연습문제로 버려지고 맛없는 뼈다귀만 가지고 있었다. 수학의 이러한 풍요로움을 무시하게 된 독자들은 결국 수학의 활동을 우습게 여기게 된다."

아르노 당주아(1884-1974)는 부르바키가 적분을 가르치는 방법에 대해 크게 흥분하였다.

르네 톰. '재난 이론' 창시자

부르바키는 해석학을 대수화했다

대수적 개념과 방법에 대한 부르바키의 성향을 비판하는 사람들도 있었다. 모임의 첫 목표는 해석학 교재를 쓰는 것이었지만, 대신 부르바키는 지금도 많은 면에서 의미가 있는 해석학의 '대수화'를 이루었다. 로랑 슈바르츠는 이렇게 쓴다. "내 생각에 부르바키가 가져온 가장 명백한 이득은 '대수화' 되었다는 점이다. 나는 타고난 해석학자이고, 나의 모든 연구는 해석학과 확률론을 다루고 있다. 하지만 나는 대수학과 대수적 방법을 할 수 있는 한 많이 사용한다. (…) 나는 해석학자들 가운데 가장 대수화된 사람일 것이다. 나에게 영향을 준 것은 바로 부르바키다."

하지만 이 대수학자의 정신이 모든 사람에게 다 잘 들어맞지는 않았는데, 특히 기하학자에게는 더욱 그랬다. 기하학에 뛰어나다고 알려진 마르셀 베르제는 부르바키의 '실험용 쥐'였지만, 부르바키의 관심을 끌지는 못했다. 부르바키의 정신은 미분 위상수학에 뛰어난 르네 톰도 끌어들이지 못했는데, 그는 기하학적 직관을 중요하게 여겼다. 열성적인 기하학자인 브누아 망델브로는 부르바키를 매우 심하게 비판하던 사람 중 하나다. 숄렘 망델브로(부르바키의 처음 참가자 중 하나)의 조카인 그는 1944년 부르바키로부터 벗어나기 위해 고등사범학교를 떠나 에콜 폴리테크니크로 옮겼다. "삼촌 덕분에, 나는 그들이 공격적인 집단이고, 기하학과 모든 과학에 대한 선입견이 강하며, 자신들을 따르지 않는 사람들을 무시하고 게다가 모욕까지 주는 경향이 있었음을 알았다"라며 1985년 출판된 한 이야기에서 말했다. 그는 그 모임의 '질식할 듯한 분위기'와 그들의 선택이 가지는 강한 힘 때문에 1958년에 프

브누아 망델브로, 프랙탈의 아버지.

1951년 여름 펠부에서 있었던 부르바키 회의에서 로랑 슈바르츠.

랑스에서 떠나 미국으로 건너간다.

그 시대는 끝났다. 부르바키는 더 이상 프랑스 수학을 지배하지 않고, 세계의 수학계에서는 더욱 영향력을 잃었다. 기하학은 수학뿐 아니라 여러 분야에서 다시 유행하고 있다. 그 예로 이론물리학에서는, 모든 힘과 기본입자들을 통합하는 이론을 세우기 위해서, 기하학과 10차원 또는 11차원 공간의 위상수학을 탐구한다.

전산학에서 기하학은, 영상의 처리, 3차원 화면의 현실적 시각화, 로봇의 눈 따위로 들어가는 문의 역할을 한다. 순수수학과 응용수학의 경계선은 희미해졌다. 오늘날 정수론과 대수기하학조차도 정보의 암호화와 부호화에 응용된다. 소립자 이론 같은 추상적 분야나 유체의 복잡한 흐름 같은 구체적 문제에 있어서 물리학자와 수학자 사이의 교류는 활발해졌다. 그 이후 많은 과학자와 공학자가 컴퓨터를 이용한 수학적 계산—수치적 계산, 수식의 계산, 최적화 알고리즘 등—과 연관이 있는 수학을 연구한다. 수학의 얼굴은 더 이상 1960년대, 부르바키의 전성기 때의 모습이 아니다. '모든 방향의' 수학이, 잘 정돈된 그리고 '인류 지성의 영광을 위한' 수학의 뒤를 이어받았다. 부르바키 회사가 불러일으켰던 열정은 가라앉았다. 그리고 순수수학의 독점체제가 끝난 뒤, 몇몇 사람들이 응용수학의 시대가 도래하였음을 선포하였다.

클로드 슈발레 (1909~1984)

클로드 슈발레가 태어난 곳은 1909년 2월 11일 바로 남아프리카공화국 요하네스버그였다. 외교관이었던 아버지는 당시 총영사였다. 클로드는 그의 아버지가 1910년에 집을 장만한 샹세(투르 가까이의 조그만 마을)에 있는 초등학교에서 공부를 시작했다. 그리고 파리에 있는 루이 르 그랑 중고등학교에서 중등교육을 받는다. 오랫동안 과학에 흥미를 보이던 그가 수학을 하기로 결정한 것은 뛰어난 선생님인 뒤푸르의 영향을 받은 졸업반이 되어서였다. 1926년, 17세이던 그는 고등사범학교에 들어간다. 그는 친구 자크 에르브랑과 특별히 가까이 지냈는데, 그의 영향은 슈발레에게 오랫동안 지속된다(에르브랑은 매우 뛰어났고, 수학의 논리학에 흥미가 있었는데, 당시 프랑스에는 알려지지 않은 분야로, 1931년 그가 산에서 사고로 스물세 살의 나이로 요절할 때까지 그 분야에 크게 이바지했다). 이탈리아와 독일에서 돌아와서 앙드레 베유를 만난 것도 고등사범학교에서였다. 그는 슈발레에게 대수학 이론의 현대적 관점을 소개했는데, 그것은 나중에 슈발레가 관심을 가진 분야의 중심에 놓이게 된다. 1929~30년에 그는 처음으로 지원금을 받아서 과학 쪽 일을 하게 된다. 그리고 군대에 간다. 1931년 말부터 1936년까지 슈발레는 국립과학기금(오늘날 '국립과학연구소'의 전신)의 지원을 받았고, 수학, 철학 그리고 사회와 정치를 비판하는 데 몰두했다. 1931~32년에는 독일의 함부르크 대학교에서 에밀 아르틴의 가르침을 받으며 보냈는데, 그때가 박사학위 논문을 쓰는 해였다. 그는 1933년 몇 달을 헬무트 하세가 가르치던 마르부르크에서 보냈다. 1933년에는 그의 독일인 사촌 자클린느와 결혼한다.

1936년, 클로드 슈발레는 베유를 대신해서 스트라스부르 대학교에서 한 학기 동안 가르치다가, 미국으로 초청받는다. 1937~38년에는 렌느의 학회장을 맡고, 1938년 프린스턴 고등연구원에 초빙되어 떠난다. 2차 세계대전이 시작되자, 프랑스 대사관은 그에게 일시적으로 미국에 머물기를 권한다. 그는 프린스턴 대학교에서 자리를 잡고 1948년까지 있은 뒤, 구겐하임의 지원 덕분에 파리의 대학교에서 한 해를 보내고, 뉴욕의 컬럼비아 대학교로 돌아온다. 그 중간에 1948년 이혼하고 연극 역사 전문가인 실비 보스트사론과 재혼하여 오늘날 투르 대학교의 역사학 교수가 된 카트린 슈발레를 낳는다. 그 끔찍했던 몇 년을 좋은 환경에서 지낸, 운좋은 사람들을 옳지 못하다고 보는 몇몇 수학자들의 반대 움직임에도, 클로드 슈발레는 1955년 소르본에 자리를 얻어 프랑스로 돌아온다. 그때부터 1978년 은퇴할 때까지 그는 파리 대학교의 중심에 있었다. 오랫동안 병을 앓다가 1984년 6월 28일 죽음을 맞는다.

수학에 대한 슈발레의 공헌은 크고도 중요하다. 그것은 특히 대수적 수론(특히 분류의 몸체라 불리는 부분에서), 대수기하학, 군론에 대한 것이 많다. 이들 분야에서, 그는 이제는 고전이 된 책들을 쓰기도 했다.

슈발레의 학문적 삶의 또 다른 모퉁이에는 철학이 있다. 에르브랑과 마찬가지로, 그는 수학에서의 엄밀함을 불안과 자유에 대한 아주 개인적인 경험에 결합시켰다. 그는 아버지의 친구였던 에밀 메예르송의 인식론에 관심을 가졌는데, 메예르송이 과학에서 바뀌지 않는 안정성과 정체성을 밝혀냄을 통해 근본적인 고민을 줄여보고자 하는 바람의 효과를 알고 있었다는 점에 관심을 두었다. 그의 딸이 설명하기를, 클로드 슈발레에게 수학적 창조란 모든 외부적 목적으로부터 자유로운 것이었다. 그것은 예를 들어 물리학자들의 현실 또는 세상의 숨어 있는 구조를 찾아내고자 하는 바람에 따라 수학을 다듬으라는 합리적인 요구에 굴복할 수도 없고 굴복해서도 안 된다는 것이다. 달리 말하자면, 순수수학을 하기 위해서 '현실을 거부할' 의지가 있다는 뜻이고, 이는 부르바키의 수학에서 느껴지는 점이다. 클로드 슈발레는 또한 또 다른 친구, 철학자 아르노 당디외로부터 영향을 받았다. 1933년 젊은 나이에 죽은 그는 로베르 아롱과 함께, 1930년에 일어났던 '새로운 질서(L' Ordre nouveau)' 운동의 중요한 인물이었다. 이것은 유럽식 무정부주의의 흐름 속에 있는 지식인 모임의 문제였다. 그들은 스스로를 '인격주의자' 라고 부르며, 인간 개인에게 우선권을 두고, 직접 민주주의 위에, 반생산주의 경제 위에, 연방주의 위에 기반을 둔 새로운 질서를 주장했다. 당디외(나중에 같은 이름을 택하는 극우파와는 하나도 의견을 같이하지 않았던)에 의해 모임이 이끌어지고 있을 때, 클로드 슈발레는 프린스턴으로 떠날 때까지 '새로운 질서' 의 주요 구성원이었다. 2차 세계대전 동안에 그는 수학에 한층 더 집중했다. 하지만, 1960년대에는 《살아남기와 살아가기(Survivre et vivre)》라는 이름의 잡지를 펴내던 한 경제학 지식인 모임에서(알렉산더 그로텐디크와 로제 고드망, 그리고 두 명의 다른 부르바키 회원과 함께) 분투했다.

그와 가까이 있던 사람들의 말에 따르면, 슈발레는 언제나 젊은 생각을 가지고 있었고, 특히 엄밀함과 자유로움의 요구에 충실했다. 또 그는 의심할 바 없이 부르바키의 설립자들 가운데 제일 개인주의자였고, 이런 영웅적 서사시에 대해 가장 비판적 시각을 가지고 있던 사람이었다.

Bourbaki

10
학교에서 배우는 '새로운 수학'

1970년대 무렵, 새로운 수학의 물결이 중 · 고등교육에 밀려왔다. 부르바키가 만들어낸 구조들은 분명히 그 수학에 들어 있었지만, 부르바키 모임 그 자체는 이 새로운 물결에 얼마나 참여하였는가?

"정의 4 : 순서집합 E의 부분집합 I가 만약 다음의 성질을 만족하면 E의 구간이다. ($x \in I$이고 $y \in I$이고 $x \leq y \leq z$이면)$\Rightarrow$($z \in I$이다.)"

"정리 6 : 항등원은 체(體) **R**의 유일한 자기동형사상이다."

"정리 : 함수의 합과 합성은 유니터리(unitary) 고리의 구조로 이루어진 벡터 공간 **E**의 자기준동형사상의 집합 L(**E**)에 비교한

정리와 정의

점진성인 ($\varDelta$,g)가 있다고 하자.

1. $a' \neq 0$인 모든 실수 좌표의 경우, $\varDelta$의 모든 원소 M에 대해

$$g'(M) = a' \cdot g(M) + b'$$

의 함수 g'는 일대일 대응함수이다.

2. 같은 계열의 일대일 대응함수는 정의와 같이 다음 특성을 지닌다.

두 개의 일대일 대응함수, g'과 같은 계열의 g"에 대해서, $a \neq 0$이 아닌 실수 좌표 (a,b)가 존재하고, $\varDelta$의 모든 원소 M에 대해

$$g'(M) = a' \cdot g'(M) + b$$

가 성립한다. 이런 경우 같은 계열의 모든 일대일 대응함수에 대해 $\varDelta$의 점진성이라 하고, g'(M)은 점진성 g'에서 M의 가로좌표라고 불린다

제4학년(우리나라의 중3) 수업내용에 있는 점진성의 성질과 정의.

다."

"모든 대합적 자기준동형사상(endomorphism)은 대칭이다."

"정의 : ϕ에 대해 불변인 부분 벡터 공간이 1차원 또는 3차원일 때, $\mathbf{E}_3$의 수직한 자기준동형사상 ϕ를 벡터의 회전이동이라 말한다"

"정리 2: F가 벡터의 함수이고 x_0가 그 정의역에서의 쌓인 점(accumulation point)이라 하자. 그러면,

$$\lim_{x \to x_0} F = \vec{0} \Leftrightarrow \lim [x \to \| \overrightarrow{F(x)} \|] = 0$$

위의 내용은 부르바키가 쓴 『수학원론』의 한 부분일까? 아니면 대학생들을 위한 수학 수업내용, 혹은 대학입시 예비반 수업내용일까? 아니다. 이것은 1970년대 아셰트 출판사에서 알레프 제로(Aleph$_0$) 시리즈로 출간된 고3 과정을 위한 프랑스 수학 교과서에서 일부 인용한 것이다. 이 교과서는 여섯 권으로 구성되어 있는데, 두 권은 대수학, 두 권은 기하학, 두 권은 해석학으로 이뤄져 있으며 1,500쪽이 넘는다! 교과서의 내용은 오늘날 수학을 전공하는 대학생들조차 어리둥절하게 만들 정도이다.

그 당시에는 프랑스뿐 아니라 전세계가 '새로운 수학'의 시대였다. 이는 초등 · 중등 수학교육을 용기 있게 개혁하려는 움직임이었다. 이 개혁은 많은 논란을 일으켰고, 교육자들, 수학자들, 교육심리학자들, 학부모 등이 격렬한 논쟁을 펼치면서 실패하고 말았다. 오늘날 교육체계에도 여전히 이 실패의 흔적이 남아 있다. 그런데 이런 개혁에 부르바키의 이름이 가끔씩 등장한다. 이것은

왜일까? 부당한 일인가? 특별한 이유가 있어서 그런 것일까?

대학교육에 뛰어든 부르바키

중등교육에 대해 알아보기 전에, 대학교에서 일어난 수학교육의 혁신에 대해 얘기해보자. 이 부분에 있어서 부르바키는 적어도 프랑스에서는 분명히 중요한 역할을 했다. 이것은 모임 창시자들의 초기 프로젝트의 성격을 띠었다. 그것은 이미 낡아 그저 학시학위를 딸 때만 사용했던 기존의 해석학 교재를 새로 쓰는 일이었다. 대부분 지방대학에서 근무하던 부르바키의 선구자들은 교육을 근대화하기 위해 모임을 만들기 시작했다.

"1939년 스트라스부르 대학이 옮겨갔던 클레르몽 페랑에서 나는 바나흐 공간에서의 미분을 가르쳤는데, 이것이야말로 진정한 혁신이었다"라고 앙리 카르탕이 얘기했다. 지방대학 학생들은 그들의 선배가 배웠던 것보다 더 현대적인 수학을 접하게 되었다. 파리의 경우는 오히려 늦은 편이었다. 고등사범학교 학생들은 카르탕이 1940년 파리에 오면서 이 수학을 접할 수 있었다. 하지만 파리의 다른 학교 학생들은 1954년 구스타브 쇼케가 부임하고 나서야 배울 수 있었다. 앙리 카르탕에 따르면, 매해 말 대학에서 학장이 수학 전공 교수들을 모이게 한 후 다음 해 수학 수업시간에 무엇을 가르칠지 논의했다고 한다. 미적분 수업은 오랫동안 전통적이고 지루한 수업을 하던 조르주 발리롱이 가르쳐왔다. 그런데 발리롱이 몸이 좋지

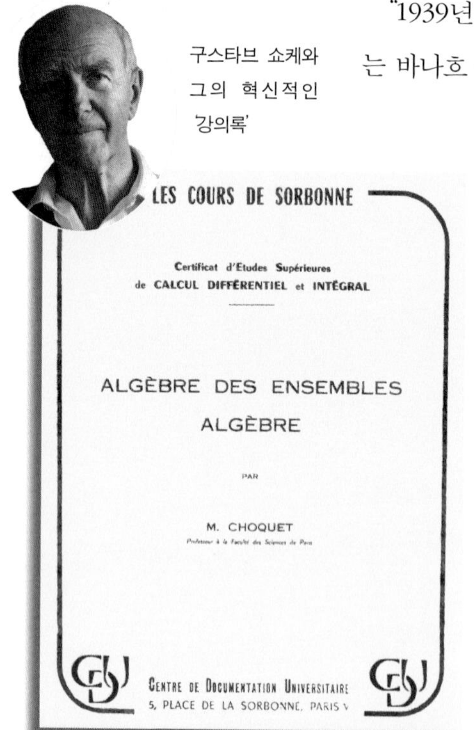

구스타브 쇼케와 그의 혁신적인 '강의록'

않아서 수업을 계속 할 수 없었다. "저는 우리와 같은 교육관을 공유하고 있던 쇼케를 추천했습니다"라고 앙리 카르탕이 말했다. 부르바키의 멤버가 아니었던 구스타브 쇼케는 결국 강의를 맡았다.

쇼케는 "강의는 그때까지 계속해서 구르사의 교재의 기초 부분을 따라했다. 나는 강의의 방향과 내용을 완전히 수정했다. 나는 프랑스 수학 교수법에서의 혁명을 경험하는 행운을 가졌는데, 처음에는 대학 고학년 수업에서 변화가 일어나더니, 나중에 개혁의 움직임은 급속히 퍼져 대학 초년생들에게도 이루어졌다"라고 슈미트에게 말했다. 보수적인 수학자들의 반대가 심했기에 진통도 있었다. 앙리 카르탕의 말은 계속 이어진다. "나는 앙리 빌라가 다음과 같이 소리쳤던 것을 기억한다. '여러분은 저조차도 이해하지 못하는 것을 어떻게 학생들이 이해하기를 바라십니까?'"

쇼케에 의해 도입된 이 개혁에 대해 작가이자 수학자인 자크 루보는 자신의 자서전 『수학(Mathématique)』에서 학생들이 어떻게 받아들였는지 묘사하였다. "자신들의 눈앞에서(무엇보다도 자신들의 귀를 통해), 수학이 급작스럽게 탈바꿈하는 모습을 경험하면서, 그랑제콜(Grandes Écoles, 프랑스의 엘리트 양성 교육기관—옮긴이)을 준비하기 위해 수업을 듣거나 일반 수학시험에서 치열한 경쟁을 뚫고 합격증을 받은 학생들은 확고부동했던 신념이 흔들리는 것을 느꼈다. 학생들은 그전까지, 불변적이고 단조로운, 그리고 안정된 모습으로 굳어진 수학을 공부했는데, 그것이 너무나 다르게 바뀌어 당혹스러울 수밖에 없었다. 그들은 이런 새로운 수학의 모습을 대체적으로 긍정적으로 보지 않았다. 낙제생들의 혼란은 더욱 심했다. 앞선 '발리롱'의 수업과 '쇼케'의 수업 사이에서, 그들은 단 하나의 공통점도 발견하지 못했다. 편의상 수업의 이름만 같았지, 완전히 다른 수업인 것만 같았다." 한편, 쇼케는 어려운 상황에서 꽤 빨리 벗어날 수 있었다. 그가 도착한 다음 해, 교수직이나 학회장직 몇 개가 공석이 되었다. 마르탱 앙들레에 의하면, 1955년 슈발레, 에레스망, 피조, 자만스키, 고드망, 그리고 딕스미에가 임명되면서 '거친 싸움'은 혁신 세력이 승리하면서 막을 내렸다. 자만스키를 제외하고, 이들은 모두 한때 부르바키의 회원이었다.

부르바키, 에콜 폴리테크니크에 들어가다

에콜 폴리테크니크의 상황에 대해 언급하는 것도 도움이 될 것이다. 1차 세계대전 때부터 1950년대까지, 폴 레비(위대한 확률론자로 그 업적이 오랫동안 주목받지 못했다)와 은퇴할 때가 거의 다 되어가던 가스통 줄리아가 에콜 폴리테크니크에 있었음에도 그곳의 교육은 형편없었다. 수학의 경우도 예외가 아니었다. 1959년 장인이었던 폴 레비가 은퇴하자, 로랑 슈바르츠(부르바키 회원)가 임명되면서, 오래전부터 수학자를 거의 한 명도 양성하지 않았던 에콜 폴리테크니크 교육에 새로운 바람이 불었다. 슈바르츠의 해석학 강의는 성공적이었고, 강한 반대에도 불구하고 그가 도입했던 많은 변화들을 통해 1968년 이후, 특히 에콜 폴리테크니크의 교육에 크나큰 혁신을 일으켰다. "슈바르츠의 수학과 다른 과목 수업 사이에 교수법 차이가 너무나 커서 완전히 재검토를 해야 할 필요성까지 생겨났다"라고 장 피에르 부르기뇽은 전했다. 에콜 폴리테크니크에서는 그 이후로 수준 높은 수학자들을 배출해내기 시작했다. "최근 베를린에서 열린 국제수학회의에서, 학회 전체

1960년 뭄바이에서 앙리 카르탕의 모습.

로랑 슈바르츠가 분산이론을 가르치는 모습. 슈바르츠의 강의는 에콜 폴리테크니크에서 수학교육의 혁명을 일으켰다.

연설자 10명 중 4명이 프랑스인이었고, 그 4명 중 3명이 에콜 폴리테크니크 출신이었다."

부르바키는 이와 같이 대학 수학교육을 혁신시키는 데 엄청난 공헌을 했지만, 이러한 혁신이 모두 부르바키가 이루어낸 것은 아니다. 이런 공헌은 부르바키가 모임의 자격으로 이룬 업적이라기보다는 (교재 『수학원론』이 간접적인 영향을 끼치기도 했다), 그 모임에 속한 개인들의 것으로 보는 것이 맞다. 부르바키는 대학이나 그랑제콜에서 한 자리 차지하기 위해서, 혹은 수학교육 내용을 다시금 명확하게 규정하기 위해서 집단적인 전략을 구상해낸 것 같지는 않다. 게다가 부르바키 회원들만이 대학 수학교육을 혁신하고자 노력한 것은 아니었다는 점이다. 구스타브 쇼케는 부르바키 회원이 아니면서 이러한 혁신에 공헌을 한 인물로 가장 눈에 띄지만, 1947년과 1952년에 각각 프랑스 대학교의 교수로 임명된 장 르레이와 앙드레 리슈네로비츠의 업적 또한 언급할 만한다.

한편, 중등교육의 '새로운 수학' 운동에서 부르바키의 역할을 평가하는 것은 훨씬 더 어렵다. 우선은 이 유명한 개혁이 어떻게 시작되었는지 알아보자. 1950년대에는, 모두들 학교에서 배우는 수학이 너무나 진부해서 그 당시 경제적, 공학적, 과학적 그리고 문화적 요구에 상대할 만한 능력이 되지 않는다고 생각했었다. 이런 지각은 프랑스뿐 아니라 다른 여러 나라들에서도 나타나는 현상이었다. 이렇게 된 근본적 이유는 무엇이었을까?

서구 세계는 1950년대와 1960년대에 경제적 · 산업적 성장과 더불어, 과학과 공학이 발전하면서 문화적 변화를 경험했다. 높은 수준의 과학자들과 공학자들을 양성하는 일은 경제적 발전의 필요하다고 여겨졌다. 게다가, 1957년대에 스푸트니크 호가 처음 발사되면서 시작된, 러시아와 서구 사이의 경쟁으로, 서구사회는 기술에서 뒤처지는 것을 두려워하는 입장이 되었다. 과학자들과 공학자들이 지녀야 할 가장 중요하고 유용한 경쟁력으로 수학 능력이 꼽혔다.

여기에 수학 자체의 발전이 더해졌다. 부분적으로 부르바키의 영향을 받아, 수학은 집합론에 기초하고 공리에 의해 정의된 '군, 고리, 체(field) 등'의 일반적인 구조들을 통해서 구축된 통일된 주제로서 전세계에 비춰졌다. 이런 종류의 수학은 수학혁명이 대학에서 일어나고 있다고 해도, 초등 · 중등학교에서 가르치는 것과는 연관이 거의 없었다. 그러므로 대학에서 수업을 듣고 부르바키의 영향을 받은 젊은 선생님들뿐만 아니라, 수학자들은 자신들의 교수법을 현대화하고 싶어했다.

수학은 어디에나 있다

이 변화와 더불어, 널리 퍼진 또 다른 생각은 수학(mathématique, 부르바키가 권했듯이 단수표현을 씀)이 보편적인 언어로 되어 있어서, 특히 인문학과 사회과학을 포함한 모든 학문에 사용된다고 여겨졌다는 것이다. 이러한 생각은 숫자, 함수, 기하학적 도형 등의 대상 자체보다는 이 대상들 사이의 관계를 강조하는 현대수학의 트렌트와 발을 맞추었다. 많은 사람들이 "수학은 어디에나 존재한다"고 선언했는데, 이 말은 수학이 모든 사람들의 지적 · 문화적 지식의 중요한 부분이라는 뜻이다. 이러한 시각은 아마도 철학, 문학, 민속, 언어학, 혹은 심리학에 영향을 미치는 구조주의에 부분적으로 기초하고 있다.

새로운 수학 혁명의 불꽃을 일으킨 마지막 요소는 교육학에서의 새로운 흐름이었다. 장 피아제는 아이가 수학을 배울 때 형성되는 정신적 구조와, 니콜라 부르바키가 그의 글 〈수학의 구조〉에서 논의한 구조(순서 구조, 대수학적 구조, 위상수학적 구조) 사이에 유사점을 보여주었다. 게다가, 피아제와 많은 다른 심리교육학자들이 아이의 지적 발달에 있어서 적극적 배움이 중요하다고 강조했는데, 이러한 교수법에 대한 움직임은 선생님으로 직접 얻은 지식보다는 선생님의 도움을 받아 학생들이 해낸 관찰, 실험, 추론에 기초를 두고 있다. 부르바키가 수학을 가르치는 스타일은 전통적인 방식보다 새로운 교수방식에 더 잘 맞아 보였다. 게다가 수학은 다른 분야보다 좀더 민주적인 것 같은데, 왜냐하면 개념을

1977년 장 피아제의 모습.

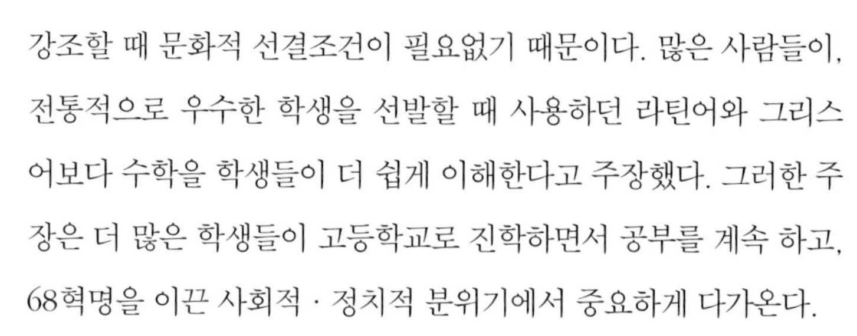

강조할 때 문화적 선결조건이 필요없기 때문이다. 많은 사람들이, 전통적으로 우수한 학생을 선발할 때 사용하던 라틴어와 그리스어보다 수학을 학생들이 더 쉽게 이해한다고 주장했다. 그러한 주장은 더 많은 학생들이 고등학교로 진학하면서 공부를 계속 하고, 68혁명을 이끈 사회적 · 정치적 분위기에서 중요하게 다가온다.

디외도네가 "유클리드의 기본으로!"를 외칠 때

많은 나라에서 새로운 수학 혁명은 네 단계로 요약될 수 있다. 첫 번째는 자각하고 숙고하는 단계였다. 유럽경제협력기구(OEEC, 후에 경제협력개발기구(OECD)로 바뀜)가 1959년 11월에 주최한 열흘 간의 강연회는 중고등학교의 수학교육 내용과 방법의 재구성을 장려하는 데 그 목적을 두었다. 바로 그 학회가 진행되던 중, 기하학 교육에 대한 논의에서 참가자 중 한 명인 장 디외도네가 역사에 남을 도발적인 한 마디 "유클리드의 기본으로!"를 던졌다.

대략 1964~67년이 두 번째 단계로, 활동하는 모임이 생겨나는 준비단계이다. 세 번째 단계는 교육 경험을 실제화하고 새로운 제도를 실행하는 단계이다. 마지막 네 번째는 새로운 교육내용을 널리 실행해보는 단계로 1970년대 초에 이루어졌다. 프랑스에서 중요한 첫발은, 개혁을 착수하기 위해서 1967년 1월 정부에서 리슈네로비츠 위원회를 만든 것이다. 이 위원회는 앙드레 리슈네로위크가 주도하였고, 처음에는 대학교와 중고등학교 선생 17명으로 구성되었다. 구스타브 쇼케, 물리학자 루이 네엘, 피에르 사뮈엘(당시 부르바키 회원이었던), 샤를 피조(이전에 부르바키 회원이었던), 앙드레 르뷔(개혁을 이끌었던 사람의 하나)도 참여했다. 리슈네

1988년 앙드레 리슈네로비츠(1915-98)의 모습.

1954년 열린 뮤롤에서 열린 부르바키 학회. 왼쪽에서 오른쪽으로, 로제 고드망, 장 디외도네, 앙드레 베유, 손더스 맥레인, 장 피에르 세르. 로제 고드망은 대학 수준의 수학교육을 하는 데 부르바키의 철학을 실행해야 한다고 강력히 주장했다.

로비치 위원회는 새로운 교육내용을 제안하면서 새로운 수학 개혁에 중요한 역할을 했다.

새로운 제도의 내용은 무엇이었나? 앞선 교육과정과 비교해서 간단히 말하자면, 공리적 방법에 의해 표현되는 군, 고리, 체, 벡터 공간에 대한 기본적 공부를 포함한, 수학적 논리, 형식논리학과 집합 이론의 기초를 보다 일찍 소개하는 것이다. 또한 (고학년에서) 복소수와 확률론의 원리를 소개하고, 전통적 기하학을 선형대수학(다시 말해, 선형방정식과 벡터 공간의 대수학)으로 대신했다. 새로운 교육내용은 모든 산술적, 대수학적, 삼각법에 의한 계산을 강조하기보다는, 정의, 정리, 증명에서 엄밀함을 강조했다. 다른 나라에서도 개혁의 방향은 프랑스와 비슷했다.

반혁명을 동반한 혁명

특히 교실과 교과서에서 새로운 교육내용을 실행할 때 개혁이 지나치게 이루어지기도 했다. 이러한 개혁의 결과, 활발한 비판과 논쟁이 일어났는데, 보통 사람들도 대중매체를 통해 이를 지켜보았다. 전통적 기하학을 버리는 것, 더 정확히는 그것의 대수화가 비판의 주요 타깃이었다. 다른 것으로는 현대수학의 지나친 형식화와 추상화였다. "(…) 새로운 수학은 현실과 만나지 않는다", "(…) 집합론적 대수학은 추론하기를 가르치지 않는다"라는 문구가 1971년과 1972년에 잡지 《과학과 삶(Science & Vie)》에 개혁을 공격하는 글로 연재되었다. 장 르레이나 르네 톰같이 위대한 수학자들이 새로운 수학을 비난한다. "이처럼, '새로운 수학'은 특징적 성질(공리를 뜻함)을 언급하지 않고 정의내린 개념의 연속이고, 주목할 만한 어떤 성질에 대해서도 언급하지 못했다. 그러니 우리는 그 개념을 가지고 추론을 할 수도 없고, 재미를 느끼지도 못한다. 개념을 배우는 것은 지성을 악화시키는 기억력 테스트이다"라며 르레이는 《수학자들의 이야기》 1971년 10월 호에서 쓰고 있다. 장 디외도네는 "새로운 교육방법이 현대화의 깃발 아

2.1 CORPS $\mathbb{C}$ DES MATRICES $\begin{pmatrix} a & -b \\ b & a \end{pmatrix}$

2.1.1 Définition.

On appelle $\mathcal{M}$ l'ensemble des matrices carrées d'ordre 2 à termes réels. Sur le corps $\mathbb{R}$ des nombres réels, on appelle $\mathbb{C}$ le sous-ensemble des matrices M(a, b) de la forme :

$$M(a, b) = \begin{pmatrix} a & -b \\ b & a \end{pmatrix},$$

pour tout a et pour tout b.

마지막 학년(우리나라로 치면 고3—옮긴이) 수업내용인, 행렬을 이용한 복소수의 정의.

래 놓여서 더 공격적이고 멍청해졌다"고 일갈했다.

반혁명은 무의미해졌으며, 새로운 수학 혁명은 전세계적 규모의 실패라는 비판을 계속 받았는데, 이 실패는 양적으로 결코 잴 수 없었다. "분명히 실패한 것은 맞습니다. 교사들은 정부에서 정한 교과과정과 교과서를 따라서 가르칠 수는 없다고 주장하며, 학생들은 이 '통합된 개념'을 이해하지 못하는 듯하고, 부모들은 그들의 아이들이 더 이상 셈할 줄도 문제를 해결할 줄도 모른다는 사실을 깨달았다"라며, 캐나다에 사는 폴란드인이자 국제수학교육위원회의 부위원장을 맡았던 안나 시어핀스카는 설명한다.

학교에서는 '새로운 수학'이 왜 실패하였나? 어떤 면에서 예전의 수학보다 이해하기가 어려운가? 새 교과과정은 나름대로 일관성이 있었는데, 이를 시행하는 데 그렇게 큰 문제들이 생겨났을까? 오늘날에도 여전히, 이 물음에 대한 객관적이고 상세한 분석은 빠져 있는 듯하다. 여기에 써둔 많은 비판에 대한 대답의 몇몇 실마리들은 있지만, 이들이 개혁 문제에 대해 명확하고 전체적인 시각을 만들어내지는 못한다. 언젠가는 알게 될 교훈들이 숨겨진 채, 개혁 실패에 대한 이유는 제대로 이해되지 못하는 실정이다.

반면, 교수로서 명성을 얻은 두 수학자 로랑 슈바르츠와 구스타브 쇼케가 과거를 돌아보며 몇 가지 이야기를 한다. 1990년 쇼케

정리와 정의

(D_1, D'_1)과 (D_2, D'_2)가 ε_2에 속한 벡터 반직선의 두 좌표라고 하자.

"$f(D_1) = D'_1$, 그리고 $f(D_2) = D'_2$가 되는 ε_2에 속한 회전 벡터 f가 존재한다."

이 관계는 $D \times D$에서 대등 방정식이다. D는 ε_2의 벡터 반직선의 집합을 나타낸다.

이 관계를 만족시키는 대등의 모든 종류가 **ε_2의 두 벡터 반직선 사이 각**이라고 불린다.

1971년 고등학교 3학년을 위한 두 반직선 사이 각에 대한 정의로, 그림이 하나도 없이 설명만 있다!

는 슈미트에게, "추상적이고 상상력이 말라버린 세계에서, 지난 1백 년간의 발전 속에서 우리는 기본 개념과 정리를 경험이나 기하학적 직관을 언급하지 않고도 처음부터 명쾌하고 정확하게 표현할 수 있게 되었다. 프랑스와 다른 나라들에서, 이런 일이 1960년대 말 수학 개혁이라는 드라마와 함께 일어났다. 장 디외도네의 유명한 외침, "유클리드의 기본으로!"는 중고등학교 수학교육의 새로운 교과과정을 만들어내야 하는 정부위원회의 방향을 잘 말해준다. 기초적인 개념은 모든 논리적 구성에 꼭 필요하므로, 개혁의 동기를 부여하는 발상은 이런 개념들(논리학, 집합론, 대수학, 선형대수학)이 가장 먼저 가르쳐져야 한다는 것이다. 그러나 학생들의 동기와 배경 지식, 교사들의 교육, 합리적인 교과서의 출판과 같은 교육적인 고려사항들을 제쳐두었기 때문에 결과는 비극적이었다. 물론 물리학자와 공학자들의 요구에도 제대로 대처하지 못했다"라고 말한다.

슈바르츠는, 1981년 12월에 나온 『1981년 5월의 프랑스—과학의 교육과 발전』에 대한 공식 보고서에서 다음과 같이 썼다. "(…) 교사들, 학부모들, 아이들은 '새로운 수학'을 배웠다기보다는 매우 광범위하고 현대적인 주제에 대한 기본적인 어휘를 알게된 셈이다. (…) 학교에서 주어진 정의는 그 주제의 ABC에 해당할 뿐이었다. 사람들은 조금씩 과거의 중고등학교 수학의 풍요함, 모든 정리, 기하학의 도형들, 수학과 다른 과학들 사이의 관계들을 대부분의 학생들은 이해할 수 없는, 넘쳐나는 공리와 정의들이 대신하게 되었다. 대부분의 학생들은 이러한 내용들이 이해하기 어려우며, 그 효과는 매우 빈약하다는 것을 알게 된다. 수학은 개념과

1975년 7월 그라스 근교 메쉬기에르에서 프랑수아 브뤼아와 미셸 드마쥐르.

구조를 되도록 적게 설명하고 그 주제에 맞는 정리들을 많이 소개할 때 풍요로워진다. 그러나 중고등학교에서의 새로운 수학은 엄청나게 많은 개념과 정의를 소개하지만, 정리는 거의 소개하지 않는데, 이는 매우 잘못된 것이다. (…) 수학의 목표는 모든 이가 아는 것을 엄밀하게 증명하는 것이 아니다. 대신 다양한 결과들을 찾아내 이 결과들이 참임을 확신할 수 있도록 증명해보는 것이다."

오늘날, 새로운 수학을 소개하는 데 부르바키는 어떤 역할을 했는가? 디외도네는 교육에 대한 개인적인 의견을 도발적으로 외쳤으며, 새로운 교과내용을 발전시키는 데 직책상의 역할을 하지 않은 동안에, 교과내용에 많은 영향을 끼쳤다(예를 들어 기하학의 대수적 표현에서 분명하다). 피에르 사뮈엘은 리슈네로비츠 위원회에 참여했는데, 거기에는 다른 17명의 사람들도 있었다. 게다가 사뮈엘은 핵심 인물이 아니었다. "리슈네로비츠와 나는 꽤나 신중했지만, 위원회의 어떤 회원들은 일방적으로 밀어붙이는 경우가 많았다"라고 그는 말한다. 카르탕과 슈바르츠는 수학교사협회에서 현대의 수학에 대한 연설을 했다(중고등학교 교사들은 수학 개혁에 적극적인 지지를 보냈다).

모임으로서의 부르바키는 개혁의 어떤 부분에도 함께하지 않았고, 그것을 둘러싼 논쟁에도 참여하지 않았다. "부르바키는 중고등학교 교육에 대해 어떤 의견도 가지고 있지 않았다. 심지어 부르바키는 1학년 대학생들을 위한 교육에도 관심이 없었는데, 몇몇 구성원들은 이 과정을 위해 '약식 부르바키(mini-Bourbakie)' 교재 집필을 제안했지만 받아들여지지 않았다. 우리는 다른 할 일이 많았고, 그 분야에는 이미 괜찮은 책들이 나와 있었다"라고 피에르 사뮈엘은 말한다.

의심을 하면서도 조용히

미셸 드마쥐르는 부르바키 모임이 언제나 많은 의심을 가지고 개혁을 바라보았으며, 어떤 이들은 심하게 반대하는 입장이었다고 기억한다. "우리들 사이에 공유되었던 것은, 바로 교육적 움직임에 대한 무시였다. 우리에게 중요한 것은 가르치는 내용이었으며, 어떻게 가르치는지는 관심 밖이었다."

그러나 개혁에 참여하지 않았다 하더라도, 부르바키는 간접적으로 영향을 미쳤다. "그 개혁에서 부르바키의 영향은 무엇보다 선택의 문제에서 드러나는 중요한 수학적 철학과 새로운 교과내용의 수학적 차례를 구성하는 능력에서 나타났다. 목표는 아주 어린 학생들을 대상으로, 심지어 유치원에서부터 집합, 치수, 관계, 군 같은 일반적 개념 위에 구축하는 거대하고 통합적 구조로서 수

장 피에르 카안에 따르면, 프랙탈 구조로 되어 있는 시어핀스키 세모꼴은, 해를 거듭할수록 내용이 바닥나는 수학의 교과과정을 나타내고 있다.

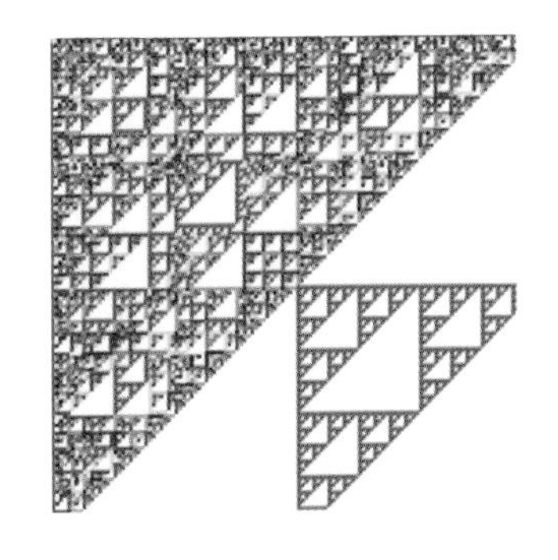

학 지식을 쌓는 것이었다"라고 안나 시어핀스카는 말한다.

이처럼 부르바키가 가졌던 수학에 대한 꿈은 수학자들의 가슴을 파고들었고, 이어서 이 꿈은 대학교육으로 퍼져나갔으며 거기에서부터, 때때로 토론중에 부르바키에 대해 분명하게 언급하면서 중 · 고등 수학교육을 개혁하기 위해 이 비전을 이용하자고 제안한 중고등학교 선생님들에게도 영향을 미쳤다. 그런데, 자기들의 교재에서 썼던 방법이 중고등학교 교육에서도 쓰일 수 있으리라 한 번도 생각하지 않았던 부르바키는 자신들의 철학이 잘못 받아들여지는 데 대해 책임을 지지 않으려 했으며, 그 철학이 고등학교 교수법이 확장되는 것을 달가워하지 않았다. 피에르 카르티에가 말한 것처럼 이렇게 비판할 수 있다. "부르바키는 중등교육의 개혁에 있어서 대단히 위선적이었다. 그들은 적지않은 영향력을 가졌으나, 책임지기를 거부했다." 한편 미셸 드마쥐르는 이런 태도를 부르바키의 얀센파(jansénisme)적 특징이라 보았는데, 부르바키의 다수는 개신교도였다. "부르바키는 스스로를 정당화하려 하지 않았고, 다른 모임에서 그들의 연구가 잘못 이해되는 상황에 대해 책임을 느끼지 않았다. 모든 부르바키 회원들은 그들의 책을 교수법의 모델로 삼는 것을 반대했지만, '사람들에게 그들이 하고자 하는 대로 믿도록 내버려두라' 고 말하는 꿋꿋한 얀센파의 철학 같은 것을 갖고 있었다."

'새로운 수학' 의 다양한 개혁은 1970년대 말에 멈췄다. 개혁을 반대하는 사람도 있었다. 열정은 사그라들었고 사람들은 제도 속으로 되돌아왔다. 전통적 기하학은 새롭게 조그만 자리를 하나 얻었고, 쓸데없는 수식은 사라졌으며, 계산이 강조되었다. 하지만 사람들은 오늘날의 교과과정에도 이의를 제기한다. 이는 연계성이 적으며, 체계가 부족해 보인다. 해마다 사람들은 교과내용이 더 쉬워지도록 여러 가지 주제를 가볍게 빼내버리는데, 이를 두고 수학교육위원회의 위원장이던 수학자 장 피에르 카안은 "지금의 교과과정은 시어핀스키의 세모꼴을 떠오르게 합니다"라고 말했다.

벡터 공간은 특별하게 난이도가 있는 부분이 아니며 수학과 그 응용 분야에서 비중있는 역할을 한다 하더라도 더 이상 포함시키지 않는다. 게다가 산술도 마찬가지로 거의 사라졌다. 오늘날의 교과내용은 학생에게서 상상력이나 추론 능력을 요구하지 않으며, 학생들이 증명을 생각해내서 써내려가는 것을 준비시키지 못했다. "학생들은 추론하기를 정말로 배우지 않는다"라고 피에르 사뮈엘은 불평한다. "오늘날, 학생들에게 주어지는 대부분의 예제와 연습문제는, 문제의 내용에서 그 답을 거의 찾을 수 있다"라며 미셸 드마쥐르는 안타까워한다.

'새로운 수학' 개혁을 멈춘 것은, 마치 아기를 목욕물과 함께 버린 것과 같다. 수학은 언제나 수많은 학생들에게 두려움, 무관심, 그리고 공포를 주었다. 그리고 디외도네가 1987년에 자신의 책, 『인류 지성의 영광을 위하여』에서 언급한 것은 안타깝게도 오늘날에도 유효하다. "중고등학교에서 가르치는 수학은 1800년 이후에 새로 밝혀진 것이 하나도 없다." "하나도 없다"를 "거의 없다"로 바꾸면 좀더 정확하겠지만 말이다.

Bourbaki

11
불멸의 수학자?

모임의 회원들이 계속해서 교체되었음에도 불구하고, 니콜라 부르바키는 처음 지녔던 젊음의 패기를 그대로 유지하지는 못했다. 출범 이후 70년이 지난 상황에서, 이 모임의 역할과 의의에 대한 검토가 필요하다.

"40년이 된 부르바키 모임에서 유명한 수학자들은 죽지는 않았지만 늙어버렸다." 1980년 4월 9일 《르 몽드》에는 이런 제목의 기사가 실렸다. 1998년 4월 28일 《리베라시옹》도 "부르바키는 죽었다. 증명 끝"이라는 도발적인 제목을 뽑았다.

수학과 수학자의 삶은 더 이상 대중매체의 눈길을 끌지 못한다. 그들의 글이 저명한 신문에 실린다 해도 부르바키의 활동은 늘 시비의 대상이 되었다. 따라서 21세기 초까지 부르바키는 항상 존재해왔지만 1950~70년대와 비교해서 발전하지 못한 모습이었다. 그들의 교재 『수학원론』은 더 이상 예전과 같은 주목을 받지 못하고 있다. 가장 마지막 권이 1998년에 출판되었는데 그 앞의 책은 1983년에 출판되었다. 그들이 발간한 책의 내용은 어느새 구식이 되어갔다. 마송 출판사는 더 이상 새로운 책을 내거나 기존의 책의 개정판을 내지 않겠다고 단언하였다. "부르바키 교재는 절판될 위기에 와 있고 우리는 그것을 발전시키려 노력하지도 않는다." 또한 부르바키는 더 이상 수학자들의 모임에서 목소리를 내지 못했다. 여전히 계속되었던 그들의 장난스러운 행동들이나 수학적 선택도 화젯거리가 되지 못했다. 오직 일년에 세 번씩 열리는 그들의 강연회만이 부르바키의 이름을 높여주고 사람들의 주목을 끌었다.

수학의 모습이 바뀌었다

무슨 일이 일어난 것일까? 50년 동안 존재해온 부르바키가 왜 1980년대부터 벌써 한물 간 느낌을 주게 되었을까? 회원들을 교체하는 것만으로는 모임의 젊음을 유지하기에 부족했던 것일까? 여러 가지 이유 때문에 부르바키라는 모임은 쇠퇴의 길을 걷게 되었다.

1950년대로 거슬러올라가 몇 가지 이유를 꼽아보겠다. 1950년대는 바로 부르바키의 교재 『수학원론』 첫 부분이 나왔을 때로, 모든 수학자들에게 없어서는 안 될 교재의 첫 여섯 권이 출판되었을 때다. 출판사는 이후 후속편 출간 문제로 고심했다. 그런데 1998년 아르망 보렐은 "(…) 일부 부르바키의 업적을 포함해 수학은 스스로 너무나 많은 발전을 이뤘고 눈에 띄게 모습이 바뀌었기 때문에 우리는 전통적 방식을 단순히 따라갈 수 없음을 확실히 해야만 했다. 의도된 바는 아니었지만 창립 회원들은 종종 중요한 결정들에 좀더 영향력을 발휘했지만, 이들은 서서히 물러나고 있었고 젊은 회원들이 많은 책임을 맡아야 했다. 기본 원칙들은 다시 검토되어야만 했다"라고 썼다. 교재의 다른 단원들과 책들은

MARDI 28 AVRIL 1998

EUREKA

Bourbaki est mort, CQFD

Exit Nicolas Bourbaki, ce cerveau collectif qui a modernisé les maths françaises après guerre? «Oui» affirme Pierre Cartier, scribe du groupe jusqu'en 1983. Il prononce l'éloge funèbre et dénonce l'assassin: Mai 68.

Le Monde

SCIENCES ET TECHNIQUES

QUARANTE ANS DE BOURBAKI

Le célèbre mathématicien est toujours immortel, mais il a vieilli

Le testament

1998년 4월 26일자 《리베라시옹》, 1980년 4월 9일자 《르몽드》.

이러한 엄격한 수직적 서열의 원칙 속에서 계속 출판되었고, 이 신조 때문에 몇 권은 무리하게 출판을 연기해야만 했다.

더군다나 보렐이 설명하길, 부르바키는 유명해졌고 비슷한 스타일의 다른 책들이 출간되었다. 그 책들을 무시하는 것은 같은 일을 두 번 하게 만들고 상당한 시간 낭비를 가져올 수 있는 반면, 부르바키가 그 책들을 인정한다면 부르바키 업적의 독립적 성격은 그것에 의해 손상될 수도 있다. 문제가 되는 부르바키의 또 다른 전통은, 진행되는 각각의 출판사업에 모든 회원이 참여해야만 한다는 점이다. 이 고상한 원리는 수학의 기본적 영역에는 비교적 쉽게 적용되었지만 전문적인 영역에까지 가져올 필요는 없어 보였다. 동시에 부르바키는 각 장을 집필하는 데 있어서 보다 작은 규모의 조직을 두기를 꺼렸다. 보렐에 의하면 더 광범위한 차원에서 봤을 때 부르바키는 두 가지 가능성 앞에 서 있는 상황이었다. 하나는 지금까지 했던 것처럼 독립적인 방식으로 모든 수학의 기초를 구축해 나가는 것이었고, 다른 길은 더 실용주의적인 것으로, 최선의 보편성, 모든 기초 개념을 포함하지 않으면서 모임이 다룰 수 있을 만큼의 특정 주제들에만 집중하는 것이었다. 부르바키는 스스로 결정하는 데 시간을 들였고 결국 두 번째 길을 택했다. 이것이 부르바키 역사에서는 전환점이 되었다. 그들의 교재 중 첫 여섯 권이 출판되면서 부르바키의 목적들은 이루어지고 있었고, 사람들은 그 모임을 구세주처럼 바라보는 일이 적어졌다.

이 전환점은 부르바키가 은퇴하는 시기와 일치했다. 모임의 핵심부를 지배하던 분위기기 달라졌다. 피에르 카르티에는 "베유와 디외도네가 떠나면서 모임에서 큰소리가 나는 일이 적어졌다"라고 말한다. 이들은 토론의 분위기를 거칠게 몰고간 사람들이다. "관계의 긴장은 점점 느슨해졌고 우리는 전보다 평정을 찾은 듯했다." 하지만 베유는 지적인 면에서 우위를 차지했던 멤버로, 모임을 처음에 만들었으며, 모임을 꾸려가는 데 필요한 규율들을 고안해냈다. 그는 없었지만 사람들은 끊임없이 그를 회상했다. 디외도네도 마찬가지였는데, 베유의 경우와는 이유가 달랐다. "베유의 뛰어난 능력이 없었다면 우리는 지금까지의 속도를 더 이상 유지할 수 없었을 것임을 깨달았다"라고 피에르 카르티에가 말했다.

또 다른 중요한 변화는 1958년에 부르바키가 그때까지 출판된 『수학원론』을 개정하기로 결정했다는 점인데, 이는 단원을 따라 대대적인 개정판을 낸다는 것이었다. "불행하게도 개정판 작업은

NICOLAS BOURBAKI
Membre de l'Académie Royale de Poldévie

부르바키의 진정함을 세우기 위해 몇몇 회원들은 방문증을 갖고 있기도 했다.

예상했던 것보다 더 많은 시간과 노력을 필요로 했다. 게다가 일은 정해진 시간 안에 끝나지 않았고, 나는 교재의 다른 부분을 개선하려 했으나 자꾸 지체되었다"라고 보렐은 기록했다. "처음 시작할 때는 매우 흥미로웠지만 똑같은 내용들이 반복되었고 결국에는 모임의 사기가 떨어졌다"라고 미셸 드마쥐르가 토로하였다.

부족한 것은 시간인가, 열정인가?

한편 많은 이들은 오늘날 부르바키 회원들이 모임에 쏟는 시간이 부족하다고 주장한다. "부르바키의 가장 큰 문제는 시간이 부족하다는 것이다. 수학자가 해야 할 일은 엄청나게 늘어났다. 처음에는 15일마다 한 번씩 모여서 학회를 진행했지만 지금은 불가능한 일이다"라고 1997년 모임에서 은퇴한 아르노 보빌이 말했다. 드마쥐르는 "부르바키는 말도 안 되는 엄청난 양의 시간을 요구하는데, 회원들은 실질적인 결과를 생산해내기 위해 적어도 한 해에 두 달을 만나야 한다"라고 지적했다. 1959년부터 1978년까지 부르바키 모임의 서기로 일했던 엘렌 녹통은 우리 시대의 수학자들은 예전보다 훨씬 많은 짐을 지고 있다고 생각했다. "수학자들은 여러 모임에 참석하고, 위원회의 위원으로 활동하며, 보고서를 작성해야만 한다. 그들에게는 경력이 다른 어떤 것보다 중요했다. 그런데 부르바키에는 무명으로 참여하므로 그들의 경력에 어떤 직접적인 이익이 되지 않았다." 한편 엘렌은 1970년대 말 부르바키 내에 아주 큰 퇴보가 있었는데, 부르바키가 이에 대한 대안을 마련해놓지 못했음을 언급한다. 이것은 보빌도 인정하는 바였다. "그때 가입한 회원 몇몇에게는 정말 문제가 있었다. 그들은 부르바키의 일원이 되겠다고 하고는 모임에 참석하지도 않았는데, 이 것은 모임의 운영을 어렵게 만들었다." 피에르 카르티에는 통렬하게 다음과 같이 비판했다. "회원으로 가입한 사람들 가운데 몇 명은 모임에 한 번도 오지 않았다. 최근에는 학회를 두세 번밖에 열지 않았는데 여기에도 겨우 세 명만이 참석했다! 모임은 사실상 완전히 죽은 것, 텅 빈 것이나 다름이 없었다. 집필을 계속 하겠다는 계획들도 세워지지 않았다. 그저 《라 트리뷔》에 실린 내용들만 볼 뿐이었다. 한 번은 학회에서 읽을 보고서조차 없었다."

부르바키가 쇠퇴한 원인이 된 또 다른 명백한 사회적 면모로는 그들이 핵심 권력을 점유하고 구성원이 보수화된 것을 들 수 있다. 모임이 만들어질 때만 하더라도 이들은 반항적인 젊은 시위대였다. 이들에게는 수학에 정립되어 있던 기존의 질서를 어떤 방식으로든 바꾸려는 의지가 있었다. 하지만 모임의 이름이 알려지고 영향력을 인정받자 부르바키는 장벽의 다른 쪽 끝으로 옮겨갔다. 1968년 5월은 상징적인 시기로, 그때 이르러 부르바키들은 이미 어떤 면에서는 수학을 정립했다. 알렉산더 그로텐디크는 그의 책 『거둬들임과 씨뿌림』에서 이런 부르바키의 주류로의 움직임이 미칠 수 있는 부정적 영향에 대해 설명했다.

"1960년대에 부르바키 안의 '어조'가 엘리트주의로 서서히 변화하였다는 것은 의심할 여지도 없는 일이고, 이런 활동에 있어서 그때 나는 분명 영향을 받는 쪽이었다. (…) 나는 1970년에 부르바키라는 이름이 수학계의 대접받지 못하는 계층으로부터 얼마나 나쁜 평판을 얻고 있는지를 듣고 놀란 적이 있다. (…) 부르바키가 얻은 나쁜 평판들은 엘리트주의, 완강한 독단주의, 생생한 이

그로텐디크와 아기. 그로텐디크는 '부르바키의 아이'를 만드는 것을 거부했다.

해를 희생하면서 '정통주의'를 선호하는 유행, 신비주의, 반(反) 자동성을 없애기 등…… 여기까지만 해두자! (…) 부르바키에게는 예전의 뛰어난 자질이 머물 자리가 더 이상 없었다. 나는 부르바키가 언제 사라질지 모른다. 왜냐하면 그 누구도 눈치채지 못하고 장례미사 종소리를 듣지 못한 상태에서 죽었기 때문이다. 눈에 띄지 않는 퇴보는 멤버들 속에서 일어났다고 생각된다. 우리 모두는 나이를 먹고 죽어간다. 그들은 중요하고, 인정받고 존경받으며, 권력을 지니고, 두려움의 대상이 되기도 하고 사람들이 추앙하게 되었다. 모임의 광채는 더 빛났을지 몰라도 그러는 동안 순수함은 사라졌다. (…) 그리고 존경심 역시 도중에 사라져버렸다. 우리가 학생들을 맡았을 때는 아마도 최고 수준으로 가르치기에는 너무 늦은 때였는지 모른다. 빛나는 재치는 여전했지만, '동료들'과 '친구들'에 대한 것을 빼고는 순수함이나 존경은 찾아보기 더욱 어려워졌다."

1983년, 피에르 카르티에는 쉰 살이 되었고 규칙에 따라 모임에서 은퇴하였다. 그는 부르바키의 상황이 상당히 좋지 않다고 판단했다. 에르망 출판사를 상대로 한 긴 소송이 끝났지만, 그 소송으로 얻은 이득은 지극히 적었고 '변호사들의 배만 불린 셈'이 되었다. 더군다나, 넘치던 기력은 모두 소진되었다. 모임이 계속될 수 있을지 의심스러웠다. 부르바키의 처음 사명은 성공적으로 이뤄졌지만, 카르티에는 모임 내에 명백한 목적이 여전히 남아 있는지 확신할 수 없었다. 부르바키 회원들이 모인 자리에서 그는 그의 동료들이 자신의 은퇴를 알리는 편지를 읽으려고 할 때 방을 나온 적이 있다. 카르티에는 그 상황을 분석하면서 현재 진행되는 모든 작업이 예전 멤버들을 포함한 모든 이들의 도움을 받아 완성되기 전까지, 2~3년 정도의 시간을 마련해보자고 제의했다.

"나는 1989년, 부르바키의 교재에 대한 첫책 출간 50주년 기념식에서 부르바키가 해체되어야 한다고 말했고, 『수학원론』 애장판 출간을 제안했다. 이것은 주요 과업을 당당하게 마무리할 수 있도록 해줄 수 있다. 그 다음에 우리는 다른 무언가를 자유롭게 생각해보게 되는데, 같은 사람들로 구성되어 있지만, 목표는 새롭게 잡아보는 것이다." 하지만 카르티에의 제안은 받아들여지지 않았다. "그의 생각은 조금 지나쳤다"라고 아르노 보빌은 말했다. 사람들은 카르티에가 자기 몫 이상을 요구하고 그가 없이는 부르바키가 설 자리가 없음을 강조하려 든 것에 대해 비난했다.

'그들의 임무는 완전히 끝났다……'

그러나 부르바키의 존재 의의가 다했다고 생각하는 사람은 카르티에뿐만이 아니다. 부르바키에 속해 있지 않던 상당수의 수학자들도 공감했다. 때때로 매우 가혹한 말을 쓰면서 말이다. 한 수학자는 "부르바키는 뇌사 상태다"라고까지 말했다. 그리고 초기 부르바키 회원들 사이에서도 비슷한 의견들이 생겨나기 시작했다.

로랑 슈바르츠는 그의 자서전에 다음과 같이 썼다. "(…) 나는 오늘날 부르바키가 하는 일이 더 이상 유용하지 않다는 것을 깨달았다. (…) 사회는 전체적으로 정의를 내리거나 개념을 정리하거나 추론을 만드는 데 부르바키의 일반적인 생각들을 많이 채택하였지만 부르바키가 할 일은 이제 사라졌다. 젊은이들이 멋지게 읽고는 있지만 더 이상 존재해야 할 이유는 없다. 부르바키가 펴낸 문서조차 다른 수학자의 것보다 흥미를 끌지 못한다." 앙리 카르탕은 《미국 수학회의 공지사항(Notice of the AMS)》이라는 잡지를 통해 1999년 8월 인터뷰에서 다음과 같이 언급하고 지나갔다. "부르바키가 할 일은 지금 다 한 상태이다. 부르바키는 영원하지 않다." 피에르 사뮈엘은 다음과 같이 말했다. "우리에게는 더 이상 처음의 열정이 없고 우리가 이제 할 수 있는 일은 그저 그런 것뿐이라는 느낌을 받는다. 나는 부르바키가 활동을 그만두어야 한다고 생각한다. 하지만 이것은 교과서 편찬을 다 마친 후의 일이다. 그전에 문을 닫는 것은 어리석다."

어쨌든 대부분의 수학자들은 부르바키가 추구했던 목표와 흐름이 동떨어져 있다는 데 생각을 모았다. 수학은 셀 수 없이 많은 방향으로 팽창하고 있는 현실 앞에 굴복하고 말았다. 연구자들 수는 늘어갔는데, 편찬되는 논문 수가 늘어나는 것과 비슷했다. 1950년대에는 한 해에 3천 편의 수학 관련 논문들이 발표되었다. 요즘에는 한 해에 나오는 논문 수가 10만 편을 넘는다! 부르바키와 상응하는 어떤 모임도, 유능하지만 모든 것을 감당하기에는 힘들어 보였고 그것들을 통일된 양식을 따라 교재로 펴내는 일을 하기에는 더더욱 어려워 보였다. "수학은 너무나 빨리 움직였다. 게다가, 우리는 더 이상 수학의 하나됨을 보여주기 위해 노력할 필요가 없었다. 만약 해야 했다면, 정말 엄청난 노동을 해야 했을 것이다"라고 크리스티앙 우젤이 설명했다.

이러한 수학의 폭발은 연구자들의 지적 접근에서 보여지는 더 큰 다양함과 대응한다. 공리와 구조를 강조하면서 부르바키 회원들이 보인 모형은 더 이상 주인처럼 지배할 수 없었다. 특히, 컴퓨터와 정보과학이 유행하게 되면서 수학적 활동의 모든 면에서 부르바키식 접근이 잘 들어맞지는 않는 것이 분명하다. "부르바키 수학은 과정을 그리고 있지 않다. 알고리즘이나 프로그램에 대한 모든 것을 포함해서 일반적인 틀은 언뜻 보아 찾기가 불가능하다"라고 미셸 드마쥐르는 설명했다. "우리는 모든 경우에 적용할 수 있는 틀을 찾지는 못했다. 공리화될 수 없는 발견적 교수법이 있는데, 어떤 형식적인 틀이 발견되지 않는다. 부르바키의 수학은 서구 음악의 기호법과 유사한데, 예를 들어 바흐의 음악을 써내는 데는 유용하지만, 가령 재즈의 경우에는 전혀 맞지 않는 것과 같다. 만약, 우리가 수학 교재를 다시 쓴다면 좀더 체계적으로 진행되고 각 프로그램마다 증명을 강조해야 할 것이다." 드마쥐르에 따르면, 부르바키는 실제로는 하나의 주제에 대해 여러 각도로 풀이하는 것이 가능함에도, 모든 수학적 질문들을 논할 때 맞는 관점은 단 한 개밖에 없다고 믿는 근본주의적 환상의 피해자였던 것이다.

항복할 당시 부르바키 장군의 모습.

수학의 하나됨은 뿌리에서가 아니라 가지에서부터 온다

마찬가지로, 수학의 영역이 풍부해지자, 수학에서 부르바키가 가졌던 비전은 타당성을 잃었다. "수학의 하나됨은 부르바키가 설교하던 것과 같이 뿌리인 집합론에 근거를 두고 있지 않고 다른 가지들이 서로 대화하면서 이뤄진다"라고 장 피에르 카안이 말했다. 다르게 얘기하자면, 부르바키는 수학을 집합론에 뿌리를 둔 한 그루의 나무라고 생각했지만, 식물학상의 은유법을 벗어나, 수학은, 여러 가닥으로 나뉜 줄기가 중앙으로 집중되어 있지 않은 구조의 균사체에 비유하는 것이 더 정확할 것이다.

연구자들에 의해 실행된 수학의 형식도 부르바키의 철학으로부터 멀어졌다. 부르바키의 활동이 활발했던 시대에는 추상 대수학이 우세했지만, 최근에는 다른 학문과의 상호협력에 힘입어, 기하학과 구체화(전체적 비율이 그렇다는 뜻이다. 높은 수준의 수학은 여전히 추상적이다!)로의 귀향이 두드러진다. 수학에는 실용주의가 더 많고 이데올로기는 적다.

한편 응용수학과의 교류가 중요해짐에 따라 미국 수학자를 비롯한 특정 연구자들은 수학이 엄격한 정확성을 가지지 않아야 한다고 주장한다. 어떤 사람들은 확률이 정확한 방법으로 매겨진다면, 90%의 확률로 합당한 문장이 참인 정리를 좋아할 것이다. 이런 주장으로 최근 한 수학 간행물에서 격렬하지만 흥미로운 토론이 일어나기도 했다. 매우 소수파였음에도 불구하고, 이런 종류의 생각들은 부르바키주의에 완전히 반대하는 수학적 접근이나 스타일이 존재했음을 시사한다.

부르바키는 자신의 쇠퇴나 수학의 격변 속에서 살아남을 수 있을까? 현 시점에서는 어떤 것도 확실한 것이 없다. 그러나 결과가 남아 있는데, 그 결과가 인상적이다. 물질적인 결과물로는 수천 쪽에 달하는 표준 교재와, 그에 더해 수학 백과사전을 떠올리게 하며 역시 수천 쪽에 달하는 지금 진행되고 있는 강연회 내용의 모음집 등이 있다. 정신적인 것으로는 수학을 현대화하고 수학 언어와 개념을 명확히 했다는 것이다. 부르바키가 "살아 있는 것과 동물인 것, 식물인 것을 분류한 것을 볼 때, 부르바키의 수학적 분류는 1758년 린네가 그의 『자연의 체계(Systema naturae)』에서

도입하였던 엄청난 혁명과 비교할 수 있을 것이다"라고 슈바르츠는 썼다. 부르바키의 선택은 프랑스 수학의 방향을 결정하였고, 20년이 넘는 기간 동안 세계적으로 대수기하학 분야의 지배자로 군림했다. 사회적으로, 부르바키는 수학에 있어서 프랑스가 최고의 영향력을 누릴 수 있게 함으로써 프랑스의 수학적 환경을 역동적으로 만들었다.

끝으로, 부르바키의 회원 대다수는 영민한 수학자들임을 강조해야만 한다. 이것은 부분적으로 모임의 연금술 덕분에 가능한 일이었다. 초기 부르바키 회원들은 전혀 망설이지 않고 그 모임에 고마움을 나타냈다. 앙리 카르탕은 "매우 다양한 성격과 강한 개성을 가진 사람들과 함께 일을 하면서 나는 많은 것을 배웠다. 나의 수학적 지식의 대부분은 그 친구들 덕택에 얻게 된 것이다"라고 저서의 머리말에 적었다. 비슷하게 장 디외도네는 1968년 과학회에 쓴 〈과학 연구에 대한 짤막한 글〉에서 다음과 같이 언급하였다. "나는 일하는 동안 수학의 다양한 면들을 다루는 저서를 편집하는 공동 작업에 꽤 오랫동안 참여하는 행운을 얻었다. 이 일을 통해 각양각색의 문제들에 대해 관심을 가지게 되었고, 필요했던 흥미로운 관점들의 교류가 이후 연구를 하는 데 많은 발상의 원천이 되었음은 분명하다. 내가 의식적으로 각 발상의 원점을 회상하는 것이 가능할 때까지 과학과 상상력에서 많은 도움을 준 친구들이나 동료들로부터 은혜를 입었음을 인정한다." 부르바키 회원들 대부분이 디외도네처럼 말할 것이다.

물론, 부르바키 활동은 그 반대의 결과를 낳기도 했다. 수학을 독단적으로 보여준 일, 모임의 구성원들이 관심 갖지 않은 수학

불행한 부르바키 장군의 군대는 프로이센 군대에 의해 포위되었고, 1871년 2월 1일 스위스 국경을 넘었다(1881년 제네바인 에두아르 카스트르가 그린 그림 〈루체른의 파노라마〉 일부). 프랑스 군대는 무장해제되었고 스위스에 강금되었다. 부르바키의 위대함과 몰락……

분야는 아예 다루지 않은 일 등이 그것이다. 부르바키 모임과 그 모임이 써낸 책들도 이제는 낡은 것이 되었다. 그럼에도 불구하고, 부르바키가 수학에 길이 남을 것이라는 사실에 대해선 의심의 여지가 없다. 부르바키의 폭넓음, 열정, 그리고 헌신, 강한 집단적인 특성을 고려해볼 때, 이런 공동 작업은 감탄의 대상이 될 자격이 충분하다. 잘못도 있었지만 부르바키는 '인류 지성의 영광'을 조금이나마 드높였다. 스포츠나 경제가 문명의 커다란 우상이 되어버린 이 시대에 이는 높이 평가받을 만하다.

참고문헌

이 책은 다음에 모두 나열한 자료들과 부르바키 활동에 참여한 사람들의 이야기를 바탕으로 쓰여졌다. 이 책의 체제와 스타일상, 각주를 달 수가 없었지만, 직접 또는 간접적인 방법으로, 본문에 나온 정보나 인용문의 출처를 명확히 하고자 애썼다. 그러나 부르바키 모임의 일반적인 역사에 대해서는, 명확하게 그리고 능숙하게 쓰기가 어려웠다. 주디스 프리드먼의 논문(1977)과 릴리안 벨리외의 학위논문(1990)이 기본 자료가 되어주었다. 사용된 자료는 경우에 따라 관련된 정보의 그림 또는 인용문이 있는 자리를 분명하게 언급했다. 그렇지 못한 경우에도, 해당 단락 앞에 출처를 알려주는 자료에 대해서는분명하게 혹은 암시적으로 표시했다. 내 쪽에서 부주의하게 잊어버린 경우를 빼고는, 선명하지 않은 출처의 인용문은 내가 대화를 나눈 사람들과의 인터뷰에서 따왔다.

글쓴이

일반 자료 |

◆ Liliane BEAULIEU, *Bourbaki, Une histoire du groupe de mathématiciens français et de ses travaux(1934-1944)*, thèse de doctorat(2 vols.), Université de Montréal, 1990.

◆ L. BEAULIEU, *La Tribu N. Bourbaki(1934-1956)*, Springer, 출간예정.

◆ Nicolas BOURBAKI, *L'architecture des Math ématiques*, dans F. Le Lionnais, Les grands courants de la pensée mathématique, éditions des Cahiers du Sud, 1948 (Rivages판, 1986).

◆ Henri CARTAN, *Nicolas Bourbaki and contemporary mathematics*, The Mathematical Intelligencer, 2, pp. 175-180, 1980(1958년 8월 독일에서 열린 학회자료).

◆ Michéle CHOUCHAN, *Nicolas Bourbaki-Faits et légendes*, Éditions du Choix, 1995.

◆ Jean DIEUDONNÉ, *Mathématiques vides et mathématiques significatives*, in *Penser les mathématiques*, Seuil, 1982.

◆ J. DIEUDONNÉ, *Regards sur Bourbaki*, Analele Universitatii Bucuresti-Mathematica-Mecanica, 18 (2), pp. 13-25, 1969(1968년 10월 루마니아 수학연구소에서 발표했던 문서). 영어 번역본 : *The work of Nicholas Bourbaki*, American Mathematical Monthly, 77, pp. 134-145, 1970.

◆ Judith FRIEDMAN, *L'origine et le développement* de Bourbaki, mémoire de diplôme de l'École Pratiques de Hautes Études en Sciences Sociales, Paris, 1977.

인물사진, 대화, 증언, 일대기 |

◆ Martin ANDLER, *Entretien avec trois membres de Nicolas Bourbaki*, Gazette des mathématiciens, 1988년 1월.

◆ M. CHOUCHAN, *Profil perdu. Bourbaki*(émission radiophonique), France-culture, Paris, 1990.

◆ Armand BOREL, *Twenty-five years with Nicolas Bourbaki, 1949-1973*, Notices of the AMS, 45 (3), pp. 373-380, 1998년 3월.

◆ M. DEMAZURE et M. ANDLER, *Entretien avec André Weil*, Gazette des mathématiciens, 1991년 10월.

◆ Pierre DUGAC, *Jean Dieudonné, mathématicien complet*, Gabay, 1995.

◆ Alexandre GROTHENDIECK, *Récoltes et semailles*, Université des Sciences et Techniques du Languedoc et CNRS, 1985.

◆ Denis GUEDJ, *Nicolas Bourbaki, mathématicien collectif-interview avec Claude Chevalley*, Dédales, 1981년 11월.

◆ Allyn JACKSON, *Interview with Henri Cartan*, Notices of the AMS, 46 (7), pp. 782-788, 1999년 8월.

◆ Benoît MANDELBROT, *Chaos, Bourbaki and Poincaré*, The Mathematical Intelligencer, 11 (3), pp. 10-12, 1989.

◆ Jacques ROUBAUD, Mathématique : (이야기), Seuil, 1997.

◆ Marian SCHMIDT, *Hommes de science : 28 portraits*, Hermann, 1990(Henri Cartan, Gustave Choquet, Pierre Deligne, Jean Dieudonné, Jean Leray, André Lichnerowicz, Laurent Schwartz, Jean-Pierre Serre, René Thom의 인물사진 포함).

◆ Laurent SCHWARTZ, *Souvenirs sur Jean Dieudonné*, in *Pour la Science*, 1994년 6월.

◆ L. SCHWARTZ, *Un mathématicien aux prises avec le siécle*, Odile Jacob, 1997.

◆ M. SENECHAL, *The continuing silence of Bourbaki-An interview with Pierre Cartier*, in *The Mathematical Intelligencer*, 20 (1), pp. 22-28, 1998.

◆ André WEIL (1906-1998), numéro spécial de la Gazette des Mathématiciens, supplément au n° 80, 1999년 4월.

◆ A. WEIL (에 대한 기사), in *Notices of the AMS*, 46 (4), 1999년 4월.

◆ André WEIL, *L' avenir des math?matiques*, in *F. Le Lionnais, Les grands courants de la pensée mathématique*, éditions des Cahiers du Sud, 1948 (Rivages판, 1986).

◆ A. WEIL, *Notice biographique sur J. Delsarte*, in *OEuvres de Jean Delsarte*, Édition du CNRS, 1971.

◆ A. WEIL, *Oeuvres scientifiques*, Springer, 1979.

◆ A. WEIL, *Souvenirs d' apprentissage*, Birkhaüser, 1991.

역사적 · 사회적 연구자료 |

◆ M. ANDLER, *Les mathématiques à l' École normale supérieure au XXe siécle : une esquisse in J.-F. Sirinelli*, École normale supérieure-Le livre du bicentenaire, P. U. F., 1994.

◆ David AUBIN, *The withering immortality of Nicolas Bourbaki: a cultural connector at the confluence of mathematics, structuralism and the Oulipo in France*, Science in Context, 10 (2), pp. 297-342, 1997.

◆ L. BEAULIEU, *A Parisian café and ten proto-Bourbaki meetings(1934-1935)*, in *The Mathematical intelligencer*, 15 (1), pp. 27-35, 1993.

◆ L. BEAULIEU, *Proofs in expository writing-some examples from Bourbaki' s early drafts*, Interchange, 21 (2), pp. 33-45, 1990.

◆ L. BEAULIEU, *Questions and answers about Bourbaki' s early work. 1934-1944 in Sasaki Chikara et al.* (eds.), *The intersection of History and Mathematics*, Birkhaüser, 1994.

◆ L. BEAULIEU, *Jeux d' esprit et jeux de mémoire chez N. Bourbaki* in *Pnina G. Abir-Am*(sous la dir. de), *La mise en mémoire de la science-Pour une ethnographie historique des rites commémoratifs*, Éditions des Archives Contemporaines, 1998.

◆ L. BEAULIEU, *Bourbaki' s art of memory*, Osiris, 14, pp. 219-251, 1999.

◆ L. BEAULIEU, *Bourbaki N(icolas) : mathematicians and historians of mathematics* in *History and Historiography of Mathematics*, C.J. Scriba et J.W. Dauben (éds.), Commision Internationale d' Histoire des Mathématiques, Academic Press, 출판예정.

◆ Pierre CARTIER, *Notes sur l' histoire et la phiosophie des mathématiques I. Vie et mort de Bourbaki, II. La création des noms mathématiques : l' exemple de Bourbaki, III. Le structuralisme en mathématiques : mythe ou réalité?*, prépublications de l' I.H.E.S., 1997년 8월/1998년 3월/199년 4월.

◆ Leo CORRY, *The origins of eternal truth in modern mathematics : Hilbert to Bourbaki and beyond*, Science in context, 12, pp. 137-183, 1998.

◆ L. CORRY, *Modern algebra and the rise of mathematical structures*, Birkhaüser, 1996.

◆ Amy DAHAN-DALMEDICO, *Les mathématiques au XXe siécle in J. Krige et*

D. Pestre (eds.), Science in the twentieth century, Harwood, 1997.

◆ E. Roy WENTRAUB et Philip MIROWSKI, *The pure and the applied : bourbakism comes to mathematical economics*, Science in Context, 7 (2), pp. 245-272, 1994.

'새로운 수학' 의 개혁에 대한 자료 |

◆ B. BELHOSTE et al., (sous la dir. de), in *Les sciences au lycée*, Vuibert, 1996.

◆ R. BKOUCHE, B. CHARLOT et N. ROUCHE, *Faire des mathématiques : le plaisir des sens*, Arnaud Colin, 1991.

◆ B. MOON, *The 《New Maths》 curriculum controversy. An international story*, The Falmer Press, 1986.

◆ J. PIAGET et al., *L' enseignement des mathématiques*, Delachaux et Niestlé, 1955.

◆ Dossier *La réforme des mathématiques modernes*, Gazette des mathématiciens n° 54, 1992년 11월.

사진출처

1장 | 8쪽: Alsace infos. 11쪽: Bibliothèque de l' École normale supérieure. 12쪽: Hélène Lamicq. 13쪽: Roger Viollet. 14쪽: Archives Association N. Bourbaki. 16쪽: Archives Association N. Bourbaki. 17쪽: Collection Catherine Chevalley. 18쪽: Archives Association N. Bourbaki. 19쪽: Archives Association N. Bourbaki. 25쪽: Anne Nevanlinna. 23쪽: Collection Sylvie Weil. 27쪽: Archives Association N. Bourbaki. 30쪽: Archives Association N. Bourbaki.

2장 | 32쪽 왼쪽: Patrick Weill. 32쪽 오른쪽: Pour la Science 35쪽: Henri Cartan. 37쪽: Collection Sylvie Weil. 39쪽: E. Pirou. 42쪽: Bibliothèque Paris VI. 45쪽: Archives Association N. Bourbaki. 47쪽: The mathematical Intelligencer. 48쪽: ENS. 49쪽: Collection Sylvie Weil. 50쪽: Collection Sylvie Weil. 51쪽: Collection Sylvie Weil.

3장 | 52쪽: Bibliothèque me mathématique-enseignement de Jussieu. 62쪽: Scientific American. 63쪽과 65쪽 위: Pour la Science. 65쪽: Archives de l' Académie des Sciences, Paris. 66쪽: Pour la Science. 67쪽: Collectioin Catherine Chevalley. 68쪽: Roger Viollet.

4장 | 84쪽: The Mathematical Intelligencer. 95쪽: Archives Association N. Bourbaki.

5장 | 96쪽: Cliché CSF – René Bouillot. 97쪽: DR. 106쪽: Collectioin Catherine Chevalley. 108쪽 위: Collection privée d' Hélène Nocton. 109쪽: Photographie IHES. R. Cliché CSF, Rene Bouillot. 113쪽: Archives Association N. Bourbaki.

6장 | 119쪽: Collection privée, M. Chevalley.

7장 | 136-139쪽: Maurice Mashaal. 141쪽: The Mathematical intelligencer. 142쪽 아래: IHES. 144쪽: DR. 145쪽: DR

8장 | 151쪽: Collection privee d' Héléne Nocton. 155: Archives Association N. Bourbaki. 156쪽: Archives Association N. Bourbaki. 162쪽: Collection privée d' Hélène Nocton.

9장 | 167쪽: Tate Gallery Londres. 168쪽: Roger Viollet. 173쪽: Collection privée d' Hélène Nocton. 174쪽: Archives Association N. Bourbaki. 175쪽: The Mathematical Intelligencer. 179쪽: PLS-DR. 183쪽 아래: PLS-DR. 185쪽: Archives Association N. Bourbaki. 188쪽: Archives Association N. Bourbaki.

10장 | 194쪽: Springer-Verlag. 195쪽: PLS. 198쪽 위: L. Monier/Gamma. 198쪽 아래: Doisneau-Rapho. 199쪽: Archives Association N. Bourbaki. 203쪽: Collection privée d' Hélène Nocton.

11장 | 210쪽: Le Monde et Libération. 213쪽: Cliché CSF René Bouillot. 217쪽: Bibliothèque municipale de Pau. 220쪽: Panorama de Lucerne.

인명 찾아보기

*굵게 표시한 숫자는 해당 사진이 있는 곳을 가리킨다.

ㅇ |

ㅈ |

ㅋ |

ㅌ |

ㅍ |

ㅎ |

옮긴이의 말

이 책과의 만남은 참으로 우연히 일어났다. 한국과학기술원 교정에서 프랑스 친구와 이야기하고 있었는데, 『부르바키』라는 프랑스 책을 번역할 사람을 찾아 학교를 방문한 선배를 만난 것이다. 그렇지 않아도 책 번역을 한번 해보리라 마음먹고 준비하던 나에게 좋은 기회가 찾아온 셈이다. 이 책을 번역하기 위해서는 수학과 프랑스어를 모두 할 수 있어야 하기 때문이다.

이런 우연한 만남 뒤에 조금씩 부르바키에 대해서 점점 많이 알게 되면서 책의 매력을 서서히 느껴갔다. 부르바키라는 수학자들의 모임은 그 존재 자체로 매력적일 뿐만 아니라, 재미있는 일화도 많이 만들어냈다. 수학사적으로도 공리주의에 기초한 수학의 통일을 시도했다는 점에서 매우 의미가 깊은 모임이다. 그들이 펴낸 『수학원론』은 공리주의에 기초한 그들의 수학관을 그대로 반영한 책이다.

부르바키는 참으로 익살스러운 사람들의 모임이다. 그들은 수학을 그리고 삶을 즐길 줄 아는 사람들이었다. 어떻게 보면 그 모임의 이름인 부르바키부터 그들의 장난스러움을 보여주는 듯하다. 회원 한 사람, 한 사람의 이름을 쓰기보다는 니콜라 부르바키라는 이름을 씀으로써 모임의 정체를 숨기면서 학계 전체를 상대로 익살을 부렸던 것이다. 그들은 재미있는 노래를 만들어 부르기도 했고, 부르바키 회원들의 이름과 그들이 즐겨쓴 수학적 개념을 이용해서 장난스러운 청첩장을 만들기도 했다. 옮긴이로서 그 청첩장에 들어 있는 모든 언어유희를 제대로 담아낼 수 없어 참으로 안타까웠다.

이 책에는 간혹 어려운 수학적 개념이 소개되는데, 그 내용을 모두 이해하기란 쉽지 않다. 책에 담겨 있는 수학개념은 대학교 수학과 3학년 정도의 과정을 마쳐야 알 수 있을 정도의 난이도를 가지고 있다. 옮긴이도 개념을 모두 이해하기 위해서 꽤 많은 시간을 공부했다. 하지만 그냥 포기해버리지는 않기를 권한다. 글쓴이는 최대한 쉬운 말로 수학적 개념을 설명하고자 애썼고 옮긴이도 알기 쉽게 옮기고자 애를 썼으므로, 찬찬히 읽어본다면 이해할 수 있으리라 생각한다.

만약 수학 관련 내용이 부담스럽다면, 인물과 일화 중심으로 책을 읽어보는 것도 좋다. 부르바키는 매우 개성이 있는 인물들로 이루어져 있기 때문에 그들의 이야기를 보는 것만으로도 즐거울 것이다. 모임을 구성하는 방법, 학문을 대하는 자세, 전쟁에 대한 입장, 교육에 대한 철학 등을 눈여겨본다면 흥미로울 것이다.

독자들은 이 책을 통해서 프랑스의 수학자들이 수학사에서 이룬 업적을 알게 됨과 동시에 삶 속에서 수학을 즐기는 그들의 명

랑함을 볼 수 있을 것이며, 이는 미국이 주류를 이루는 지금의 학문적 흐름 속에서 신선하게 다가올 것이다. 이 책의 내용과 부르바키에 대해 이야기를 나눌 수 있는 홈페이지(http://ggoru.com/bourbaki)를 만들었으니 방문해주기 바란다.

좋은 기회를 주신 궁리출판에 감사드린다. 어려운 문장의 뜻풀이를 도와준 프랑스의 공학자 장 폴 누위바니스봉, 수학적 내용을 검토해준 수학박사 신희성, 옮긴 문장을 성실히 읽고 짚어준 황소현, 김성기에게 고마움을 전한다. 늘 함께해준 아내 김세진과 이제 태어나서 우리 가정의 기쁨이 되어준 딸 예랑이에게도 고마움과 사랑을 전한다. 마지막으로 모든 것을 하나님께 감사한다.

2008년 6월

옮긴이 황용섭

수학자들의 비밀집단 부르바키

1판 1쇄 찍음 2008년 6월 20일
1판 1쇄 펴냄 2008년 6월 25일

펴낸곳 궁리출판

지은이 모리스 마샬
옮긴이 황용섭
펴낸이 이갑수
주간 김현숙
편집 변효현, 김주희
디자인 이현정, 전미혜
영업 백국현, 도진호
관리 김옥연

등록 1999. 3. 29. 제300-2004-162호
주소 110-043 서울특별시 종로구 통인동 31-4 우남빌딩 2층
전화 02-734-6591~3
팩스 02-734-6554
E-mail kungree@chol.com
홈페이지 www.kungree.com

ISBN 978-89-5820-129-8 03410

값 17,000원